电力职业教育精品规划教材

锅炉设备及运行

（第2版）

主　编　孙凯强　梁晓健　徐　海
副主编　卢彦东　王学红　王方方
　　　　张立华　侯　峰
参　编　孙泽平　王珍峰　石利银
　　　　马纪华　董立萍　李建定
　　　　晁德明　王路川　刘成娜

哈爾濱工業大學出版社
HARBIN INSTITUTE OF TECHNOLOGY PRESS

内容简介

本书为中等职业学校热能与发电工程类专业教材，共有11章，主要内容包括：电厂锅炉综述，锅炉燃料、燃烧特性及计算，制粉系统及运行，燃烧设备及运行，自然循环原理，强制循环锅炉，蒸发设备与蒸汽净化，过热器和再热器，省煤器和空气预热器，锅炉辅助设备及系统，锅炉的启动和停运等。为了更好地展示教材内容，书中增加了数字化教学资源，以视频和动画的形式对各章的内容进行展示，有助于中等职业学校学生掌握锅炉运行及检修、火电厂集控运行、热力设备安装及检修等岗位应知应会的知识与技能。

本书主要作为火电厂热力设备运行与检修、火电厂集控运行及相关专业的教材，也可作为发电厂相关专业的参考书，供发电厂工人和技术人员参考。

图书在版编目(CIP)数据

锅炉设备及运行 / 孙凯强，梁晓健，徐海主编.
2版. — 哈尔滨：哈尔滨工业大学出版社，2025. 7.
ISBN 978-7-5767-1742-6
Ⅰ. TM621.2
中国国家版本馆CIP数据核字2024D39N61号

策划编辑　王桂芝
责任编辑　陈雪巍
出版发行　哈尔滨工业大学出版社
社　　址　哈尔滨市南岗区复华四道街10号　邮编150006
传　　真　0451-86414749
网　　址　http://hitpress.hit.edu.cn
印　　刷　哈尔滨起源印务有限公司
开　　本　787 mm×1 092 mm　1/16　印张11　字数280千字
版　　次　2020年6月第1版　2025年7月第2版　2025年7月第1次印刷
书　　号　ISBN 978-7-5767-1742-6
定　　价　38.00元

再版前言

为深入贯彻国务院《国家职业教育改革实施方案》(国发〔2019〕4号)精神,不断提高人才培养质量,满足电力发展对知识型、创新型、技能型人才的需要,更好地适应中等职业技术学校热能与发电工程类专业“锅炉设备及运行”课程的教学要求,全面提升教学质量,在充分调研企业生产和学校教学情况,广泛听取教师、学生对现有教材反馈意见的基础上,吸收和借鉴各地职业技术院校教学改革的成功经验,编写了《锅炉设备及运行》(第2版)教材。

本教材在内容上,尽量做到浅显易懂、少而精、知识体系结构完整,遵循理论联系实际和学以致用的原则,同时体现了思政课的最新学习要求。在教材内容的呈现形式上,尽可能使用图片和表格等形式将知识点生动地展示出来,力求让学生更直观地理解和掌握所学内容。本次修订增加了层燃炉的一些基本介绍,并对锅炉设备最新的发展动态内容进行了更新,使教材更贴近行业发展实际。

本教材由临沂电力学校孙凯强、梁晓健及华能临沂发电有限公司徐海任主编,卢彦东、王学红、王方方、张立华、侯峰任副主编,孙泽平、王珍峰、石利银、马纪华、董立萍、李建定、晁德明、王路川、刘成娜等参编。

由于编者水平有限,书中疏漏及不足之处在所难免,恳请专家和读者给予批评指正。

编　者

2025年3月

目　录

调节输煤系统与多台磨煤机的供需关系。

（2）给煤机。给煤机的作用是根据磨煤机或锅炉负荷的需要调节给煤量，并将原煤均匀地送入磨煤机中。

（3）磨煤机。磨煤机是……设备，其作用是将给煤机输送来的原煤磨制成合格的煤粉。

……轴承，按图3个密封点……

……磨损性不宜制的煤种，特别是……，其他形式的磨煤机都不适宜磨……

……装有许多钢球，筒长……

第 1 章　电厂锅炉综述

锅炉是利用燃料燃烧所放出的热量加热工质，生产具有一定压力和温度的蒸汽的设备，又称为蒸汽锅炉。蒸汽锅炉按其用途的不同可分为电站锅炉和工业锅炉。电站锅炉指电力工业中专门用于生产电能的发电厂锅炉；用于国民经济其他部门的锅炉，常称为工业锅炉。本章主要介绍中小型电站锅炉。

❖ **本章学习目标**

（1）了解锅炉的概念、作用及分类。

（2）了解锅炉的结构组成。

（3）掌握锅炉的工作原理。

1.1　锅炉的概念及分类

1.1.1　锅炉的概念

锅炉是一种把燃料燃烧后释放的热能传递给容器内的水，使水达到所需的温度（热水）或变为蒸汽的设备。它由炉、锅、附件仪表及附件设备构成一个完整体，以保证其正常、安全地运行。

1.1.2　锅炉的分类

锅炉的类型很多，分类方法也很多，归纳起来大致有以下几种分类。

1. 按锅炉的蒸汽压力分类

$p \leqslant 2.45$ MPa 为低压锅炉；

$p = 2.45 \sim 3.8$ MPa 为中压锅炉；

$p = 9.8$ MPa 为高压锅炉；

$p = 13.7$ MPa 为超高压锅炉；

$p = 16.7 \sim 18.6$ MPa 为亚临界压力锅炉；

$p = 23.5 \sim 26.5$ MPa 为超临界压力锅炉；

$p \geqslant 27.0$ MPa 为超超临界压力锅炉。

我国 300 MW 火力发电机组的锅炉绝大多数采用亚临界参数，600 MW 以上机组多采用超临界参数，1 000 MW 以上机组多采用超超临界参数。

2. 按锅炉蒸发受热面内工质的流动方式分类

按锅炉蒸发受热面内工质的流动方式可以将锅炉分成：自然循环锅炉、直流锅炉和控制循环锅炉。

(1)自然循环锅炉。

蒸发受热面内的工质,依靠下降管中的水和上升管中的汽水混合物之间的密度差所产生的压力差进行循环的锅炉,称为自然循环锅炉,如图1.1所示。

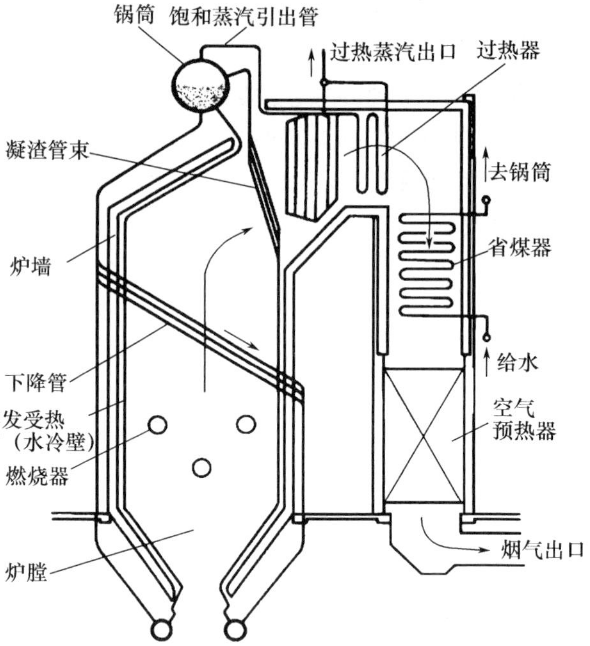

图1.1　自然循环锅炉简图

(2)直流锅炉。

给水靠给水泵的压头,一次性通过锅炉各受热面产生蒸汽的锅炉,称为直流锅炉,其结构图如图1.2所示。直流锅炉的特点是没有汽包,整台锅炉由许多管子并联,然后用联箱连接串联组成。在给水泵压头的作用下,工质依顺序一次性通过加热、蒸发和过热受热面。进口工质是水,出口工质则是符合设计要求的过热蒸汽。由于所有受热面内的工质流动是靠给水泵的压头来推动的,所以在直流锅炉中,受热面中工质都是强制流动。

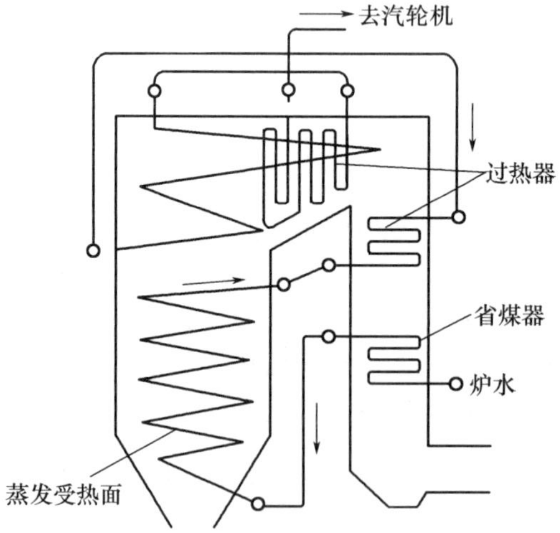

图1.2　直流锅炉结构图

（3）控制循环锅炉。

控制循环锅炉是在自然循环锅炉的基础上发展起来的。蒸发受热面内的工质流动除了依靠下降管中的水和上升管中的汽水混合物之间的密度差所产生的压力差以外，主要依靠循环泵的压头进行循环的锅炉，称为控制循环锅炉。

3. 按炉内燃烧方式分类

锅炉有 4 种不同的燃烧方式，对应于 4 种不同的锅炉，即层燃炉、旋风炉、室燃炉和循环流化床锅炉，大型电厂锅炉通常采用室燃炉和循环流化床锅炉。本书重点介绍层燃炉、室燃炉和循环流化床锅炉。

（1）层燃炉。

层燃炉是令燃料在炉排上形成一层燃烧床，燃料在炉排上固定不动地进行燃烧。炉排上燃料的燃烧过程是分层进行的。一般情况下，当煤层厚度足够时，从上到下依次为干燥层、干馏层、还原层、氧化层和灰渣层。燃烧需要的空气从炉排下部穿过炉排和灰渣层时炉排和灰渣被冷却，而空气被加热，当热空气进入氧化层时，空气中的氧与煤中的碳在高温下发生化学反应，生成二氧化碳并放出大量的热量。在层燃炉中，空气通过炉箅上的孔隙由下向上流动，燃料和空气之间没有相对运动，大部分燃料是在炉箅上燃烧，被热风吹到燃烧室空间的部分细煤粒和燃料中受热释放出的挥发分一起，在燃料层上部的空间里燃烧。

根据层燃炉的炉排结构特点，层燃炉可分为固定炉排炉、振动炉排炉和翻转炉排炉以及链条炉 4 种类型。近年来，新能源发电行业快速发展，层燃炉广泛应用在垃圾发电和生物质发电的小型机组中。

（2）室燃炉。

燃料以粉状、雾状或气态随同空气喷入炉膛中进行燃烧的方式称为火室燃烧方式，用火室燃烧方式来组织燃烧的锅炉称为室燃炉。如果采用的是燃用煤的话，则称为煤粉炉。

在室燃炉中，粉状、雾状燃料颗粒随同空气-烟气流做连续运动，燃料颗粒悬浮在空气-烟气流中，连续流过炉子空间，并在悬浮状态下着火、燃烧，直至燃尽。所以室燃炉燃烧方式也称悬浮燃烧方式，燃烧效率很高。煤粉炉、燃油炉和燃气炉都属于室燃炉。特别是煤粉炉，它是现代大中型电站锅炉的主要形式。

煤粉炉一般采用的燃烧方式是直流燃烧器四角布置切圆燃烧方式、旋流燃烧器前后墙布置对冲燃烧方式和 W 形火焰燃烧方式。

（3）循环流化床锅炉。

流化床燃烧方式就是燃料颗粒在大于临界风速（由固定床转化为流化床的风速）的空气流速作用下，在流化床上呈沸腾状态的燃烧方式。这种燃烧方式有明显的优点，即能够燃用劣质煤和污染物排放少等，40 多年来发展很快，应用范围已从中小型的工业锅炉发展到较大型的电站锅炉。循环流化床锅炉简图如图 1.3 所示。

循环流化床锅炉性能在很多方面都可与煤粉炉相媲美，在减少污染方面还优于煤粉炉，可以大大减少硫氧化物和氮氧化物气体的排放，所以循环流化床锅炉出现以后，立刻受到国内外的高度重视并得到迅速发展，已经成为新一代高效率、低污染的电站燃煤锅炉机组。特别在我国，电站锅炉以燃煤为主，燃料量的增大会引起较大的环境污染问题，因此促进了此类锅炉的发展。2020 年 9 月，我国苏晋能源平朔电厂建设的世界首台 660 MW 循环流化床超临界锅炉正式投产运行。700 MW 循环流化床超超临界发电机组也在云南红河电厂开工建设，即将投入商业运行。

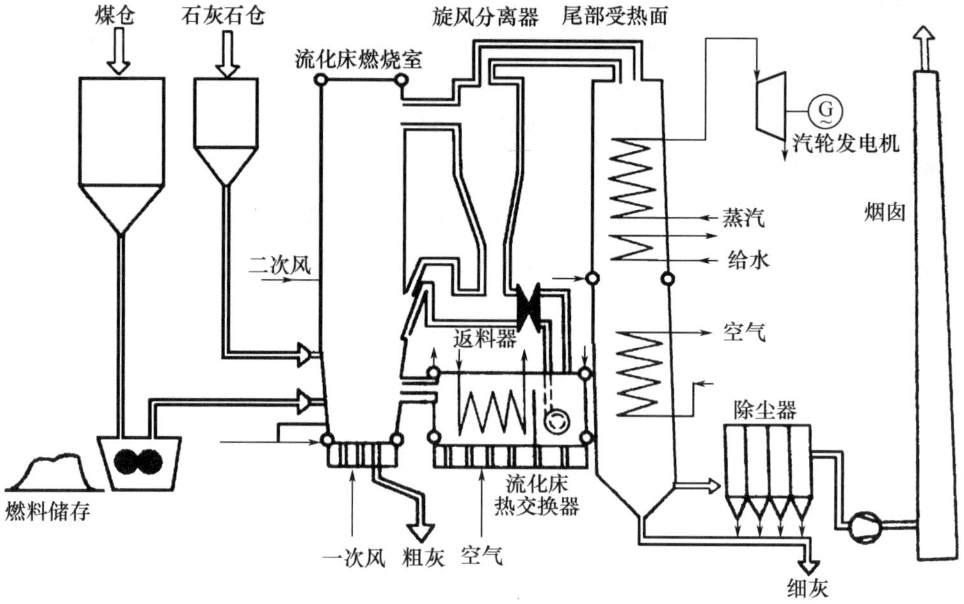

图 1.3　循环流化床锅炉简图

电厂锅炉是火电厂的专用锅炉，其容量大，设计参数高，所以它不同于一般工业锅炉。对电厂锅炉进行分类是电力工程专业老师着重给学生们介绍的地方，希望同学们能够掌握，并运用到实际的工作实践中。

1.2　锅炉的组成及原理

1.2.1　锅炉的组成

(1)炉：由燃烧设备、炉墙、炉拱和钢架等部分组成，使燃料进行燃烧产生灼热烟气的部分。烟气经过炉膛和各段烟道向锅炉受热面放热，最后从锅炉尾部进入烟囱排出。

(2)锅：锅炉本体部分，它包括锅筒(汽包)、水冷壁、对流管束、下降管、集箱(联箱)、过热器、省煤器等受压部件，由此而组成盛装锅水和蒸汽的密闭受压部分。

(3)附件仪表：为保证锅炉的正常安全运行，锅炉上需装置一些附件仪表，有安全阀、压力表、水位计(包括双色水位计、平衡容器水位计、电接点水位计等)、低水位连锁保护装置、温度仪表、超温警报器、流量仪表、排污装置、防爆门、常用阀门，以及自动调节装置等。

(4)附件设备：安装在锅炉本体之外的必备设备，包括燃料供应系统、通风系统、给水系统、除渣除尘系统等装置设备，如球磨机、运煤设备、水泵、水处理装置、鼓风机、引风机、除渣机、除尘器及吹灰装置等。

煤粉炉原理图如图 1.4 所示。

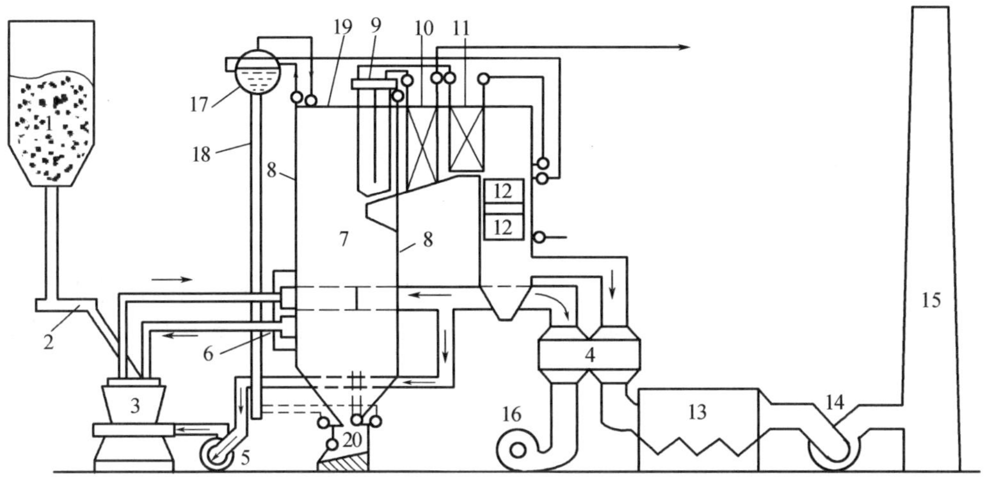

图 1.4　煤粉炉原理图

1—煤斗；2—给煤机；3—磨煤机；4—空气预热器；5—排粉风机；6—燃烧器；7—炉膛；8—水冷壁；9—屏式过热器；10—高温过热器；11—低温过热器；12—省煤器；13—除尘器；14—引风机；15—烟囱；16—送风机；17—锅筒；18—下降管；19—顶棚过热器；20—排渣室

1.2.2　锅炉本体的组成及作用

1. 锅筒

锅筒的作用是汇集、贮存、净化蒸汽和补给水。热水锅炉锅筒内全部盛装的是热水；而蒸汽锅炉下锅筒全部盛装的是热水，上锅筒下部为热水、上部为蒸汽，水的表面称水面，汽水分界的位置称水位线。

2. 水冷壁

水冷壁是布置在炉膛四周的辐射受热面，它是锅炉的主要受热面。

3. 对流管束

对流管束是锅炉的对流受热面，吸收高温烟气的热量。吸热情况与烟气流速、管子的排列方式、烟气冲刷的方式都有关。

4. 下降管

下降管的主要作用是把锅筒的水输送到集箱，使受热面管子有足够的循环水量，以保证锅炉可靠地运行。

5. 集箱

集箱也称为联箱，其主要作用是汇集、分配锅水，保证各受热面管子可靠地供水或汇集各管子的水或汽水混合物。集箱一般不应受辐射热，以免因内部水产生汽泡而冷却不好，过热烧坏。

6. 过热器

过热器是蒸汽锅炉的辅助受热面，它的作用是在压力不变的情况下，从上锅筒中引出饱和蒸汽，再经加热，使饱和蒸汽中的水分蒸发并使蒸汽温度升高，提高蒸汽品质，使之成为过热蒸汽。

7. 省煤器

省煤器是布置在锅炉尾部烟道内，利用排烟温度的余热来提高给水温度的热交换器，作用是提高给水温度、减少排烟热损失、提高锅炉热效率。一般来说，省煤器出口水温每升高 1 ℃，锅炉排烟温度降低 2~3 ℃；给水温度每升高 6~7 ℃，省煤 1%。一般加装省煤器的锅炉可节约煤 5%~10%。

1.2.3 锅炉的原理

锅炉运行时，燃料中的可燃物质在适当的温度下，与通风系统输送给炉膛内的空气混合燃烧，释放出热量，所释放的热量通过各受热面传递给锅水，水温不断升高，产生汽化，这时为饱和蒸汽，经过汽水分离器进入主汽阀输出使用。如果对蒸汽品质要求较高，可将饱和蒸汽通入过热器中再加热为过热蒸汽后输出使用。对于热水锅炉，锅水温度始终在沸点温度以下，与用户的采暖供热网连通进行循环。

1.2.4 锅炉的水循环

锅炉的本体是由锅筒、下降管、水冷壁、集箱、对流管束等受压部件组成的封闭式回路。锅炉中的水或汽水混合物在这个回路中，循着一定的路线不断地流动，流动的路线构成周而复始的回路，称为循环回路。锅炉中的水在循环回路中的流动，称为锅炉的水循环，如图 1.5 所示，由于锅炉的结构不同，锅炉水循环的流量也不一样。

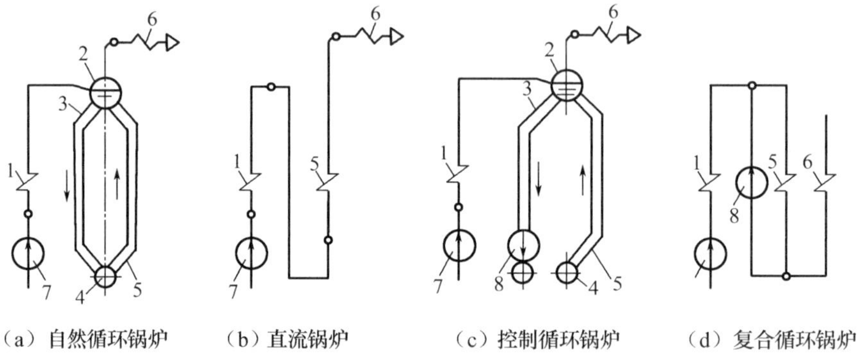

图 1.5 锅炉的水循环

1—省煤器；2—锅筒；3—下降管；4—集箱；5—水冷壁；6—过热器；7—给水泵；8—循环泵

锅炉的水循环分为自然循环和强制循环两类。一般蒸汽锅炉的水循环是自然循环，热水锅炉的水循环大都为强制循环。自然循环是利用上升管中的汽水混合物密度小、质量较轻，而下降管中的水密度大、质量较大，造成压力差，使两段水柱之间失去平衡，促使锅炉内的水流动而循环。两者之间的密度差越大，压力差就越大，对水循环的推动力也越大，循环也就越好。强制循环是依靠水泵的推动作用强迫锅炉水循环。

1.2.5 锅炉中两种主要的附属设备

1. 泵

泵是把机械能转变成液体压力势能和动能的一种动力设备，它是维持火电厂蒸汽动力循环不可缺少的设备，是火电厂的主要辅助设备之一。在火力发电厂中应用泵的地方非常多,例如,用给水泵向锅炉提供给水,用凝结水泵从凝汽器热井中抽送凝结水,用循环水泵向凝汽器供应冷却水。火电厂中的泵都直接或间接地参与生产过程,其安全直接影响到火电厂的生产安全。

2. 风机

风机是把机械能转变成气体压力势能和动能的一种动力设备,是火电厂的主要辅助设备之一。火电厂中的风机主要使用在锅炉的烟风系统和制粉系统中,用于输送空气、烟气和空气煤粉混合物等,主要有送风机和引风机。

火电厂中的风机都直接参与生产过程,其安全可靠性直接影响火电厂的生产安全。这些风机消耗的电能也很大,其轴功率小则几百千瓦,大则上千千瓦,用电量与火电厂中的泵大体相当。所以,对风机的安全、经济运行必须有足够的认识,对风机的维修保养也应予以高度的重视,才能确保火电厂的总体安全与经济运行。

1.3　锅炉的型号、规范及安全经济技术指标

1.3.1　锅炉型号

我国中小型电站的锅炉型号,目前常采用三组字码表示:如 HG-120/3.82-4 型锅炉。型号中第一组字码表示锅炉制造厂厂名的汉语拼音缩写:HG 表示哈尔滨锅炉厂;SG 表示上海锅炉厂;DG 表示东方锅炉厂;BG 表示北京锅炉厂等。第二组分数形式的字码,分子表示锅炉容量,分母表示过热蒸汽压力。第三组字码表示产品的生产设计序号。

因此,HG-120/3.82-4 型表示的是哈尔滨锅炉厂生产的,锅炉容量为 120 t/h,过热蒸汽压力为 3.82 MPa 的锅炉的第 4 次设计。

1.3.2　锅炉运行的经济性指标

锅炉运行的经济性用锅炉热效率和锅炉净效率来表示。

1. 锅炉热效率

锅炉热效率是指锅炉有效利用热与单位时间内所消耗燃料的输入热量的百分比。它可用正平衡热效率或反平衡热效率来表示。锅炉热效率是毛效率,其物理意义是工质吸收热量占输入热量的百分比,反映了燃烧和传热过程的完善程度,亦反映了锅炉设计和运行的优劣。

但从蒸汽的角度考虑,因为:①只有供出的蒸汽才是锅炉的有效产品,自用蒸汽及排污水的吸热量并不向外供出,而是自身消耗或损失掉了;②为了使锅炉能正常运行、产生蒸汽,除使用燃料外,还要消耗电力用于供煤、制粉,以及供水、通风、除尘等过程,此外,还需要其他的耗能工质(如自来水、压缩空气等)供日常生产使用,即还需要生产这些耗能工质的能量消耗(一般也是电力)。所以,锅炉运行的经济指标,除锅炉热效率外,还有一个锅炉净效率。

2. 锅炉净效率

锅炉净效率是指扣除了锅炉机组运行时的自用能量消耗(热耗和电耗)以后的锅炉效率。一台锅炉机组运行时自身需用的热耗有吹灰和除渣用的热耗、锅炉排污水的热损失热耗、燃用液体燃料时的热耗,以及重油加热及雾化的热耗等。而在锅炉机组自身电耗方面,则要考虑送风机、引风机、排粉风机、一次风机、给粉机、原煤给煤机、磨煤机及电除尘器等

的电耗。对于单元制机组，还要计入给水泵（不仅是主给水泵，还包括增压泵）的电耗，而非单元制机组给水泵的电耗可按与锅炉给水量成正比计算。此外，在计算锅炉净效率时，还要考虑锅炉车间自身电耗，这部分电耗是由锅炉车间内所有运行锅炉均分的。这方面需要计算油系统、水处理系统、燃料输送和处理系统，以及锅炉车间办公室的取暖设备、照明设备及淋浴设备所消耗的热能和电能等。

1.3.3 锅炉运行的安全性指标

锅炉运行的安全性指标不能进行专门的测量，而用下列 3 个间接指标来衡量。

1. 连续运行小时数

锅炉的连续运行小时数是指两次被迫停炉进行检修之间的运行小时数。国内一般中型电站锅炉的连续运行小时数在 4 000 h 以上，大型电站锅炉的连续运行小时数则在 7 000 h左右。

2. 可用率

锅炉的可用率是指在统计期间内，锅炉的总运行小时数及总备用小时数之和与该期间总小时数的百分比，即

$$可用率 = \frac{总运行小时数 + 总备用小时数}{统计期间总小时数} \times 100\%$$

3. 事故率

锅炉的事故率是指在统计期间内，锅炉的总事故停炉小时数与总运行小时数和总事故停炉小时数之和的百分比，即

$$事故率 = \frac{总事故停炉小时数}{总运行小时数 + 总事故停炉小时数} \times 100\%$$

锅炉的可用率和事故率可按一个适当长的周期来计算，我国火力发电厂锅炉通常以一年为一个统计周期。目前，国内一般比较好的指标是：可用率约为 90%，事故率约为 1%。

本章小结

作为火力发电厂的三大主要设备之一，锅炉的作用是使燃料燃烧放出热量，并将锅炉给水加热蒸发进而过热，提供具有一定质量流量、参数（汽温、汽压）和品质（杂质含量）的过热蒸汽，为汽轮机提供实现高效热功转换所需要的工质。

思考与实践

（1）简述锅炉的构成。

（2）锅炉的分类标准有哪些？按这些标准锅炉分为哪几类？

（3）锅炉本体由哪些部分组成？

（4）简述锅炉的作用。

（5）锅炉运行的经济性指标和安全性指标有哪些？

第 2 章　锅炉燃料、燃烧特性及计算

就我国目前情况来看，燃油锅炉和燃气锅炉为数不多，燃煤锅炉占主要地位，而且仍是电站锅炉今后发展的方向，故本章介绍的燃料将以煤为主。本章主要对与锅炉运行和计算有关的煤的成分与性质，各种成分的表示方法及它们之间的换算，煤的发热量，灰的熔融特性，煤的分类等做详细论述。

❖ **本章学习目标**

(1) 了解煤的成分及其性质。

(2) 了解煤的特性及分类。

(3) 掌握煤发热量的计算。

2.1　煤的分类

我国煤炭资源丰富，种类繁多，为了能够合理地使用各类煤，应对煤进行科学分类。应用比较广泛的，是按干燥无灰基挥发分的含量和胶质层最大厚度对煤进行分类。所谓胶质层最大厚度是指将煤样放在专门的容器内逐渐加热到 730 ℃，煤在受热干燥过程中，焦炭表面会产生一种胶质体（熔化的沥青表层），随着干燥温度的升高，胶质体厚度也增加，这个厚度的最大值即称为胶质层最大厚度，用符号 Y 表示，单位为 mm。胶质层最大厚度反映了煤的焦结性，胶质层越厚，煤的焦结性越强。我国按挥发分的含量和胶质层最大厚度把煤分为十大类，即无烟煤、贫煤、瘦煤、焦煤、肥煤、气煤、弱黏结煤、不黏结煤、长焰煤及褐煤，其中无烟煤、贫煤、弱黏结煤、不黏结煤、长焰煤与褐煤的胶质层厚度不大或不稳定，属于不焦结和弱焦结煤，不适宜作为炼焦煤，可作为动力用煤供锅炉燃用。

我国电力用煤主要分为以下几类。

2.1.1　无烟煤

无烟煤的特点是含碳量高，挥发分含量（V_{daf}，质量分数）很小，一般 $V_{daf}<10\%$，故不易点燃，燃烧缓慢，燃烧时无烟且火焰很短；因无烟煤的干燥无灰基含碳量达 95%～96%，但含氢量很少，故无烟煤发热量可能较烟煤低，也可能较烟煤高，其发热量一般为 20 930～25 120 kJ/kg（或5 000～6 000 kcal/kg）；焦炭无焦结性；表面具有黑色光泽；密度较大且质硬，不易研磨；储存时不易风化和自燃。

2.1.2　贫煤

贫煤的性质介于无烟煤与烟煤之间。其碳化程度比无烟煤稍低，V_{daf} 仅为 10%～20%，亦不易点燃，燃烧时火焰短，但焦炭焦结性稍胜于无烟煤。

2.1.3 烟煤

烟煤在我国各地均有，是锅炉燃煤中数量很多的一种煤。烟煤的特点是含碳量较无烟煤低，挥发分含量较多，一般 V_{daf} 为 20%～40%，故大部分烟煤都易点燃，燃烧快，燃烧时火焰长；因含碳量高，故发热量也较高，一般为18 850～27 210 kJ/kg(4 500～9 500 kcal/kg)；多数具有或强或弱的焦结性，锅炉只能燃用那些不宜炼焦的烟煤；表面呈灰黑色，有光泽，质松易碎；储存时会自燃。烟煤还有一种灰分、水分含量较高，发热量较低(多在 18 850 kJ/kg 以下)的品种，称为劣质烟煤。燃用劣质烟煤除应在燃烧上采取适当措施外，还应考虑受热面积灰、结渣和磨损等问题。

2.1.4 褐煤

褐煤的特点是含碳量不多，挥发分含量很高，其 V_{daf}>40%，故极易点燃，燃烧时火焰长；又因其水分、灰分及氧的含量均较高，故发热量低，不耐烧，一般为 10 500～14 700 kJ/kg (2 500～3 500 kcal/kg)；焦炭无焦结性；外表多呈棕褐色，质脆，易风化；储存时极易自燃。

2.2 煤的成分分析及特性

2.2.1 煤的组成部分

煤是包括有机成分和无机成分等物质的混合物，其化学组成和结构十分复杂。煤的主要成分是碳(C)、氢(H)、氧(O)、氮(N)、硫(S)、灰分(A)及水分(M)，一般通过元素分析和工业分析来确定各种物质的含量。

1. 常用的煤成分分析基准

(1)收到基。

收到基是指以收到状态的煤为基准，包括全部水分和灰分在内的燃煤成分之和。

(2)空气干燥基。

空气干燥基是指以空气湿度达到平衡状态的煤为基准。

(3)干燥基。

干燥基是指以假想无水状态的煤为基准。

(4)干燥无灰基。

干燥无灰基是指以假想无水、无灰状态的煤为基准。

2. 元素分析成分

元素分析成分是指煤中的碳、氢、氧、氮、硫、灰分和水分的含量。

(1)碳(C)。

碳是燃料中主要燃烧元素，占总燃料成分的 15%～85%。煤的埋藏时间增长，含碳量也随之增多。煤中一部分的碳与氢、氧、硫、氮等结合成有挥发性的有机化合物，称为挥发分；其余则称固定碳。固定碳需在较高温度下才能充分燃烧，由此得出煤中的固定碳越多，越难燃烧。

(2)氢(H)。

煤中氢的含量(质量分数)占 2%~6%。氢的发热量较高,含氢多的煤容易点燃,燃烧快。

(3)氧与氮(O、N)。

煤中的氧由两部分组成:一部分为游离存在的氧,它能助燃;另一部分氧与煤中碳、氢结合,呈化合物状态,不能助燃。煤中的氧含量多时,煤中可燃元素相对减少,煤的发热量因此有所降低。

(4)硫(S)。

硫是煤中的可燃元素之一,煤中的硫以 3 种形态存在:有机硫(与碳、氢、氧等元素结合成的化合物)、黄铁矿中的硫(与铁元素组成的硫化铁)及硫酸盐中的硫(与钙、镁等元素组成的各种盐类)。前两种硫均能燃烧放出热量,称为可燃硫或挥发硫;硫酸盐中的硫不能燃烧,一般都归入灰分。

(5)灰分(A)。

煤中所含的矿物杂质燃烧后即形成灰分,但燃烧后的灰分与燃烧前煤中的矿物质在成分和数量上有较大区别。灰分是煤中的主要不可燃烧成分,又是有害杂质,不同的煤灰分含量不一样。

(6)水分(M)。

水分是煤中的主要不可燃成分,也是一种有害杂质。每种煤中的水分含量不一样,高的可达 50%~60%(质量分数),少的仅有 3%(质量分数)左右,一般随煤的地质年代的增长而减少。煤中的水分由表面水分和固有水分组成。表面水分可以通过自然干燥除去,去掉表面水分后煤所具有的水分,称为固有水分。表面水分和固有水分两部分之和称为全水分。

2.2.2　煤的发热量

1. 定义

煤的发热量是指单位质量的煤在完全燃烧时所放出的热量,用符号 Q 表示,单位是 kJ/kg。

2. 煤的发热量常用的 3 种规定值

(1)弹筒发热量 Q_b。

弹筒发热量是在实验室中用氧弹式量热计测定的实测值。由于弹筒发热量要比在锅炉实际燃烧中煤释放的热量低,故实测的弹筒发热量还要换算成煤的空气干燥基高位发热量和低位发热量后才能使用。

(2)高位发热量 Q_{gr}。

高位发热量是指单位质量的煤完全燃烧时所放出的热量,它包括煤完全燃烧所生成的水蒸气全部凝结成水时放出的汽化潜热。

(3)低位发热量 Q_{net}。

低位发热量是指单位质量的煤完全燃烧时所放出的热量,它不包括煤完全燃烧所生成的水蒸气全部凝结成水时放出的汽化潜热。

2.2.3 煤灰成分及熔融特性的影响因素

1. 煤灰成分

煤灰是由各种矿物成分组成的混合物，其成分主要有氧化硅（SiO_2）、氧化铝（Al_2O_3）、各种氧化铁、钙镁氧化物及碱金属氧化物等。

2. 影响煤灰熔融特性的因素

煤灰的熔融特性是判断锅炉运行中是否会结渣的主要因素之一，实际上影响煤灰熔融特性的因素是多方面的，主要有煤灰的化学成分、煤灰周围高温介质的性质（气氛）及煤中的灰分含量。

（1）煤灰的化学成分。

煤灰的化学成分比较复杂，分为酸性氧化物和碱性氧化物。一般来说煤灰中的高熔点成分越多，则煤灰的熔点越高；相反，煤灰中的低熔点成分越多，则煤灰的熔点越低。

（2）煤灰周围高温介质的性质。

煤灰周围高温介质的性质对煤灰的熔融特性有较大影响。当介质中存在还原性气体时，这些气体与煤灰中的高价氧化铁相遇，就会使高价氧化铁还原成低熔点的氧化亚铁，并可能与其他氧化物形成共熔体，使煤灰熔点降低。

（3）煤中的灰分含量。

当煤灰的成分与所处周围高温介质性质相同，而煤中灰分含量不一样时，熔点也会发生变化。煤中的灰分含量越多，煤灰中各成分相互接触越频繁，在高温下产生化合、分解、助熔作用的机会越多，从而煤灰的熔点变低。

2.3 燃烧计算

2.3.1 空气需要量

1. 理论空气量

理论空气量是指 1 kg 收到基燃料实现完全燃烧理论上必需的干空气量，用符号 V^0 表示。理论空气量（m^3/kg，标准状态）的计算由燃料中各可燃成分（C、H、S）在燃烧时所需空气量相加而成，即

$$V^0 = 0.0889[w_{ar}(C) + 0.375w_{ar}(S)] + 0.265w_{ar}(H) - 0.033w_{ar}(O) \qquad (2.1)$$

其中，$w_{ar}(C)$、$w_{ar}(S)$、$w_{ar}(H)$、$w_{ar}(O)$分别为燃料中 C、S、H、O 的含量，单位为 kg。

式（2.1）表明，理论空气量仅与煤的成分有关。不同的煤，完全燃烧所需要的理论空气量是不相同的；而同一种煤在不同的锅炉中燃烧，理论空气量则完全相同。

2. 过量空气系数

在锅炉的实际燃烧过程中，空气与燃料不可能充分理想混合，燃料中可燃元素不可能都有机会与氧分子进行反应。故实际供给的空气量应比理论空气量多些，以使燃烧反应能在有多余氧的情况下充分进行。实际供给的空气量 V（m^3/kg，标准状态）与理论空气量 V^0（m^3/kg，标准状态）的比值称为过量空气系数，即 $\alpha=\dfrac{V}{V^0}$。

一般认为,锅炉内的燃烧过程均在炉膛出口处结束,所以可用炉膛出口处的过量空气系数 α''代表空气量对燃烧过程的影响。

对于在负压下工作的锅炉机组,外界冷空气会通过锅炉的不严密处漏入炉膛及其后的烟道中,使烟气中过量空气增加。相对于 1 kg 燃料而言,漏入空气量 ΔV 与理论空气量 V^0 之比称为漏风系数,以 $\Delta\alpha$ 表示,即 $\Delta\alpha=\dfrac{\Delta V}{V^0}$。

由于存在漏风,锅炉烟道内的过量空气系数沿烟气流程是逐渐增大的。炉膛后烟道截面处的过量空气系数为

$$\alpha = \alpha_0 + \text{漏入空气量对应的 } \Delta\alpha$$

式中　α_0——炉膛出口处的过量空气系数。

漏入烟道的冷空气使烟气温度降低,烟气和受热面之间热交换变差,排烟温度升高;漏风还增加了烟气体积,其结果是锅炉排烟热损失和引风机电耗都增大,降低了锅炉运行的经济性。对于电站煤粉炉,一般炉膛漏风系数每增加 0.1~0.2,排烟温度升高3~8 ℃,锅炉效率降低 0.2%~0.5%;漏风系数每增加 0.1,送风机、引风机电耗增加0.2%。因此,在锅炉设计和运行中都应该采取有效措施减少漏风。

2.3.2　燃烧产物体积

1. 理论烟气体积 V_y^0

理论烟气体积是指对于 1 kg 的煤,供应空气量为理论空气量($\alpha=1$)时,完全燃烧后所产生烟气的体积。理论烟气体积的成分包括煤中各成分与氧反应生成的 RO_2,煤中水分和空气中水蒸气转移到烟气中形成的 H_2O,以及煤和空气中带入的 N_2。

经推导,理论烟气体积为

$$V_y^0 = V_{RO_2} + V_{H_2O}^0 + V_{N_2}^0 = V_{GY}^0 + V_{H_2O}^0$$

二氧化碳(CO_2)体积为 $V_{CO_2}=1.866w_{ar}(C)/100$

二氧化硫(SO_2)体积为 $V_{SO_2}=0.7w_{ar}(S)/100$

RO_2 体积为 $V_{RO_2} = 1.866\dfrac{w_{ar}(S) + 0.375w_{ar}(S)}{100}$

理论氮气体积为 $V_{N_2}^0 = 0.79V^0 + 0.8w_{ar}(N)$

理论水蒸气体积为 $V_{H_2O}^0 = 0.111w_{ar}(H) + 0.012\,4w_{ar}(M) + 0.016\,1V^0$

其中,$w_{ar}(M)$ 为燃料中的水分质量。

标准状态下理论烟气体积 V_y^0 是包含水分的,若扣除理论烟气体积中 H_2O 的体积,则称为理论干烟气体积,即 $V_{GY}^0 = V_{RO_2} + V_{N_2}^0$。

2. 实际烟气体积 V_y

实际烟气体积是指对于1 kg的煤,供应空气量超过理论空气量($\alpha > 1$)时,燃烧产物的体积。在这种情况下,烟气中的成分除了 RO_2、H_2O 和 N_2 外,还有空气中未参加反应的过剩 O_2。实际烟气体积可以看作由两部分组成:一部分是相应于理论空气量产生的理论烟气体积 V_y^0;另一部分是直接转移到烟气中的过剩空气体积(即漏入空气量 ΔV)。

实际烟气体积为 $V_y = V_y^0 + \Delta V$。

本章小结

本章内容为锅炉设备的科学运行与优化管理提供了理论支撑:通过精准掌握燃料特性及计算原理,可指导燃料适配性选择、燃烧工况动态调控及热效率精准提升,从而降低运行成本;通过燃料灰分、硫分及熔融特性分析能预判结渣、腐蚀风险,强化设备可靠性,避免非计划停炉事故;燃烧计算中对空气量、烟气量及污染物生成规律的研究,可为优化燃烧器设计、控制氮氧化物与硫氧化物排放提供关键技术依据,助力企业积极应对环保问题;同时,燃料发热量基准换算与燃烧效率评估方法,为能耗监测与能效对标管理奠定了基础。该章知识体系贯通了锅炉设计选型、操作调整、故障预防及环保治理全链条,对实现锅炉安全长周期运行、经济效益最大化及绿色低碳转型具有不可替代的实践价值。

思考与实践

(1) 简述我国电力用煤的分类。

(2) 简述常用的几种煤成分分析基准。

(3) 简述煤的元素分析成分。

(4) 简述煤的发热量的定义及 3 种规定值。

(5) 影响煤灰熔融特性的因素有哪些?

第 3 章　制粉系统及运行

随着人类社会生产力的发展,锅炉的蒸发量不断增大,已由每小时几吨的小型锅炉发展到每小时达几千吨的大型锅炉,由层状燃烧的火床炉到悬浮燃烧的煤粉炉,燃料的颗粒由煤块发展到煤粉。现代电厂的燃煤锅炉广泛采用燃烧煤粉的煤粉炉。本章主要介绍煤粉炉的制粉设备,包括设备的工作原理、作用及制粉系统的运行维护。

❖ 本章学习目标

(1)了解制粉系统的作用及设备组成。

(2)了解磨煤机的工作原理。

(3)了解制粉系统的运行维护。

3.1　制粉系统的作用及设备

3.1.1　制粉系统的作用

现代大中型火电厂锅炉一般均采用煤粉燃烧。所谓煤粉燃烧就是把原煤在锅炉制粉系统中经原煤斗、给煤机送入磨煤机,在磨煤机中磨制成粉,最后送入煤粉仓中等待燃烧,或者直接送入锅炉燃烧。在火电厂中,以磨煤机为核心的把原煤制成合格煤粉的系统,称之为制粉系统。

制粉系统是燃煤机组的重要辅助系统。它的作用是磨制合格的煤粉,以保证锅炉燃烧的需要。它的运行好坏,将直接影响到锅炉的安全性和经济性。

制粉系统主要有直吹式和中间储仓式两种类型。在直吹式制粉系统中,磨煤机磨制的煤粉全部直接送入炉膛内燃烧。运行中,制粉量在任何时候均等于锅炉的燃料消耗量。也就是说,制粉量是随着锅炉负荷的需要而加工磨制的。因此,直吹式制粉系统的特点就是磨煤机的制粉量始终等于锅炉的燃料消耗量。

直吹式制粉系统的优点是系统简单,布置紧凑,节省钢材,投资少,运行电耗也较低。缺点是直吹式制粉系统对锅炉运行操作控制要求高,如制粉系统中出现故障将直接威胁到锅炉的正常运行,另外当锅炉负荷变化时,燃料量的调节只能在给煤机上进行,因此调节延滞性大。

直吹式制粉系统按磨室内所处的通风压力状态,可分为正压直吹式和负压直吹式两种。在正压直吹式制粉系统中,一次风机装在空气预热器前,抽取冷空气经预热器送入磨煤机的系统,称为冷一次风系统。

3.1.2　制粉系统的主要设备

制粉系统主要由原煤仓、给煤机、磨煤机、密封风机、一次风机及辅助系统组成。

(1)原煤仓:原煤仓是储备原煤的容器,它保证给煤机正常供给磨煤机的用煤,同时也调节输煤系统与多台磨煤机的供需关系。

(2)给煤机:给煤机的作用是根据磨煤机或锅炉负荷的需要调节给煤量,并将原煤均匀地送入磨煤机中。

(3)磨煤机:磨煤机是制粉系统中的主要设备,其作用是将给煤机输送来的原煤磨制成合格的煤粉。

(4)密封风机:密封风机用于防止煤粉气流的逸出,主要有磨盘、磨辊轴承、拉杆 3 个密封点。

(5)一次风机:一次风机用于提供足够的风量。

(6)辅助系统:辅助系统主要包括润滑油、液压油、冷却水、消防蒸汽等。

3.2 磨煤机

磨煤机是将煤块破碎并磨成煤粉的机械,它是煤粉炉的重要辅助设备。磨煤过程是煤被破碎及其表面积不断增加的过程。要增加新的表面积,必须克服固体分子间的结合力,因而需消耗能量。煤在磨煤机中被磨制成煤粉,主要通过压碎、击碎和研碎 3 种方式进行。其中压碎过程消耗的能量最少,研碎过程最费能量。各种磨煤机在制粉过程中都兼有上述的 2 种或 3 种方式,但以何种为主则视磨煤机的类型而定。

磨煤机的种类很多,按磨煤工作部件的转速可分为 3 种类型,即低速磨煤机、中速磨煤机和高速磨煤机。

低速磨煤机主要为滚筒式钢球磨煤机,一般简称钢球磨或球磨机。它是一个转动的圆柱形或两端为锥形的滚筒,滚筒内装有钢球。滚筒的转速为 15~25 r/min。工作时筒内的钢球不断地撞击和挤压煤块,将煤块磨制成煤粉。然后由通入滚筒内的热风将煤烘干并将煤粉送出,经分离器分离后,一定粒度的煤粉被送入煤粉仓或直接送入煤粉燃烧器。钢球磨笨重庞大、电耗高、噪声大;但对煤种的适应范围广,运行可靠,特别适用于磨制硬质无烟煤。

钢球磨的工作原理:

煤和钢球都在筒体内,电动机通过变速箱驱动筒体低速旋转。在离心力与摩擦力的作用下,护甲将钢球与燃料提升至一定高度,然后借重力自由下落,煤主要被下落的钢球撞击破碎,所以撞击作用在钢球磨内是主要的。同时,煤还受到钢球之间、钢球与护甲之间的挤压、碾磨作用。原煤与热空气从一端进入钢球磨,磨好的煤粉被气流从另一端输送出去。热空气不仅是输送煤粉的介质,同时还起到干燥原煤的作用,因此进入钢球磨的热空气被称作干燥剂。钢球磨结构如图 3.1 所示。

钢球磨的主要特点:

(1)适应煤种广,能磨制任何煤,尤其适合磨制其他磨煤机不宜磨制的煤种。特别是硬度、磨损性强的煤及无烟煤、高灰分或高水分的劣质煤等,其他形式的磨煤机都不适宜磨制,只能采用钢球磨。

(2)钢球磨对煤中混入的铁块、木屑和硬石块都不敏感,又能在运行中补充钢球,延长了检修周期。因此,钢球磨能长时期维持一定出力和煤粉细度,可靠地工作,且单机容量大,磨制的煤粉较细。

其主要缺点:

(1)设备庞大笨重,金属消耗量大,占地面积大,初投资及运行电耗、金属磨损都较高。

(2)调节适应性差,低负荷运行工况下不经济。

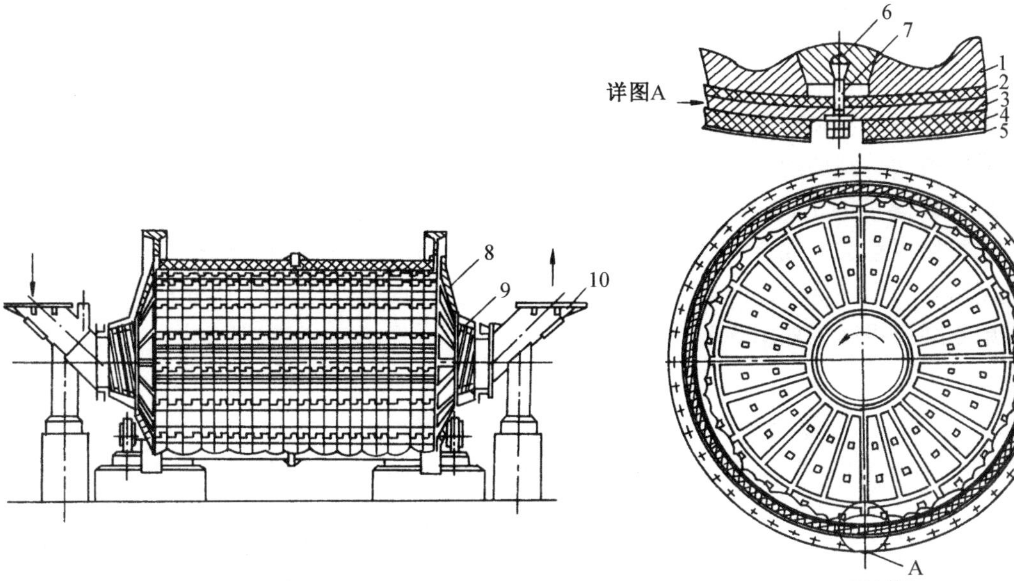

(a) 纵剖图　　(b) 横剖图

图 3.1　钢球磨结构

1—波浪形的护甲;2—石棉层;3—筒身;4—毛毡层;5—薄钢板外壳;
6—压紧用的楔形块;7—螺栓;8—端盖;9—空心轴径;10—短管

(3)运行噪声大,磨制的煤粉不够均匀。

中速磨煤机转速为 50~300 r/min,种类较多,常见的有平盘磨、E 型磨、碗式磨和辊式磨,如图 3.2 所示。它们的共同特点是碾磨部件由两组相对运动的碾磨体构成,煤块在这两组碾磨体表面之间受到挤压、碾磨而被粉碎。同时,通入磨煤机的热风将煤烘干,并将煤粉送到碾磨区上部的分离器中。经分离后,一定粒度的煤粉随气流被带出磨外,粗颗粒的煤粉返回碾磨区重磨。

中速磨煤机具有设备紧凑、占地少、电耗省(为钢球磨的 50%~75%)、噪声小、运行控制比较轻便灵敏等显著优点;但其结构和制造较复杂,维修费用较大,而且不适宜磨制较硬的煤。在大容量燃煤锅炉中,碗式磨用得较多。

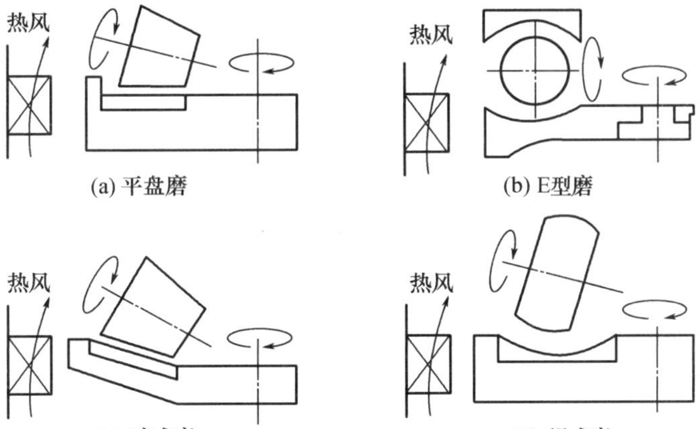

(a) 平盘磨　　(b) E型磨

(c) 碗式磨　　(d) 辊式磨

图 3.2　中速磨煤机类型

高速磨煤机转速为500~1 500 r/min，主要由高速转子和磨壳组成。高速磨煤机中应用最多的是风扇式磨煤机，其结构形式与风机相似。它由工作叶轮和蜗壳形外壳组成，叶轮上装有8~12个叶片，称为冲击板。蜗壳形外壳内壁装有护甲，磨煤机出口为煤粉分离器。高速磨煤机具备风机和磨煤机两重功能，原煤靠冲击板和蜗壳的撞击、摩擦被粉碎成煤粉，然后靠风扇被吹送到炉内。

风扇式磨煤机的工作原理是：原煤进入磨煤机后被高速旋转的冲击板击碎，磨煤机吸入热空气并将煤粉空气混合物送入粗粉分离器，不合格的煤粉返回磨煤机重磨，合格的煤粉由气流送入炉内燃烧。影响风扇式磨煤机运行的主要因素有通风出力和干燥介质温度。

风扇式磨煤机结构如图3.3所示。

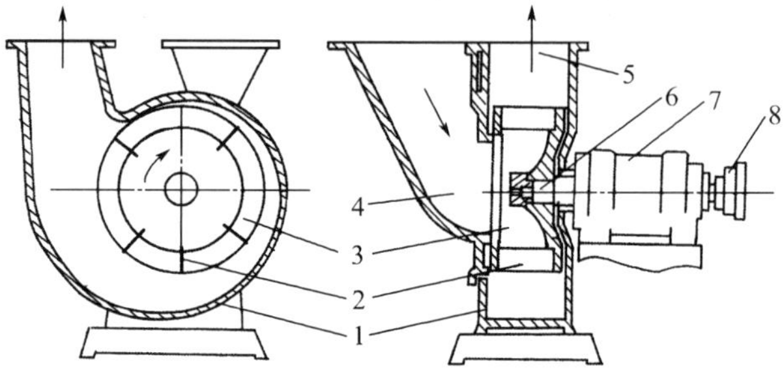

图3.3 风扇式磨煤机结构

1—外壳；2—冲击板；3—叶轮；4—风、煤进口；5—气粉混合物出口（接分离器）；
6—轴；7—轴承箱；8—联轴节（接电动机）

叶轮、叶片（冲击板）、护甲（外壳）是风扇式磨煤机的主要磨煤部件。煤粉分离器在叶轮的上方，与外壳连接成一个整体，结构紧凑。风扇式磨煤机在对原煤进行粉碎的同时能产生1 500~3 500 Pa的风压，用以克服系统阻力，完成干燥剂吸入、煤粉输送的任务。所以风扇式磨煤机具有结构简单，设备尺寸小，金属耗量少，占地面积小，初期投资少等优点。

在高速磨煤机中，煤的粉碎过程既受机械力的作用，又受热力作用的影响。从高速磨煤机入口进入的原煤与被吸入的高温干燥介质混合，在高速转动的叶轮带动下一起旋转，煤的破碎过程和干燥过程同时进行。叶片对煤粒的撞击、叶轮与煤粒的摩擦、运动煤粒对蜗壳上护甲的撞击和煤粒之间的互相撞击等机械作用起主要的粉碎作用。随着破碎过程的进行，煤粒表面积增大，使干燥过程进一步深化，更有利于煤粒的破碎。

煤粒在高速磨煤机中大多处于悬浮状态，热风与煤粒混合十分强烈，对煤粉的干燥能力很强，所以与其他磨煤机相比，高速磨煤机能磨制水分更高的褐煤和烟煤。同时，由于水分高而具有较强塑性的褐煤在被高温干燥剂加热后，塑性降低，脆性增加，易于破碎，因此部分含有较高水分的煤粒在干燥过程中会自动碎裂。若配合以高温炉烟作为干燥剂，则可磨制水分含量（质量分数）大于35%的软褐煤和木质褐煤。

高速磨煤机的主要缺点是：叶轮、叶片和护甲磨损严重，检修工作量大，磨制的煤粉也较粗，煤粉的细度、均匀性不能保证。所以高速磨煤机不适于磨制硬煤、强磨损性煤及低挥发分的煤。

3.3　制粉系统辅助设备

制粉系统辅助设备包括给煤机、粗粉分离器、细粉分离器、给粉机、排粉机、锁气器、防爆门和煤粉仓。

3.3.1　给煤机

给煤机是制粉系统的第一道设备，锅炉煤仓底部的插板阀下方就是给煤机，是原煤输送的第一道转动设备，通过给煤机，原煤从煤仓被输送到磨煤机上方的落煤管，到达磨煤机内。

1. 给煤机的机构及原理

给煤机给料皮带机构由电动机、减速机、皮带驱动辊筒、张紧辊筒、张力辊筒、皮带支撑板、皮带张紧装置及给料胶带等组成。给料胶带带有边缘，并在内侧中间有凸筋；各辊筒中有相应的凹槽，使胶带能很好地导向。

在皮带驱动辊筒端，装有皮带清洁刮板，以刮除黏结于胶带外表的煤。胶带中部安装的张力辊筒，使胶带保持一定的张力以得到最佳的称量效果，胶带的张力随着温度和湿度的变化而有所改变，应该经常注意观察并及时利用张紧拉杆来调节胶带的张力。

在正压运行系统中，给煤机本身密封可靠，可以认为无泄漏。给煤机需要通过密封空气来防止磨煤机热风通过排料口回到给煤机。密封空气压力为磨煤机内一次风压力，给煤机两侧安装有人孔视镜，密封空气管入口安装在视镜上，可防止粉尘堆积在视镜上，便于随时观察。

密封空气压力过高和风量过大时，会将煤粒从胶带上吹落，从而使称量精度下降，并增加清理刮板的负荷；密封空气量过大也容易使观察孔内产生尘雾，不利于观察。因此应当适当调整密封空气的压力和风量。

2. 给煤机的分类

给煤机装在原煤斗的下面，用以调节从原煤斗进入磨煤机的给煤量。它的种类很多，广泛使用的有圆盘式给煤机、皮带式给煤机、刮板式给煤机、电磁振动式给煤机等。

(1)圆盘式给煤机。

圆盘式给煤机主要由圆盘、进煤管、调节套筒、调节刮板、出煤管、电动机及减速传动装置组成。其工作原理是煤进入进煤管经过调节套筒落在圆盘上形成煤堆，圆盘在封闭的外壳内旋转，煤被刮板从圆盘上刮下，落入磨煤机入口处。

(2)皮带式给煤机。

皮带式给煤机由下煤管、输送皮带、辊子、挡板组成。煤由下煤管落在输送皮带上进行输送。皮带式给煤机可通过调整挡板开度来调整给煤量，也可以通过调节皮带的运行速度来调整给煤量(皮带速度增加，则给煤量增加；皮带速度降低，则给煤量也相对减少)。皮带式给煤机的优点是适用的煤种广泛，不易堵塞；缺点是漏风，占地面积大。

(3)刮板式给煤机。

刮板式给煤机由链轮、链条、刮板、上台板、下台板、导向板、煤层厚度调节板、进煤管、出煤管、电动机及减速传动装置等组成。改变链条的运转速度或煤层厚度都可以调节给煤量。链条运转速度增加，则给煤量增加；煤层厚度增加，则给煤量增加。刮板式给煤机多用在大型钢球磨上。其优点是不易堵塞，空间较严密；缺点是当煤块过大或有杂物时，容易出现卡涩等情况。

(4)电磁振动式给煤机。

电磁振动式给煤机是目前应用最广泛的给煤机，主要由进煤斗、给煤槽、振动器和下煤管组成。振动器是电磁振动式给煤机的主体。电磁振动式给煤机调节煤量的办法有调节振幅或者调节振动力(振动力增加，给煤量增加)。电磁振动式给煤机的优点是无转动设备，无须润滑和维护，维修方便简洁；操作简单，使用安全可靠，工作年限长；结构简单，体积小，节省原材料，造价低廉；耗电量小，运行维护费用低；给煤均匀，调整方便灵活，可自动或者手动控制调节，便于投入自动。其缺点是噪声较大。

3.3.2 粗粉分离器

粗粉分离器的作用一是在从磨煤机出来的气粉混合物中把粗粒煤粉分离出来，返回磨煤机重磨，细粒煤粉随气流流动；二是调节煤粉细度。其工作原理如下。

(1)从球磨机出来的气粉混合物以一定的速度自下而上进入粗粉分离器，在内外锥体之间流过，由于截面不断扩大，其速度降低，气粉混合物中的粗粒煤粉从气流中落下，从外锥体回粉口回至球磨机。气粉混合物再经百叶窗式调节挡板沿切向进入内锥体。由于离心力的作用，较大颗粒的煤粉被分离出来由内锥体底部的回粉口返回球磨机，气粉混合物由上部引出进入旋风分离器。

(2)改变百叶窗式调节挡板的开度，可以调节气粉混合物的旋转程度，以此调节粗粉分离器出口煤粉的细度。

3.3.3 细粉分离器

在中间储仓式制粉系统中，细粉分离器的作用是把煤粉从气流中分离出来，存入下部的煤粉仓。细粉分离器又称旋风分离器，其工作原理是：由粗粉分离器出来的气粉混合物，多切向进入细粉分离器外圆筒的上部，旋转着向下流动，煤粉在离心力作用下被抛向筒壁落下，当气流转向进入内套筒时，借惯性力再次分离出煤粉。分离出的煤粉由下部送入煤粉仓，分离后的干燥剂(乏气)由出口管引出，送往排粉机。

3.3.4 给粉机

给粉机的作用是按照锅炉负荷需求的煤粉量，把煤粉仓中的煤粉均匀地送入一次风管。常用的给粉机有螺旋式给粉机和叶轮式给粉机两种。

(1)螺旋式给粉机。

螺旋式给粉机的主要结构是一根螺旋输粉管。螺旋输粉管内有一根传动杆，围绕传动杆周围焊接了连续的螺旋叶片，传动杆由电动机带动。从煤粉仓出来的煤粉，送入给粉机的一端，由传动杆的推动，把煤粉输送到一次风管中。这种给粉机结构简单，维修方便。

(2)叶轮式给粉机。

叶轮式给粉机给粉均匀，调节方便，既不易发生煤粉自流，又可以防止一次风冲入煤粉仓，使用广泛。其缺点是结构比较复杂，煤粉容易漏入下部减速箱，增大传动齿轮的磨损；同时叶轮式给粉机的耗电量也较大。

3.3.5　排粉机

排粉机的作用是在制粉系统中输送煤粉空气混合物。排粉机与风机的工作条件不同，排粉机工作于较高的介质温度下，输送的是较高温度的煤粉空气混合物，工作条件差。

3.3.6　锁气器

制粉系统的锁气器是只允许煤粉通过而防止空气通过的设备，常用的有两种：翻板式锁气器和草帽式锁气器。锁气器由翻板或活门、外壳、杠杆、平衡重锤等组成，其工作都是利用杠杆原理。当翻板或活门上的煤粉超过一定数量时，翻板或活门自动打开，煤粉落下；当粉煤通过后，平衡重锤又使翻板或活门关闭。

3.3.7　防爆门

当煤粉受热膨胀或煤粉爆炸时，系统压力过高，防爆门的作用是使气流冲破膜板或顶开重力盖而泄压，达到保护设备和管道的目的。在磨煤机的进出口管道、粗粉分离器、旋风分离器及其进出管、煤粉仓、排粉机前等处都装有防爆门。

3.3.8　煤粉仓

中间储仓式制粉系统必须设置煤粉仓。煤粉仓的作用是储存一定数量的煤粉，保证锅炉能连续正常使用。煤粉仓应该使用钢筋混凝土或钢板建造，应装有吸潮管，吸潮管可利用排粉机的负压把仓内潮气吸出，装有防爆门和安全消防装置，还应有温度测点，便于检测煤粉仓内的煤粉温度。

3.4　制粉系统的运行调整及维护

3.4.1　制粉系统启动前的检查

(1)给煤机空载启动前的检查。

给煤机检修工作结束，工作票终结，内部及现场须清理干净，给煤机检修门应关闭。给煤机各部件螺栓应无松动现象，各减速箱及轴承油质良好，油量正常。给煤机内部照明应良好，窥视孔清晰，皮带无偏斜，清扫链完整。给煤机上、下闸门应处于关闭状态，给煤机密封风门应开启，给煤机就地控制柜送电，各指示灯显示正常，给煤机及清扫链电机试验试转正常。热工接线应完好，计量装置正常。煤仓煤位正常，煤仓自动疏松机油站电源送上后，系统正常备用。

(2)给煤机空载试运行。

确认空载前各项工作已做好，联系有关检修人员到场。将控制面板“自动/手动”开关切至手动位置。就地启动电机，给煤机运转方向须正确，应无异常现象；给煤机皮带应无跑偏现象。试运行正常后停止运行，将控制开关切至“远方”。

(3)磨煤机启动前的检查。

对检修后的磨煤机，应先进行验收工作，验收合格后将工作票收回、终结。原煤仓应有 1/3 以上的原煤。磨煤机密封管道应连接完好，磨煤机本体密封风手动门应开启。磨煤机加载装置须完好,加载压力应已调整完毕。磨煤机拉杆处应无漏风、漏粉现象。磨煤机润滑油泵、电加热器、冷油器等设备应完好,油箱油质合格,油位正常,冷油器进、出口水门应开启,油过滤器滤网应清理干净,油箱放油门应关闭,无漏油、漏水现象。磨煤机排渣箱内应无杂物,排渣门应关闭,进渣门应开启。磨煤机内应无自燃现象,蒸汽消防阀开关应灵活,管道应无泄漏,进汽电动门应关闭,疏水门应开启,系统应已投入。煤粉分离器折向挡板开度应符合要求并被固定,磨煤机入口冷、热风隔绝门应关闭。磨煤机本体和煤粉管道及燃烧器等设备应完好正常,磨煤机出口快关阀应关闭,开关到位,启动装置无漏气、漏粉现象,无主燃料跳闸(MFT)指令或磨煤机跳闸指令。各种信号装置、测量仪表均应投入且正常。

(4)密封风机启动前的检查。

检查密封风机是否运行稳定,无异音和摩擦声。各风门挡板开度与计算机显示屏(CRT)画面开度指示应一致。检查风机及电机轴承是否振动正常,温度正常。风机轴承油位应正常,油质应合格,轴承冷却水应充足畅通。检查风机及风道是否无漏风,风门挡板开关是否灵活到位。

3.4.2 制粉系统运行调整

(1)尽可能保持制粉系统在最佳出力运行,燃料量和负荷紧密匹配。

(2)增、减给煤量时必须及时调整磨煤机通风量并做到热冷风的协调调节,以维持正常的风温与风压。

(3)通风量不宜过小以防堵管,也不宜过大以防煤粉细度增大及燃烧工况恶化。

(4)经常监视制粉系统的运行情况,自动装置出现故障时应加强手动调节。

(5)保持合格的煤粉细度。定期进行煤粉细度化验,正常时应为 $R_{90}=20\%\pm1\%$,否则应调节折向门开度(折向门开度一般在 37°~48°范围内调整)。

(6)正常运行时,应保持连续、均匀给煤,使磨煤机内煤量合适;给煤机转速不可过高或过低,注意磨煤机出入口压差变化。

(7)增大或减少磨煤机的给煤量时,应缓慢进行。磨煤机内煤量,可根据磨煤机出入口压差及出口温度、制粉系统风压确定,同时也可参考磨煤机电流判断。

(8)增大或减少磨煤机的通风量时,应相应增加或减少给煤量,在调整磨煤机的通风量时应不影响磨煤干燥及锅炉的正常燃烧。

(9)给煤机下煤管堵煤时,应立即降低给煤机转速。如在断煤保护动作前恢复,下煤后可以提高给煤转速至正常,否则保护跳闸。

(10)各制粉系统应定期切换运行,使其运行小时数基本一致。

(11)当磨煤机出力明显下降或出现漏粉、漏风、漏煤时,应及时检修。

(12)切换制粉系统时,应先减小运行设备出力,投运待用设备,逐渐加大运行制粉系统设备出力,同时减小其待停设备出力至最小,停止其运行。

(13)制粉系统运行中,对各设备每小时均进行巡回检查,如发现不正常情况,应查明原因,及时消除。对暂不能消除的缺陷,应及时通知有关部门处理,并加强监视,采取必要的措施,防止发生事故。

(14)制粉系统运行中,应定期对燃烧工况进行检查,防止炉内结焦现象发生。

(15)制粉系统运行中,应经常进行仪表分析,监视各参数是否正常,若不正常及时调整。

3.4.3　磨煤机的运行维护

磨煤机润滑油应正常，油质良好，油线无间断现象。磨煤机罐体、出入管道应无漏粉，变速箱无杂音，振动、油温不超过最高规定值，保持冷却水流畅。运行中的设备必须每小时检查一次，各转动机械各部分螺丝要牢固，设备转动应无异音，轴承温度、润滑油温度、油压、油质应正常，来油、回油良好，冷却水量、水温正常，检查各部分要无堵塞、积粉、自燃现象。应经常监视给煤运行情况，保持连续均匀给煤，如有堵塞，及时处理。给煤机上的检查孔应尽量少开，防止冷风漏入制粉系统。运行中系统漏风应不超过 30%，应经常检查防爆门、冷风门、热风门、人孔门、系统管道等处是否严密不漏。对制粉系统所磨制的煤粉，应取样分析其水分、细度，每班一次，分析结果应记入运行日志。值班员应定期对辅机进行检查，并对磨煤机进行石子煤排放，具体操作如下：关闭上部排放门，开下部排放门，清理出石子煤、铁件等杂物；关闭下部排放门，开上部排放门，并检查各门位置是否正常。

3.4.4　给煤机的运行维护

给煤机的运行维护应注意以下问题：

(1)原煤仓料位正常，给煤机、电动机及减速器温度、振动不超限，无异音。

(2)各设备地脚螺丝无松动。

(3)给煤机皮带无跑偏现象。

(4)给煤机检查孔无漏风、粉现象。

(5)给煤机清扫刮煤机构运转良好。

(6)磨煤机投运时，给煤机的密封风机应提前投入，以防热风窜入给煤机中烧坏皮带。

本章小结

由于现代大型电厂锅炉一般采用煤粉燃烧，因此原煤必须在清除金属等杂物后由碎煤机打碎，然后在磨煤机中磨制成一定细度和干度的煤粉，才能由空气经燃烧器输送进入炉膛燃烧。原煤磨制与干燥工作由制粉设备承担，制粉设备既是锅炉的主要辅助设备，又是能耗较大的设备，其工作情况直接影响锅炉的安全经济运行。因此，了解制粉设备的构造与工作是很重要的，本章重点介绍了制粉系统及其中的各类制粉设备。

思考与实践

(1)简述制粉系统的作用。

(2)制粉系统的主要设备有哪些？

(3)磨煤机可分为哪几种？

(4)制粉系统的辅助设备有哪些？

(5)给煤机可分为哪几种？

第 4 章　燃烧设备及运行

燃烧原理是锅炉燃烧设备设计、改造及运行的理论依据，燃烧设备是组织燃料安全经济燃烧的生产装置。我国发电厂大型锅炉主要是固态排渣煤粉炉。本章着重对燃烧速度的概念，影响燃烧速度的因素，提高燃烧速度的方法，煤粉燃烧的组织与强化，煤粉燃烧器及点火装置的工作原理、结构、设计与运行特性等进行较详细的论述。

❖ 本章学习目标

(1)了解燃烧的过程。

(2)了解锅炉燃烧设备及其工作原理。

(3)了解锅炉燃烧的热力计算。

4.1　燃烧的基本概念

所谓燃烧，不论是煤或油的燃烧，都是指燃料中的可燃物质同空气中的氧进行激烈的放热和发光的化学反应过程。人们应用这种燃烧现象已有几十万年的历史，当火的使用由生活领域转入生产技术范围之内，就逐渐形成了燃烧这门学科。在锅炉技术中，研究燃烧的目的，就是要尽可能地使燃料在锅炉的炉膛内迅速而又良好地燃烧，以求将化学能迅速而又最大限度地转化为热能。燃料中的可燃物质与氧化剂进行化合反应，在其反应过程中伴随着强烈放热，反应生成物的浓度和温度同时迅速提高，而燃料与氧化剂的浓度却相应降低。燃烧时，如果可燃物质与氧化剂能够充分混合燃烧，把热量全部释放出来，这种情况称为完全燃烧。当可燃物质与氧化剂因各种原因不能充分化合，在燃烧产物中还会有部分可燃物质时，称为不完全燃烧。例如，碳在完全燃烧时生成 CO_2，而在不完全燃烧时则生成 CO，不完全燃烧时所放出的热量只及完全燃烧时的 30%。发生燃烧必须同时具备 3 个条件，即可燃物质、氧化剂和着火热源。在某些情况下，燃料还可能发生自行燃烧的现象，这就是燃料的“自燃”。这是由于燃料在常温下缓慢地氧化放热，使温度逐渐升高，最后达到着火温度。

4.1.1　可燃物质

尽管气体燃料、液体燃料、固体燃料物态不同，但它们都是由碳、氢、氧、氮、硫、灰分和水分所组成。其中碳、氢、硫是可燃物质，它们在燃烧时的化学反应各不相同，所释放出的热量也各不相同。

1. 碳(C)

碳是燃料中的主要可燃物质，它在燃料中以固定碳和碳氢化合物的形式存在。纯碳不易着火、燃烧，因此燃料中固定碳的比例越大，越不易着火、燃烧。例如，无烟煤的干燥无灰基碳的含量(质量分数)为 93%～97%，而且其中绝大部分是固定碳，所以无烟煤在所有煤种中是最不易着火、燃烧的。

碳完全燃烧时，其化学反应式为

$$C + O_2 = CO_2$$

2. 氢(H)

氢完全燃烧时，其化学反应式为

$$2H_2 + O_2 = 2H_2O$$

3. 硫(S)

硫完全燃烧时，其化学反应式为

$$S + O_2 = SO_2$$

4.1.2　氧化剂

燃料中的氧是不可燃成分，而且它的存在使燃料中的可燃物成分相对减少，并且还往往与一部分可燃物质呈化合物状态存在，使燃料燃烧时的发热量减少。氧能助燃，是氧化剂。在工业燃烧中，与燃料相互作用的氧化剂应是非常普遍和容易得到的，即我们周围的空气。空气中氧的含量，按体积计（体积分数）为 21%，按质量计（质量分数）为 23.2%。

4.1.3　着火热源

燃烧需要在着火热源将可燃物质与氧化剂的混合物加热到着火温度后才能发生，燃料的着火温度与燃料的组成成分有关。使燃料达到着火温度的热量来源是多方面的，以煤粉在锅炉内的燃烧为例，使煤粉气流着火的热量来源有：

（1）高温的一次风带来的热量。

（2）煤粉气流在进入炉膛后受到的炉内高温烟气的辐射。

（3）煤粉气流在喷射过程中，对高温烟气产生吸引并与之混合，由烟气传给煤粉的热量。

（4）煤粉气流在随温度升高过程中，一部分挥发分提前着火、燃烧所放出的热量。

在上述热量来源中，前三个是主要来源，占比例很大，因此在生产实际中要注意尽量使用热风送粉（或提高一次风温）和加强煤粉气流进入炉膛后对高温烟气的"卷吸"作用，保持炉膛的温度始终处于相当高的水平，保证着火的迅速与稳定。

4.2　燃烧设备

燃烧器是煤粉炉的主要燃烧设备，其作用是保证燃料和燃烧用空气在进入炉膛时能充分混合、及时着火和稳定燃烧。通过燃烧器送入锅炉的空气是按对着火、燃烧有利的原则合理组织、分别送入的。按照送入空气作用的不同，可以将送入的空气分为一次风、二次风和三次风。一次风是携带煤粉送入燃烧器的空气，二次风是煤粉着火后再送入的空气，三次风是采用热风送粉时制粉系统的乏气。

对锅炉燃烧器的要求主要有：

（1）保证送入炉内的煤粉气流能迅速、稳定地着火和燃烧。

（2）供应合理的二次风，使它与一次风能及时、良好地混合，确保较高的燃烧效率。

（3）火焰在炉膛内的充满度较好，且不会冲墙贴壁，避免结渣。

(4)具有较好的燃烧适用性和负荷调节范围。

(5)流动阻力较小,污染物生成量少。

煤粉燃烧器按照其出口气流的特性可以分为直流燃烧器和旋流燃烧器。

直流燃烧器是由一组矩形或圆形的喷口组成的,一般布置在炉膛的四角,形成四角布置切圆燃烧方式。喷口的一、二次风都是不旋转的直流射流,单个喷口喷出的气流可视为平面自由射流。把气体从简单喷口喷射到一个很大并对气流毫无约束的空间中,所射出的气流称为平面自由射流。

旋流燃烧器是通过各种形式的旋流器使出口气流形成旋转射流。气流在燃烧器圆管中做螺旋运动,一旦离开燃烧器,由于离心力的作用,不仅具有输向速度,而且还具有切向速度和径向速度。在旋流器出口的旋转射流中,中心压力低于周围介质压力。由于存在负压区,旋转射流中心具有很强的卷吸气流的能力,形成中心回流区。中心回流区将高温烟抽吸到射流的根部,可使煤粉气流稳定着火。旋流燃烧器一般以所采用的旋流器来命名,目前国内应用较多的有 3 种形式:蜗壳式、轴向叶轮式和切向叶片式。

为适应火电机组调峰、锅炉低负荷稳燃的需要,发展了一些不同形式的低负荷稳燃新型燃烧器,如 WR 型、火焰稳定船型及钝体燃烧器。这些新型燃烧器稳定燃烧的机理大致可以分为 3 类:一是煤粉浓稀相分离,浓相首先着火,然后点燃稀相气流;二是在燃烧器出口某一位置形成局部区域的“三高”,即氧量高、温度高、煤粉浓度高,“三高”区域即是稳定着火的源头;三是直流射流引射形成回流区,以提升燃烧器出口温度。图 4.1 所示 WR 型燃烧器是第一类燃烧器,其浓稀相分离借助于入口弯管的离心力作用实现。

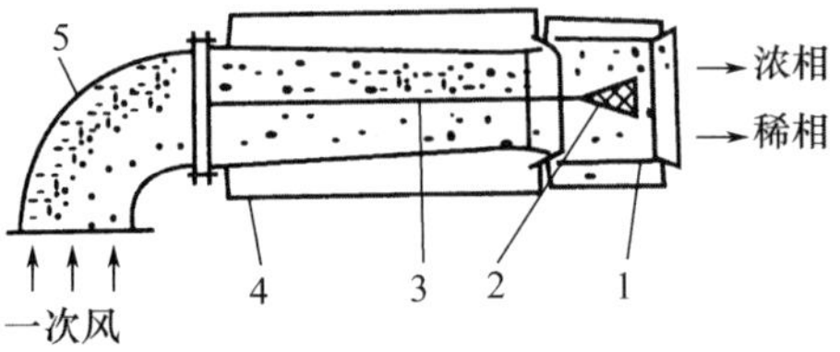

图 4.1　WR 型燃烧器

1—喷嘴喉部;2—V 形扩流锥;3—水平肋片;4—燃烧器外壳;5—进口弯头

煤粉炉点火装置主要是在锅炉启动时,用来点燃主燃烧器的煤粉气流。另外,当锅炉机组在较低的负荷下运行时,也可以作为辅助燃烧的一种手段。现代煤粉炉通常采用过渡燃料的点火装置,可以分为气—油—煤粉的三级点火系统和油—煤粉的二级点火系统两种。三级点火系统是用点火器点燃着火能量最小的气体燃料,再点燃雾化的燃料油,最后点燃主燃烧器的煤粉气流。二级点火系统则用点火器点燃燃料油,再点燃主燃烧器中的煤粉气流。点火装置中的点火器均采用电气点火器,常用的有电火花点火器、电弧点火器和高能点火器 3 种。

电火花点火器常用于三级点火系统。电火花点火器由打火电极、火焰检测器和可燃气体燃烧器 3 个部分组成,如图 4.2 所示。点火杆与外壳组成打火电极,在两极加上 5 000~10 000 V高电压,两极间便产生电火花,借助电火花的高温和电离作用点燃可燃气体,再用可燃气体的火焰点燃油喷嘴喷出的油雾,最后由油的火焰点燃主燃烧器的煤粉气流。电火花点火器的击穿能力较强,点火可靠。

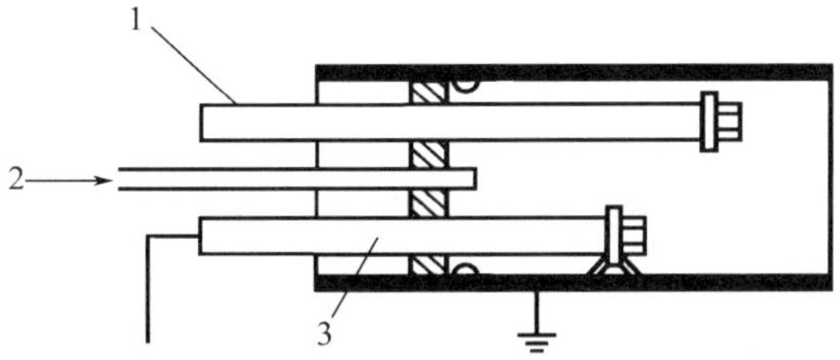

图 4.2　电火花点火器

1—火焰检测器;2—可燃气体燃烧器;3—打火电极的点火杆

电弧点火器多用于二级点火系统,其起弧原理与电焊机相同,当碳块和碳棒组成的点火电极接通后,两极先接触,再拉开起弧,利用两极间形成的高温电弧点燃点火轻油枪中的燃料油。电弧点火器如图 4.3 所示。

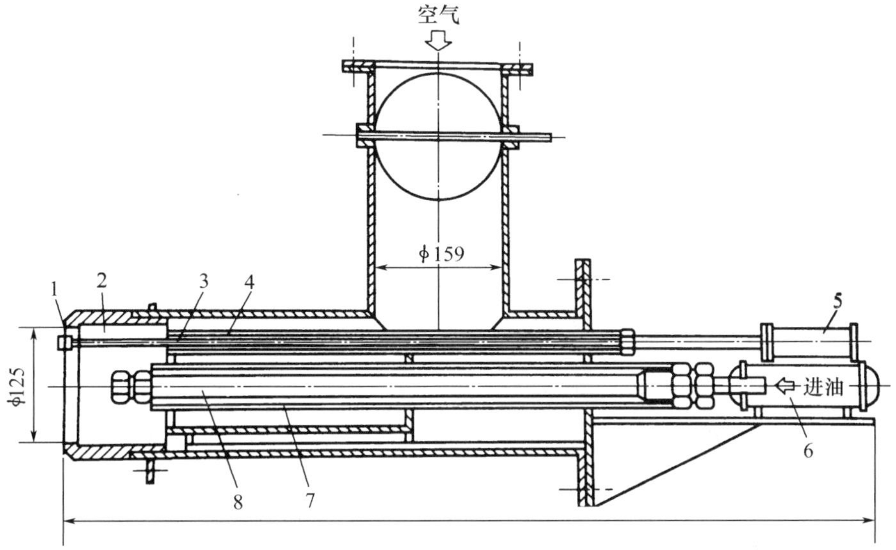

图 4.3　电弧点火器

1—碳块;2—碳棒;3—电弧点火器;4—套管;5—引弧气缸; 6—点火轻油枪;7—套管;8—油枪推进气缸

高能点火器多用于二级点火系统。常采用的是半导体高能点火器,其工作原理是,将半导体电嘴两极置于一个能量峰值很高的脉冲电压作用下,在半导体电嘴表面就产生强烈的电火花,发出强大的能量,足够直接点燃雾化了的轻油或重油。

4.3　燃烧过程

4.3.1　燃烧的 3 个阶段

煤粉在炉内的燃烧过程,大致可分为着火前准备阶段(干燥、挥发阶段)、燃烧阶段和燃尽阶段。

1. 着火前准备阶段

煤粉进入炉膛至着火前的这一阶段为着火前准备阶段。在此阶段内，主要是加热煤粉，使其尽快达到着火温度。煤粉被加热后，煤中的水分被蒸发，挥发分要逸出，煤粉颗粒的温度也要逐渐升高到着火温度。在煤粉被加热的过程中，随温度不断升高，氧化作用也逐渐加剧。当达到某温度时，将引起煤粉的剧烈氧化并发光和放热，使煤粉着火、燃烧，这个使煤粉开始发生剧烈氧化的温度称为着火温度或着火点。不同的燃料具有不同的着火温度。煤粉的着火温度取决于此种煤挥发分的成分和含量，一般含挥发分越多的煤，着火点越低，越容易着火。

2. 燃烧阶段

当煤粉温度升高到着火温度，而煤粉浓度又合适时，即开始着火、燃烧，进入燃烧阶段。首先是挥发分着火、燃烧，并放出大量热对焦炭直接加热，使焦炭也迅速燃烧起来。

燃烧阶段是一个强烈的放热阶段。这一阶段进行得快慢（燃烧速度的大小），主要决定于煤粉与氧的化学反应速度和与空气的接触速度。当炉内温度很高、氧气供应充足而又与煤粉混合强烈且均匀时，燃烧速度就快；反之，则燃烧速度就慢。

3. 燃尽阶段

在燃烧阶段中，未燃尽而被灰包围的少量固定碳在此阶段继续燃烧，直到燃尽。在此阶段中，由于氧气供应不足，气、粉的混合较弱，炉内温度较低，故这一阶段需要的时间较长。

以上 3 个阶段既是连续无界限的，同时也是相互交错进行的。目前，现代化的大型煤粉炉，煤粉在炉内停留的时间约为 2 s。一般进入炉膛后经 0.02 s 左右即可着火，着火后一般在 0.5 s 左右的时间内可烧掉 97%的可燃物质，其余 3%的可燃物质要用 1.5 s 左右的时间来燃尽。

对于上述 3 个阶段，在炉膛内可这样划分：喷燃器出口附近是着火区，炉膛中部与喷燃器同一水平的区域以及稍高的区域是燃烧区，以上部分至炉膛出口的区域全是燃尽区。其中着火区和燃烧区很短，燃尽区较长。

4.3.2 煤粉在炉膛内的实际燃烧过程

在煤粉的燃烧过程中，气粉混合物是流动的，燃烧室内的温度和反应物的浓度也是随时间而改变的，并且在炉膛内各处的温度和烟气的浓度、速度均不相同，即在时间与空间上有浓度、温度与速度的变化。因此，炉内的燃烧过程是一个非常复杂的物理化学过程。在这整个过程中，物理因素和化学因素都在起作用，只不过在不同的条件下两种因素的作用强弱不同，且可相互转化。煤粉气流在炉内首先着火的是挥发分，开始燃烧的也是挥发分。这时着了火的气流向前移动，后面连续向炉内补充气流，补充进来的气流同样因受到加热而着火。

煤粉燃烧速度的快慢，取决于碳燃烧速度的快慢，这受两个因素影响：一个是氧和碳的化合速度，即化学反应速度，而化学反应速度的高低主要取决于炉内温度的高低；另一个是氧气的供应速度，即物理混合速度，这个速度的大小主要取决于炉内气体的扩散情况。因此，要使煤粉燃烧迅速，重要的是炉内温度要高、气粉混合要充分。

当炉内温度较高、化学反应速度很快，而物理混合速度相对较小时，燃烧速度取决于炉内气体的扩散情况，这种燃烧情况称为扩散燃烧；当炉内温度较低、化学反应速度较慢，而物理混合速度相对较大时，燃烧速度取决于炉内温度，这种燃烧情况称为动力燃烧；当炉内温度不很高又不很低而与物理混合速度又适应时，燃烧速度既与温度有关，又与气粉混合速度有关，这种燃烧情况称为过渡燃烧。

4.3.3　影响煤粉气流着火与燃烧的因素

煤粉气流进入炉膛后应迅速着火，着火后又应迅速而完全地燃烧。为此，必须对其影响着火与燃烧的诸因素进行分析，并在实际燃烧调整中给予充分重视。影响煤粉气流着火与燃烧的因素主要有以下 6 个方面。

1. 挥发分与灰分含量

挥发分含量对煤的着火燃烧影响很大。挥发分含量低的煤，着火温度高，煤粉进入炉膛后，加热到着火温度所需的热量比较多，时间也较长，而且燃烧完全所需时间也长。挥发分含量高的煤，着火比较容易，燃烧速度也较快。灰分多的煤，着火速度慢，对着火稳定性不利，而且燃烧时灰壳对焦炭核的燃尽有阻碍作用。

2. 煤粉细度

煤粉越细，总表面积越大，挥发分逸出越快，着火时间就可以提前。煤粉越细，燃烧也会越完全。另外，煤粉的均匀性指数越小说明粗煤粉量多，这种煤粉会降低完全燃烧的程度。

3. 炉膛温度

炉膛温度高，喷燃器根部回流或补入的热烟气温度也高，着火时间可以提前。炉膛温度高，化学反应速度快，燃烧迅速，在煤粉颗粒离开炉膛之前容易达到完全燃烧。但是，炉膛温度过高，也会造成炉膛内的结渣。在燃烧低挥发分煤时，应适当提高炉温，为此，可以采用热风送粉、敷设燃烧带、保持较高的锅炉负荷等措施。在燃烧挥发分高而熔点又较低的煤时，可以适当降低炉膛温度。

4. 空气量

若进入炉膛的空气量过多，炉膛温度将下降，对着火、燃烧都不利；若进入炉膛的空气量过少，则会因氧不充足而不能达到完全燃烧。因此，保持合适的空气量是保证燃烧完全的重要条件。

5. 一次风与二次风的配合

一次风量的大小以能满足煤粉中挥发分的燃烧为原则。不同煤种一次风率（一次风量占总风量的百分数）是不同的。一次风量小，将煤粉加热到着火温度所需的热量少，着火较快；一次风速高，着火地点延后；一次风速过低，会造成一次风管堵塞，而且开始着火地点过于靠前，可能把喷燃器喷口烧坏；一次风温高，煤粉达到着火温度需要的热量少，着火时间提前。二次风混入一次风的时间应该合适，如果在着火前混入，等于增加了一次风量，使着火时间推迟；如果过迟混入，又会使煤粉气流着火时严重缺氧。因此，二次风应在着火后及时混入。二次风速应大于一次风速，只有保持较高的二次风速，才能使空气与煤粉充分混合；但二次风速也不能比一次风速大得过多，否则会迅速吸引一次风，使空气与煤粉提前混合，对着火不利。总之，二次风的混入应该做到及时、均匀、强烈，才能真正起到二次风的作用，使空气与煤粉理想混合，保证燃烧迅速而完全。

6. 燃烧时间

燃烧时间对煤粉的完全燃烧影响也很大。燃烧时间的长短取决于炉膛容积的大小，容积越大，煤粉在炉膛中停留的时间越长。燃烧时间的长短还与火焰在炉膛中的充满程度有关,火焰充满程度差,表明煤粉在炉膛内停留的时间较短,这对煤粉的完全燃烧有不利的影响。

4.3.4 煤粉在炉内迅速而完全燃烧的条件

煤粉在炉内的燃烧,应在保证稳定燃烧的基础上,提高燃烧的完善程度,亦即应使煤粉在炉内达到迅速而完全的燃烧。为此,必须具备下述基本条件。

1. 相当高的炉内温度

炉温越高,燃烧越快。着火区周围的温度高,可以促使煤粉很快着火。在燃烧阶段形成的炉膛火焰中心温度很高,燃烧也很快。燃尽阶段燃烧速度慢,此时温度也不宜过低,否则会有部分焦炭燃烧不完全而造成损失。

2. 合适的空气量

燃烧的好坏与送入炉膛的空气量有很大关系。如果按理论空气量供给空气,由于在炉膛中不能保证每个可燃物质分子与氧分子都充分接触,因此将造成不完全燃烧损失;如果送入炉膛的实际空气量大于理论空气量过多,又会使排烟量增大,造成排烟热损失增加,甚至可能降低炉膛温度,影响正常燃烧。因此,为保证燃料的完全燃烧,炉膛内应保持最佳的过量空气系数,即保持最合适的空气量。

3. 空气与煤粉的良好混合

送入炉膛的空气要与煤粉充分混合,必须使氧气与煤粉有足够的接触机会,提高氧向碳表面的扩散速度,以强化燃烧反应。因此,煤粉炉一般都采用二次混合燃烧,即煤粉由一次风携带进入炉膛,通过高温烟气的辐射和混入,使煤粉气流的温度很快达到着火点,而使煤粉着火。所以一次风量不宜过大,只要能满足挥发分燃烧需要即可。煤粉着火后一次风很快被消耗,这时二次风以很高速度(60~70 m/s)喷入炉内与煤粉混合,形成强烈的扰动,冲破或减少碳表面的烟气层和灰壳,以强行扩散代替自然扩散,从而大大提高扩散速度,使燃烧速度加快。

炉内空气与煤粉混合是否良好,与炉内气体的流动情况,即炉内的空气动力工况有直接关系。一般情况下,炉内的气体是旋转向上流动的,以促使空气与煤粉充分混合。

4. 充足的燃烧时间

煤粉的燃烧需要一定的时间,煤粉从喷燃器出口到炉膛出口一般需要 2~3 s 的时间。在这段时间内煤粉必须完全烧掉,否则到了炉膛出口处,因受热面多,烟气温度很快下降,燃烧就会停止,从而造成不完全燃烧损失。

要满足以上这些基本条件,要求燃烧设备具有合理的结构,并进行合理的布置,同时,要科学地组织整个燃烧过程。

4.4 锅炉热平衡及热经济性分析

4.4.1 热平衡概念

从能量平衡的观点出发,锅炉在正常工作时,输入锅炉的热量与从锅炉输出的热量相平衡,这就是锅炉的热平衡。输入锅炉的热量,一般可以简单地认为就是燃料燃烧所放出的热量。从锅炉输出的热量则可以分为两部分:一部分是使水变成过热蒸汽所吸收的热量,这部分热量通常称为锅炉的有效利用热量;另一部分就是锅炉在生产中由于各种原因不可避免地要损失掉的热量。

如果把燃料燃烧所放出的热量(即输入锅炉的热量)看作是 100%,锅炉有效利用热量和各项热损失加起来同样是 100%,这样就可以建立起以百分数表示的锅炉热平衡方程式:

$$q_1 + q_2 + q_3 + q_4 + q_5 + q_6 = 100\%$$

式中　q_1——有效利用热量占输入热量的百分数,%;

q_2——排烟热损失占输入热量的百分数,%;

q_3——化学不完全燃烧热损失占输入热量的百分数,%;

q_4——机械不完全燃烧热损失占输入热量的百分数,%;

q_5——散热损失占输入热量的百分数,%;

q_6——灰渣物理热损失占输入热量的百分数,%。

研究热平衡的目的,就在于弄清燃料中热量有多少被有效利用,有多少损失掉了,以及损失到哪些方面去了,以便寻求提高锅炉热经济性的各种途径。

4.4.2　锅炉热平衡方程式

1. 锅炉热效率

前提:以 1 kg 固体或液体燃料(气体燃料以 1 Nm^3)为基础;稳定工况下,其方程式关系可写为

$$Q_r = Q_1 + Q_2 + Q_3 + Q_4 + Q_5 + Q_6$$

$$100\% = q_1 + q_2 + q_3 + q_4 + q_5 + q_6$$

式中　Q_r——燃料的锅炉输入热量,kJ/kg;

Q_1——有效利用热量,kJ/kg;

Q_2——排烟热损失,kJ/kg;

Q_3——化学不完全燃烧热损失,kJ/kg;

Q_4——机械不完全燃烧热损失,kJ/kg;

Q_5——散热损失,kJ/kg;

Q_6——灰渣物理热损失,kJ/kg。

锅炉热平衡关系图如图 4.4 所示。

2. 锅炉输入热量

$$Q_r = Q_{ar,net,p} + i_r + Q_{wh} + Q_{wr}$$

式中　$Q_{ar,net,p}$——燃料的收到基低位发热量,kJ/kg;

i_r——燃料的物理显热,kJ/kg;

Q_{wh}——雾化燃油所用蒸汽带入的热量,kJ/kg;

Q_{wr}——外来热源加热空气时带入的热量,kJ/kg。

对于燃煤锅炉,如燃煤和空气都未利用外部热源进行预热,且燃煤水分质量$w_{ar}(M) < \frac{Q_{ar,net,p}}{630}$,则锅炉输入热量等于燃煤的收到基低位发热量,即

$$Q_r = Q_{ar,net,p}$$

3. 有效利用热量

单位时间内锅炉的总有效利用热量 Q 为

$$Q = D_{gr}(h''_{gr} - h_{gr}) + D_{zr}(h''_{zr} - h'_{zr}) + D_{pw}(h_{pw} - h_{gs})$$

式中　D_{gr}、D_{zr}、D_{pw}——过热蒸汽、再热蒸汽、排污水的流量,kg/s;

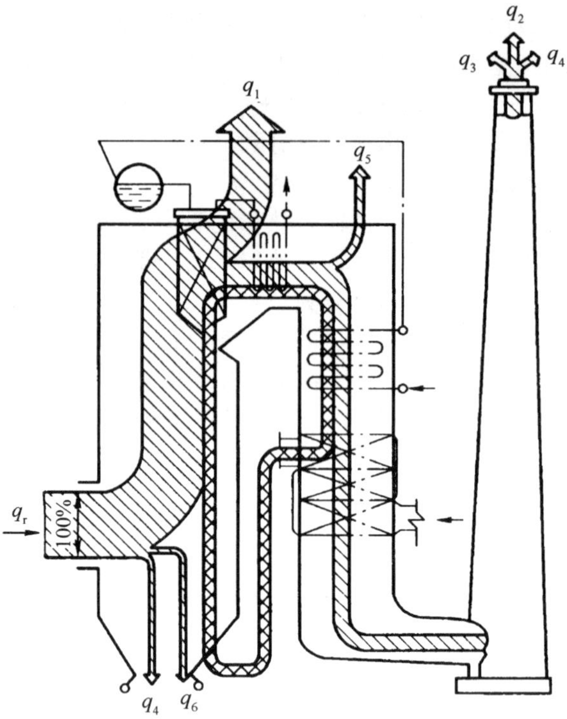

图 4.4　锅炉热平衡关系图

h''_{gr}、h_{gs}——过热器出口蒸汽和锅炉给水的焓，kJ/kg；

h''_{zr}、h'_{zr}——再热器出、入口蒸汽的焓，kJ/kg；

h_{pw}——排污水的焓，它等于饱和压力下饱和水的焓，kJ/kg。

每千克燃料（对气体燃料为每立方米）的有效利用热量 Q_1 可用下式计算：

$$Q_1 = \frac{Q}{B} = \frac{D_{gr}(h''_{gr} - h_{gs}) + D_{zr}(h''_{zr} - h'_{zr}) + D_{pw}(h_{pw} - h_{gs})}{B}$$

式中　B——锅炉的燃料消耗量，kg/s。

当锅炉排污量不超过蒸发量的 2%时，排污水热量可略去不计。

4. 机械不完全燃烧热损失

机械不完全燃烧热损失是指由于煤灰中含有未燃尽的碳造成的热损失，是燃煤锅炉的主要热损失之一，通常仅次于排烟热损失。

影响 q_4 的因素：

(1)燃烧方式。

层燃炉、沸腾炉的 q_4 较大，旋风炉的 q_4 较小，煤粉炉的 q_4 介于两者之间。

(2)燃料性质。

煤中灰分和水分越多，挥发分含量越少，q_4 越大。

(3)煤粉细度。

煤粉越粗，q_4 越大。

(4)过量空气系数。

$$\alpha\uparrow \rightarrow \text{炉温}\downarrow\text{，不利于燃烧，}q_4\uparrow$$

$$\alpha\downarrow \rightarrow \text{不利于燃料完全燃烧},q_4\uparrow$$

(5)炉膛结构。

(6)运行工况。

$$\text{负荷}\uparrow \rightarrow \text{煤粉来不及在炉内烧透} \rightarrow q_4\uparrow$$

$$\text{负荷}\downarrow \rightarrow \text{炉温}\downarrow \rightarrow q_4\uparrow$$

5. 化学不完全燃烧热损失

化学不完全燃烧热损失是指由烟气中含有的可燃气体造成的热损失,也是燃煤锅炉主要热损失之一,通常仅次于排烟热损失。

影响 q_3 的因素:

(1)过量空气系数。

$$\alpha\uparrow \rightarrow \text{炉温}\downarrow \rightarrow \text{燃烧速度}\downarrow \rightarrow q_3\uparrow$$

$$\alpha\downarrow \rightarrow \text{氧供应不足} \rightarrow q_3\uparrow$$

(2)燃料中挥发分含量。

$$\text{挥发分含量}\uparrow \rightarrow q_3\uparrow$$

(3)炉温以及炉内空气动力工况。

$$\text{炉温}\downarrow \rightarrow \text{燃烧速度}\downarrow \rightarrow q_3\uparrow$$

$$\text{炉膛有死角或燃料在炉内停留时间}\downarrow \rightarrow q_3\uparrow$$

6. 排烟热损失

排烟热损失是指由于排烟温度高于外界空气温度所造成的热损失。在室燃炉的各项热损失中,排烟热损失是最大的一项,为 4%~8%。

排烟热损失 q_2 等于排烟焓值与进入锅炉的冷空气焓值的差,即

$$q_2 = \frac{Q_2}{Q_r} \times 100 = \frac{h_{py} - \alpha_{py} h_{lk}^0}{Q_r} \times \frac{100 - q_4}{100} \times 100 = \frac{h_{py} - \alpha_{py} h_{lk}^0}{Q_r}(100 - q_4)\%$$

影响 q_2 的因素:

(1)排烟温度。

$$\text{排烟温度}\downarrow \rightarrow \begin{cases} \text{尾部受热面面积}\uparrow \rightarrow \text{金属耗量和烟气流动阻力}\uparrow \\ \text{尾部受热面低温腐蚀} \end{cases}$$

受热面积灰,结渣→排烟温度↑→应保持受热面清洁

漏风→排烟温度↑

(2)排烟体积。

$$\text{排烟体积}\uparrow \rightarrow q_2\uparrow$$

排烟体积的大小取决于过量空气系数和锅炉漏风量。过量空气系数越小,漏风量越小,则排烟体积越小。

7. 最佳过量空气系数

$$\left.\begin{aligned} \alpha_2''\uparrow &\rightarrow q_3,q_4\downarrow \\ \alpha_2''\uparrow &\rightarrow q_2\uparrow \end{aligned}\right\} \Rightarrow \text{最优过量空气系数}\alpha_{zj}\text{ 取}q_2 + q_3 + q_4\text{ 为最小值时的过量空气系数}$$

8. 散热损失

锅炉在运行中,汽包、联箱、汽水管道、炉墙等的温度均高于外界空气的温度,这样热量就通过自然对流和辐射向周围散热,形成锅炉的散热损失。

影响 q_5 的因素:

(1)锅炉额定蒸发量(即锅炉容量)。

锅炉容量 ↑ → 额定蒸发量下的散热损失q_5^e ↓

一般按经验数据确定。

(2)锅炉实际蒸发量(即锅炉负荷)。

(3)锅炉在非额定蒸发量下的散热损失。

$$q_5 = q_5^e \frac{D_e}{D} \times 100\%$$

(4)锅炉外表面积。

(5)水冷壁和炉墙结构。

结构严密紧凑,炉墙及管道的保温良好 → q_5 ↓

(6)周围空气温度。

外界空气温度升高且流动变缓慢 → q_5 ↓

9. 灰渣物理热损失

锅炉炉渣排出炉外时带出的热量,形成灰渣物理热损失,公式为

$$q_6 = \frac{A_{ar}\, \alpha_{lz}\, c_h\, \theta_h}{Q_r} \times 100\%$$

式中 A_{ar}——收到基燃料灰分质量分数,%;

α_{lz}——炉渣份额,%;

c_h——炉渣比热容,kJ/(kg·℃);

θ_h——灰渣温度,固态排渣时可取为 600 ℃,液态排渣时取灰的流动温度(FT)再加 100 ℃,℃。

影响 q_6 的因素:

排渣量、排渣温度 → 排渣方式 →
- 固态排渣:渣量较小,渣温比液态排渣时低得多 → $A_{ar} \geq \frac{Q_{ar,net,p}}{419} \times 100\%$ 时才考虑q_6
- 液态排渣:渣量较大,渣温比固态排渣时高得多 → 必须考虑q_6

4.4.3 锅炉效率的计算方法

1. 正平衡法(直接求效率法)

$$\eta = q_1 = Q_1/Q_r \times 100\%$$

2. 反平衡法(间接求效率法)

$$\eta = q_1 = [100 - (q_2 + q_3 + q_4 + q_5 + q_6)]\%$$

3. 锅炉燃料消耗量

（1）实际燃料消耗量。

实际燃料消耗量是指单位时间内实际耗用的燃料量，用 B 表示，单位为 kg/s 或 t/h。

$$B = \frac{Q}{Q_r \cdot \eta} \times 100 = \frac{100}{Q_r \cdot \eta}[D_{gr}(h''_{gr} - h_{gs}) + D_{zr}(h''_{zr} - h'_{zr}) + D_{pw}(h_{pw} - h_{gs})]$$

（2）计算燃料消耗量。

计算燃料消耗量是指扣除了机械不完全燃烧损失 q_4 后，在炉内实际参与燃烧反应的燃料消耗量，用符号 B_j 表示，即

$$B_j = B(1 - q_4/100)$$

两种燃料消耗量各有不同的用途。在进行燃料输送系统和制粉系统计算时要用到燃料消耗量 B；在确定空气量及烟气体积等时，则要按计算燃料消耗量 B_j 进行计算。

4.4.4　研究锅炉热平衡的意义

研究锅炉热平衡的意义，就在于弄清燃料中的热量有多少被有效利用，有多少变成热损失，依据热损失分别表现在哪些方面和大小如何，以便判断锅炉设计和运行水平，进而寻求提高锅炉经济性的有效途径。锅炉设备在运行中应定期进行热平衡试验（通常称热效率试验），以查明影响锅炉效率的主要因素，作为改进锅炉的依据。

本章小结

近几年，随着国家对节能减排工作的日益重视，发电行业也对火电机组运行的安全性和经济性提出了更高的要求。尤其对于大型燃煤锅炉，在进行燃烧方式的选取和燃烧设备的设计时，不仅要求能有效地提高其燃烧效率，使其具有更大的负荷适应能力和低负荷稳燃能力（不投油助燃时），同时还应尽量减少污染物的排放。

思考与实践

（1）简述锅炉燃烧的概念。

（2）简述锅炉燃烧的过程。

（3）锅炉燃烧器的主要技术要求有哪些？

（4）影响煤粉气流着火与燃烧的因素有哪些？

第 5 章　自然循环原理

自然循环锅炉是火力发电厂锅炉的主要形式。本章重点论述自然循环锅炉蒸发系统的组成和各部件的作用及特点，汽水两相流的流型及流动特性，影响自然循环安全性的因素及提高自然循环安全性的措施等。

❖ **本章学习目标**

(1)了解自然循环的原理。

(2)了解汽水两相流的流型及流动特性。

(3)熟知自然循环常见的问题及防范措施。

5.1　自然循环的基本原理

5.1.1　自然循环概述

图 5.1 所示为自然循环锅炉蒸发系统，它由汽包、下降管、水冷壁、联箱及连接管道等组成。

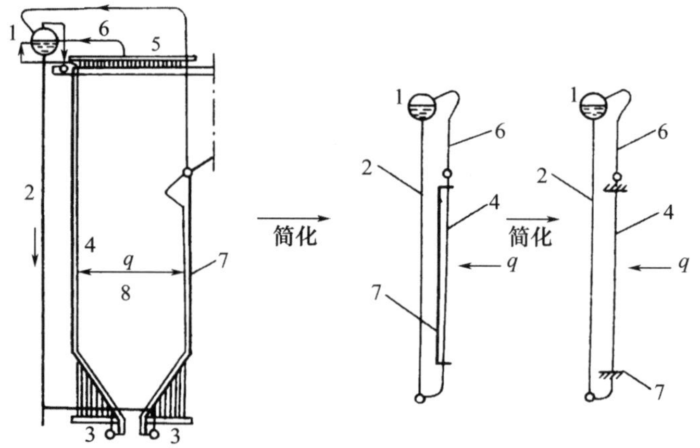

图 5.1　自然循环锅炉蒸发系统

1—汽包；2—下降管；3—下联箱；4—水冷壁；5—上联箱；6—汽水混合物引出管；7—炉墙；8—炉膛

在蒸发系统中，汽包、下降管、联箱等部件都布置在炉外，不受热；水冷壁一般布置在炉膛四壁，接受炉膛高温火焰的辐射。蒸发系统的工作流程：从省煤器来的给水先进入汽包 1，经下降管 2 汇集到下联箱 3，分配后送入水冷壁 4，水在水冷壁 4 内吸收热量，部分蒸发成饱和蒸汽，形成汽水混合物，再在上联箱 5 汇集后经汽水混合物引出管 6 回到汽包 1 进行汽水分离。分离出来的饱和蒸汽由饱和蒸汽引出管送到过热器提高过热度，形成具有规定过热度的过热蒸汽；分离出来的水则再进入下降管 2。

5.1.2　自然循环原理

1. 自然水循环的形成

自然水循环的形成可用图 5.2 说明。

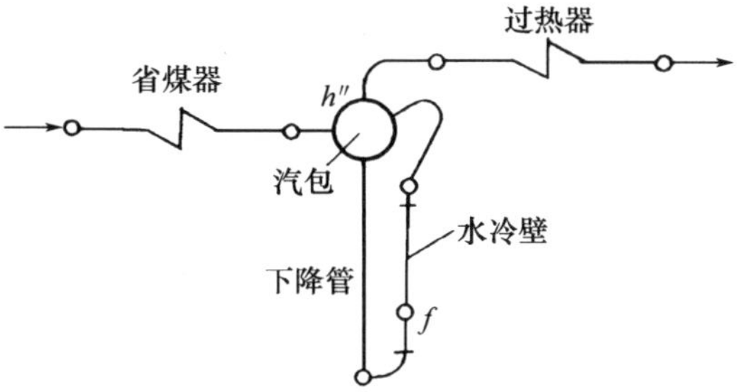

图 5.2　自然水循环的形成示意图

在锅炉点火前,由于下降管和水冷壁中都是相同温度的水,故在循环回路中,工质是不流动的。在锅炉点火后,蒸发系统中水冷壁吸收炉膛火焰和烟气的辐射热量,使部分水蒸发产生蒸汽;而下降管不受热,管内是水。因此,下降管中水的密度大于水冷壁中汽水混合物的密度,在下联箱左右两侧由于密度差而产生的压差,将推动工质在水冷壁中向上流动,在下降管中向下流动,形成自然水循环。

2. 自然循环的压差公式

对于自然循环原理,可以用压差公式进一步说明,现以图 5.3 所示的简单自然循环回路为例,进行分析。

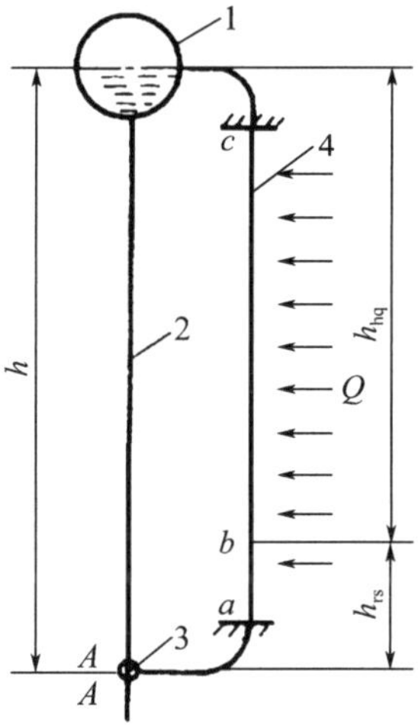

图 5.3　简单自然循环回路示意图

1—汽包;2—下降管;3—下联箱;4—水冷壁

从汽包水面到下联箱有一高度差(即循环回路的高度),而水柱的重位压差使下联箱处的压力高于汽包压力一定数值。所以,即使汽包中的水温已达到汽包压力下的饱和温度,但下联箱的水温仍低于相应压力下的饱和温度,即是欠焓水。实际上现代锅炉从汽包进入下降管的水一般都是欠焓水。这样,水在进入水冷壁后,还需吸收一定热量才能达到沸腾。也就是说,在水冷壁下部必然存在一段加热水管段。故在水冷壁中,以沸腾点为界,必然存在热水段 h_{rs} 和含汽段 h_{hq}。

工质在循环回路中流动,必然会产生流动阻力,阻力的方向与流体流动方向相反。在水循环稳定流动时,下联箱中心线 A—A 两侧的压力相等。若自然循环工质的速度压头相对较小而可忽略,则两侧压力为汽包压力、工质的重位压头和流动阻力三者的代数和,即

$$p_{qb} + (\Delta p_{zw})_j - (\Delta p_{ld})_j = p_{qb} + (\Delta p_{zw})_s + (\Delta p_{ld})_s \tag{5.1}$$

$$p_{qb} + h\bar{\rho}_{xj}g - (\Delta p_{ld})_j = p_{qb} + h\bar{\rho}_s g + (\Delta p_{ld})_s \tag{5.2}$$

式中 p_{qb}——汽包压力,Pa;

$(\Delta p_{zw})_j$、$(\Delta p_{zw})_s$——下降管、上升管的重位压头,Pa;

$(\Delta p_{ld})_j$、$(\Delta p_{ld})_s$——下降管、上升管的流动阻力,Pa;

h——循环回路的高度,m;

$\bar{\rho}_{xj}$、$\bar{\rho}_s$——下降管、上升管内工质的平均密度,kg/m^3;

g——重力加速度,9.81 m/s^2。

约去式(5.2)中等式两侧的汽包压力 p_{qb},则得

$$h\bar{\rho}_{xj}g - (\Delta p_{ld})_j = h\bar{\rho}_s g + (\Delta p_{ld})_s \tag{5.3}$$

式(5.3)等号左侧为下联箱与汽包之间在下降管侧的总压差;右侧为下联箱与汽包之间在上升管侧的总压差。

式(5.3)表明:在下降管中水是向下流动的,而水流产生的流动阻力(方向指向上,背离下联箱 A—A 截面),使下降管侧的总压差小于下降管中水柱的重位压头;在水冷壁中汽水混合物是向上运动的,而流动产生的流动阻力(方向指向下联箱 A—A 截面),使上升管侧的总压差大于上升管中汽水混合物的重位压头。

若以 Δp_j 和 Δp_s 分别表示下降管侧与上升管侧的总压差,则式(5.3)变为

$$\Delta p_j = \Delta p_s \tag{5.4}$$

式(5.3)和式(5.4)均称为自然循环回路的压差公式。压差公式说明:在稳定流动时,下降管侧的总压差等于上升管侧的总压差。

3. 运动压头公式

自然循环原理除了用上述压差公式说明外,还可以用运动压头公式来阐述。

将压差公式(5.3)移项并整理可得

$$h(\bar{\rho}_{xj} - \bar{\rho}_s)g = (\Delta p_{ld})_j + (\Delta p_{ld})_s \tag{5.5}$$

式(5.5)的左端称为循环回路的运动压头,用 p_{yd} 表示,即

$$p_{yd} = h(\bar{\rho}_{xj} - \bar{\rho}_s)g \tag{5.6}$$

由上式可见,运动压头是在一定高度的循环回路中,由下降管内水柱重与上升管内汽水混合物柱重之差产生的,它是自然循环的推动力。

式(5.5)的右端是循环回路的总阻力,用 $\sum \Delta p_{ld}$ 表示,即

$$\sum \Delta p_{ld} = (\Delta p_{ld})_j + (\Delta p_{ld})_s \tag{5.7}$$

则式(5.5)也可写为

$$p_{yd} = \sum \Delta p_{ld} \tag{5.8}$$

式(5.8)称为运动压头公式。它说明在稳定的自然循环流动中，运动压头的数值正好与循环回路的流动阻力平衡。也就是说：运动压头正好用来克服循环回路的流动阻力。运动压头越大，自然循环的推动力越大，循环回路中工质的流速一般也越大，即它可以克服更大的流动阻力，也有利于建立良好的水循环。

从式(5.6)可见，运动压头的大小取决于循环回路的高度 h 和下降管与上升管之间工质的密度差($\bar{\rho}_{xj}-\bar{\rho}_{s}$)。显然，当增加循环回路高度时，上升管含汽段高度也相应增加，运动压头增大。

当进入上升管的锅水欠焓增大时，上升管热水段高度将增加，含汽段高度将缩短，运动压头减小；当锅水欠焓等于零时，运动压头最大，但当负荷变化时，下联箱中锅水将汽化，容易造成工质进入上升管时流量分配不均匀。

当上升管受热增强时，由于产汽量增多，上升管内工质平均密度减小，所以运动压头增大。

若下降管带汽，下降管内工质的平均密度减小，则运动压头也减小。

随着电厂锅炉工作压力的提高，汽水的密度差减小，下降管与上升管之间工质的密度差也将减小，运动压头减小。当运动压头小到一定程度时，将使自然循环趋于困难。理论和实践证明，自然循环锅炉的最高工作压力为 20 MPa。压力再高就很难保证水循环的稳定，这时必须采用强制循环，即利用水泵的压头来推动工质流动。

5.2　汽水两相流的流型和传热

下降管中的水经下联箱分配流入水冷壁，在水冷壁管内流动的同时，还吸收炉内热量，使水沿着管子温度逐步升高达到沸点，随后进入沸腾状态产生蒸汽，形成汽水混合物。因此，水冷壁管内存在着水的单相流动和汽水两相流动。

在水冷壁内汽水两相流动中，汽和水并不是均匀分布的，它们的流速也不相同。由于热负荷、汽水混合物的质量含汽率、流速和压力等不同，因而组成的两相流体的流动结构(流动状态)也不相同。汽水两相流的流动状态将直接关系到沸腾传热过程的传热工况。

在均匀受热的垂直管中，汽水两相流向上流动时的流动结构及沸腾传热过程如图 5.4 所示(DO 为蒸干；DNB 为偏离核态沸腾；L 为管长)。

当管子进口是欠焓水，最后全部蒸发成过热蒸汽时，管内进行着单相水的传热、沸腾传热、单相汽的传热过程。汽水两相流的流动结构通常有汽泡状、汽弹状、环状和雾状 4 种，如图 5.4(a)所示；质量含汽率(x)变化如图 5.4(b)所示；工质压力变化如图 5.4(c)所示。整个传热过程大致可分成 5 个传热区段，即单相水对流传热区段Ⅰ、过冷沸腾传热区段Ⅱ、饱和沸腾传热区段Ⅲ、雾状对流传热区段Ⅳ、单相过热蒸汽对流传热区段Ⅴ，如图 5.4(a)所示(区段Ⅵ为单相过热蒸汽，不存在传热过程)。

5.2.1　单相水对流传热区段Ⅰ

未饱和水由管子下部进入，随着水温的升高，放热系数 α_2 稍有上升，如图 5.4(d) $O \sim a$ 段所示。管壁温度也随着水温升高而升高，如图 5.4(e) $O \sim a$ 段所示。

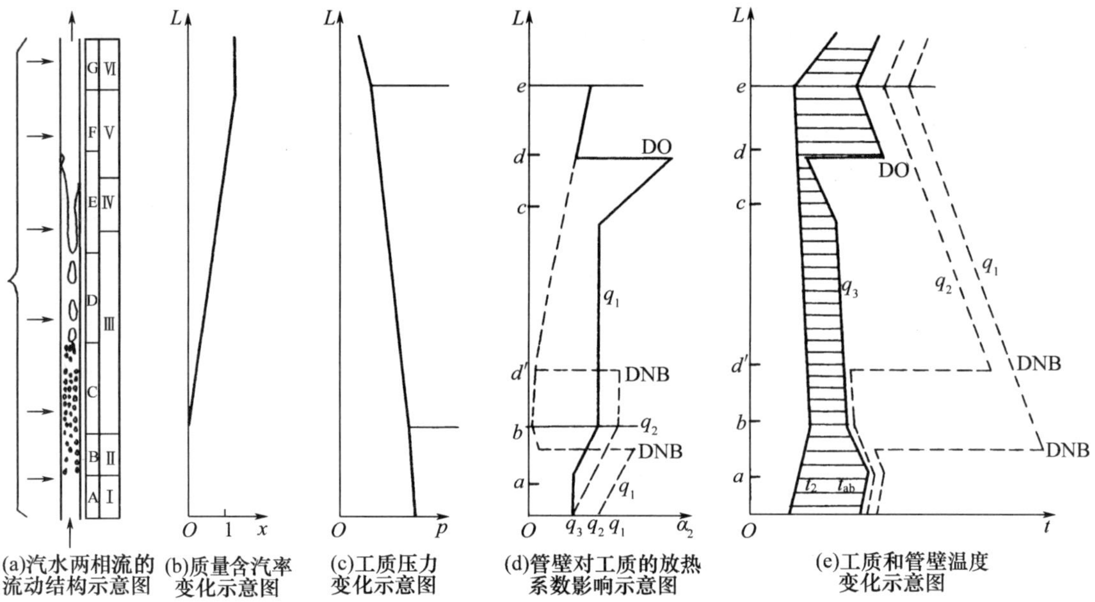

图 5.4 在均匀受热的垂直管中,汽水两相流向上流动时的流动结构及沸腾传热过程

A—单相水;B—过冷沸腾;C—汽泡状;D—汽弹状;E—环状;F—雾状;G—单相汽

5.2.2 过冷沸腾传热区段Ⅱ

随着水温升高,靠近壁面的水层首先达到饱和温度,而在管子中部大量的水还处于未饱和状态。饱和水层产生汽泡,汽泡长大脱离管壁进入管中部,与未饱和水接触又会被冷凝而后消失,当全部水被加热到饱和温度时,此区段结束。

在过冷沸腾传热区段Ⅱ中,由于在靠近壁面的饱和水层内产生汽泡与汽泡脱离形成强烈的扰动,其放热系数 α_2 快速增大,如图 5.4(d)$a \sim b$ 段所示。

5.2.3 饱和沸腾传热区段Ⅲ

该区段包括汽泡状、汽弹状和环状流动。这时管内工质已全部达到饱和温度,生成的汽泡不再凝结,汽泡分散在水中,随工质一起向上流动。在该区段初期,由于产汽量较少,因此汽泡直径很小,这种流动结构称为汽泡状流动结构。随着工质向上流动,产汽量增多,小汽泡在管子中心合并成大汽泡,形成汽弹状流动结构。当产汽量进一步增多时,汽弹相互连接,形成中间为汽柱而四周是一层水膜的环状流动结构。

在饱和沸腾传热区段Ⅲ的传热机理与过冷沸腾传热区段Ⅱ相同,但其放热系数 α_2 达到核态沸腾最高值并处于稳定状态,如图 5.4(d)$b \sim c$ 段所示。

在该区段,因放热系数 α_2 最大,所以管壁温度接近饱和温度。但工质压力由于流动阻力而沿着管长逐渐下降,如图 5.4(c)所示,对应工质的饱和温度也随之下降,所以管壁温度逐渐降低,如图 5.4(e)$b \sim c$ 段所示。

5.2.4 雾状对流传热区段Ⅳ

随着质量含汽率 x 的增大,贴壁水层逐渐减薄,高速汽流可能撕破水膜或水膜被“蒸干”，就形成了雾状流动结构。这时管内工质为湿蒸汽，湿蒸汽与管壁直接接触，放热系数 α_2 显著减小，如图 5.4(d) 中 c 位置所示。管壁温度急剧升高，甚至过热烧坏，这种现象称为沸腾传热恶化。此后，随着蒸汽流速增加，放热系数 α_2 逐渐上升，如图 5.4(d) 中 $c \sim d$ 段所示。管壁温度也略有降低，如图 5.4(e) 中 $c \sim d$ 段所示。

5.2.5　单相过热蒸汽对流传热区段Ⅴ

当汽流中的水滴全部蒸发($x=1$)时，就进入单相过热蒸汽对流传热区段Ⅴ。随着汽温的升高，管壁温度逐渐升高，如图 5.4(e) 中 d 点以后所示。

前文所述 4 种流动结构是在压力、热负荷不太高的条件下得到的。当压力提高时，由于水的表面张力减小，不易形成大汽泡，汽弹状流动结构的范围将随压力提高而缩小；当压力达到10 MPa时，汽弹状流动结构完全消失，这时随着产汽量的增多，汽水混合物直接从汽泡状流动结构转变为环状流动结构。当热负荷增大时，环状流动结构的范围将缩短甚至消失，雾状流动结构将提前出现。

水平蒸发管中的汽水两相流动与垂直管中基本相同，也有上述各种流动结构，但由于汽、水密度不同，受其重力作用的影响，流动结构上下不对称，变得更复杂、更不安全，如图 5.5所示。因此，自然循环的蒸发受热面不允许水平或者小角度布置。

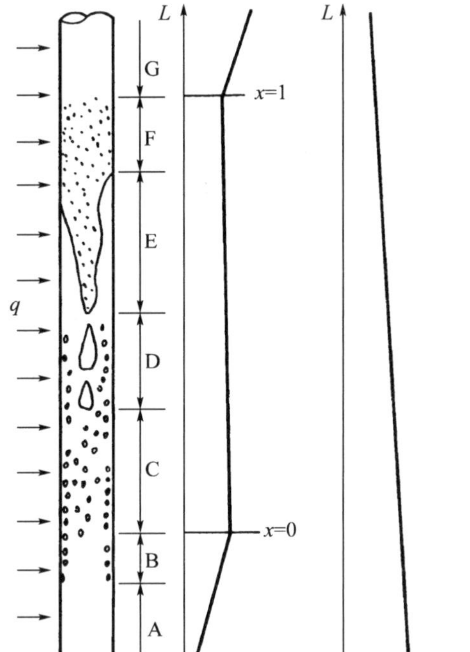

图 5.5　水平蒸发管中汽水两相流的流动结构

A—单相水；B—过冷沸腾；C—汽泡状；D—汽弹状；E—环状；F—雾状；G—单相汽

从上述汽水两相流的流动结构及沸腾传热过程可知，要保证受热蒸发管安全可靠地工作，必须要有良好的水循环，即保证工质以一定流速连续流动，并在管内壁维持一层连续而稳定的水膜，以对管壁进行良好的冷却。另外，还应限制热负荷，避免提前发生沸腾传热恶化。

5.3 自然循环的可靠性指标及常见问题

5.3.1 蒸发受热面安全工作的条件

蒸发受热面长期接受炉膛高温火焰的强烈辐射，其能否安全可靠地运行，主要取决于水冷壁管壁金属的温度工况。由于金属材料都有一个强度的极限允许温度，如 20 号碳钢(20 号锅炉钢)为 480 ℃左右。当金属温度超过此极限允许温度时，将加速金属高温蠕变，使金属产生高温爆管。另外，若金属壁温周期性变动，即使壁温低于极限允许值，管子也会因交变热应力而产生疲劳破坏。

由传热学知识可知，对于水冷壁管内壁不结垢的清洁管子，其外壁温度 t_b(℃)能用下列近似公式做定性分析：

$$t_b = t_j + Q(1/\alpha_2 + \delta/\lambda) \tag{5.9}$$

式中 t_j——管内介质温度，对沸腾管为汽包压力下的饱和温度，℃；

Q——受热面的热负荷，W/m^2；

α_2——管壁对工质的放热系数，$W/(m^2 \cdot ℃)$；

δ——管壁厚度，m；

λ——管壁导热系数，$W/(m \cdot ℃)$。

一般钢材的管壁导热系数 λ 相当大，而管壁厚度 δ 又相对很小，故管壁的热阻 δ/λ 非常小，可忽略。这样在一定的热负荷下，管外壁温度主要取决于管壁对工质的放热系数 α_2。

从传热学知识可知，管壁对工质的放热系数 α_2 的大小与管内工质流速及工质状态有关。工质流速越大，α_2 也越大，$1/\alpha_2$ 越小，工质对管壁的冷却越好。当贴壁的工质是水或汽水混合物时，α_2 很大，$1/\alpha_2$ 很小，这样管壁温度只比工质的饱和温度高出不多。即使亚临界参数的锅炉，其外壁温度一般不超过 400 ℃，水冷壁管是安全的。当贴壁的工质是汽时，则 α_2 很小，$1/\alpha_2$ 很大，不能忽略，因而管壁可能超温。

因此，蒸发受热面安全工作的条件是：管内汽水混合物必须以一定流速连续流动，并在管的内壁维持一层稳定、连续的水膜。

5.3.2 自然循环的可靠性指标

反映自然循环可靠性的指标主要有循环流速、循环倍率和自补偿能力。

1. 循环流速

为了保证良好的水循环，要求水冷壁中的汽水混合物必须以一定的流速连续流动。在循环回路中，不但下降管与上升管中的工质流速不同，而且在上升管中不同的截面，由于工质密度的变化，工质流速也不相同。为了便于分析和判断工质流速对循环回路安全工作的影响，特规定：在循环回路中，按工作压力下饱和水密度折算的上升管入口处的水流速度称为循环流速 w_0(m/s)，即

$$w_0 = \frac{G}{A_S \rho'} \tag{5.10}$$

式中 G——进入上升管的循环水量，kg/s；

ρ'——工作压力下饱和水的密度,kg/m^3;

A_S——上升管的流通截面积,m^2。

循环流速直接反映了管内流动的工质将管外传入的热量和所产生的汽泡带走的能力。循环流速越大,进入水冷壁的水量越多,管壁对工质的放热系数 α_2 就越大,从管壁带走的热量及汽泡越多,对管壁的冷却条件也就越好,金属就不会超温。可见,循环流速是判断自然循环可靠性的重要指标。

稳定流动时,循环流速不变。循环流速的大小与锅炉的容量和压力有关,并取决于循环回路所能提供的运动压头和回路流动阻力的平衡关系。循环流速的推荐范围见表 5.1。

表 5.1　循环流速的推荐范围

参数		推荐值			
汽包压力 p/MPa		4~6	10~12	14~16	17~19
锅炉蒸发量 $D/(t \cdot h^{-1})$		35~240	160~420	400~670	≥800
循环流速 $w_0/(m \cdot s^{-1})$	上升管引入汽包	0.5~1	1~1.5	1~1.5	1.5~2.5
	有上联箱	0.4~0.8	0.7~1.2	1~1.5	1.5~2.5

循环流速虽然反映了流经整个管子的水流快慢,但它是按进入上升管的循环水量 G 计算的。对于热负荷不同的上升管,由于各管产汽量不同,即使循环流速相同,上升管出口的水流量也不相同。对于热负荷较大的上升管,由于产汽量较多,出口的水流量少,难以在管壁上维持连续流动的水膜;同时,汽水混合物的流速增高,可能撕破较薄的水膜,从而造成沸腾传热恶化,使金属超温。由此可见,仅靠循环流速并不能完全保证循环工作的可靠性。因此,引入反映水循环工作可靠性的另一指标——循环倍率。

2. 循环倍率

在自然水循环中,进入上升管的水量只有少部分会被蒸发成蒸汽,其余的水进入汽包后,又流入下降管再进行循环。在循环回路中,进入上升管的循环水量 G 与上升管出口产生的蒸汽量 D 之比,称为循环倍率 K,即

$$K = G/D \tag{5.11}$$

循环倍率的意义可以理解为上升管中每产生 1 kg 的蒸汽需要进入上升管的循环水量,或进入上升管的循环水量需要经过几次循环才能全部变成蒸汽。

循环倍率 K 的倒数称为上升管出口汽水混合物的质量含汽率或干度,以符号 x 表示,即

$$x = 1/K = D/G \tag{5.12}$$

质量含汽率 x 表示汽水混合物中蒸汽质量流量所占的份额,即说明上升管出口的蒸汽含量。循环倍率 K 越大,质量含汽率 x 越小,表明上升管出口汽水混合物中水的份额越大,则管壁水膜稳定,水循环就越安全。但当循环倍率 K 值过大时,上升管中产汽量太少,汽水混合物的平均密度 $\bar{\rho}_s$ 大,运动压头过小,将使循环流速减小,也不利于水循环的安全。另外,由于产汽量太少,也不能满足锅炉负荷的需要。因此,循环倍率 K 过大或过小,都对水循环的可靠性不利。

在锅炉工作压力和循环回路高度一定时,运动压头取决于上升管中的质量含汽率 x,即取决于热负荷。当热负荷增大时,产汽量多,质量含汽率 x 增大,运动压头增加,但同时上升管的流动阻力也随之增大。而循环流速的变化取决于运动压头和流动阻力中变化较大的一个。在热负荷增加的开始阶段,质量含汽率 x 较小,运动压头的增加大于流动阻力的增加,因此,随着 x 的增大,循环流速增大;当热负荷增加到一定程度、x 增大到一定数值后,继续增大 x,由于汽水混合物的体积流量过大,将使流动阻力的增加大于运动压头的增加,这时随着 x 的增大,循环流速反而减小。循环流速 w_0 与质量含汽率 x 的关系如图 5.6 所示。

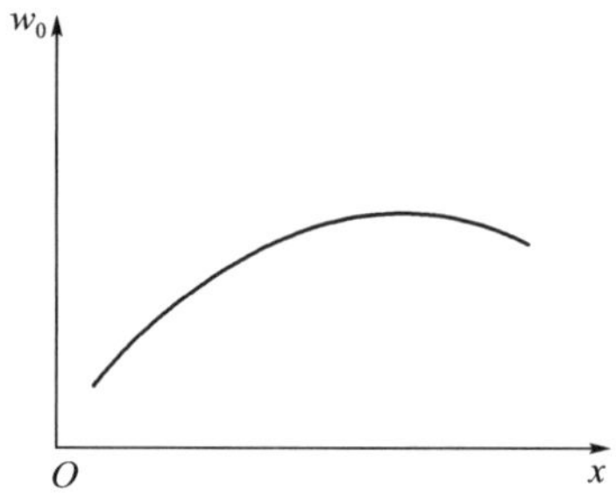

图 5.6　循环流速 w_0 与质量含汽率 x 的关系

将最大循环流速 w_0^{max} 所对应的上升管质量含汽率称为界限含汽率 x_{jx},界限含汽率的倒数则称为界限循环倍率 K_{jx}。可见,界限含汽率和界限循环倍率是保证水循环可靠性所允许的最大含汽率和最小循环倍率。

3. 自补偿能力

由图 5.6 所示循环流速 w_0 与质量含汽率 x 的关系可见,自然循环回路中,若上升管含汽率小于界限含汽率,当热负荷增大、上升管受热增强时,循环流速和循环水量也随之增大;而当上升管受热减弱时,循环流速和循环水量也相应减小。自然循环的这种特性称为自补偿能力。显然,自补偿能力对自然循环的安全工作有利。

但是,若热负荷过大,上升管受热过强,当上升管含汽率超过界限含汽率时,随着受热面吸热增加,循环流速和循环水量反而减小,则失去自补偿能力,使工质对管壁的冷却作用变差,管子易超温破坏。

由上述可见,为了保证自然循环工作的可靠性,锅炉应始终工作在具有自补偿能力的范围内。因此,必须使上升管的质量含汽率小于界限含汽率或循环倍率大于界限循环倍率。

表 5.2 列出了各型自然循环燃煤锅炉在额定负荷下的界限循环倍率和推荐循环倍率。为了保证蒸发受热面能得到良好的冷却,避免出现不稳定流动,推荐循环倍率必须大于界限循环倍率,并留有一定的裕量,但又不能过大。否则,尽管保证了自补偿能力及上升管出口管壁稳定的水膜,但因循环流速过低,仍不能保证热负荷较高的下辐射区可靠的冷却。

表 5.2　各型自然循环燃煤锅炉在额定负荷下的循环倍率

参数	数值			
汽包压力/MPa	4~6	10~12	14~16	17~19①
锅炉蒸发量/$(t \cdot h^{-1})$	35~240	160~420	185~670	≥800
界限循环倍率 K_{jx}	10	5	3	≥2.5①
推荐循环倍率 K_{tj}	15~30	7~15	5~8	4~6

注:①对于亚临界参数的锅炉,表中的 K_{jx} 是不出现沸腾传热恶化的最小循环倍率。

从表 5.2 可见,随着汽包压力的提高和锅炉蒸发量的增大,循环倍率相应减小。因为,对同容量的锅炉,若提高汽包压力,则汽化热减少,所需蒸发受热面减小,上升管截面积也相应减小,同时饱和水密度 ρ' 也随之降低,为了维持一定的循环流速 w_0,循环流量 G 应同步降低,而蒸发量 D 不变,所以循环倍率 K 减小;对同压力的锅炉,若增大锅炉蒸发量,则水冷壁面积相应增大,但水冷壁的面积,特别是上升管流通截面积的增大速度要小于蒸发量 D 的增长速度,为了维持一定的循环流速 w_0,循环水量必须与上升管截面积 A_S 同步增长,因此,循环水量 G 的增大速度同样小于蒸发量 D 的增大速度,使循环倍率 K 随锅炉容量的增大而减小。

5.3.3　自然循环常见故障

因自然循环锅炉结构设计上的差异和实际运行工况的变化,可能发生一些使水循环不正常或不安全的情况,主要有循环停滞和循环倒流、汽水分层、下降管带汽和水冷壁沸腾传热恶化等。

1. 循环停滞和循环倒流

在水循环回路中,当并列工作的水冷壁管受热不均时,受热最弱的管子由于产汽量减少,汽水混合物的密度增大,下降管和水冷壁内的工质密度差减小,水循环的推动力就减小,因而管内的工质流速降低。当管子受热减弱到一定程度,工质流速接近或等于零时,称为循环停滞。这时管内工质几乎不流动,所产生的少量汽泡在水中缓缓地向上浮动,热量的传递主要依靠导热,虽然管子的热负荷较低,但因热量不能及时被带走,管壁仍可能超温。另外,停滞管的不断蒸发导致进水量很少,在长期停滞情况下锅水含盐浓度增大,因而会引起管壁结垢和腐蚀。

循环倒流发生在引入汽包水空间的上升管。当上升管受热太弱时,其工质的重力压差大于回路的工作压差,为了与管组工作压差平衡,该管的流动阻力只能为负值,即工质的流向颠倒,上升管实际上成为一根受热的下降管。当发生倒流时的水量很少,即流速很低,蒸汽向上的速度与倒流水速相近时,会使汽泡集聚、增大,形成汽塞。汽塞处的管壁可能造成管子过热或疲劳损坏。

由上可见,并列水冷壁管的受热弱是造成循环停滞和循环倒流的基本原因。而由于炉内温度沿炉膛宽度和深度方向的分布是不均匀的,故水冷壁各部位的吸热也就不同。一般水冷壁中间部位的热负荷比两侧要高,尤其是燃烧器区域附近的热负荷最大,而炉角与炉膛下部受热最弱。

2. 汽水分层

在水平或微倾斜的蒸发管中,当汽水混合物流速较低时,将使水在管子下部流动,汽在管子上部流动,形成汽水分层,如图 5.7 所示。

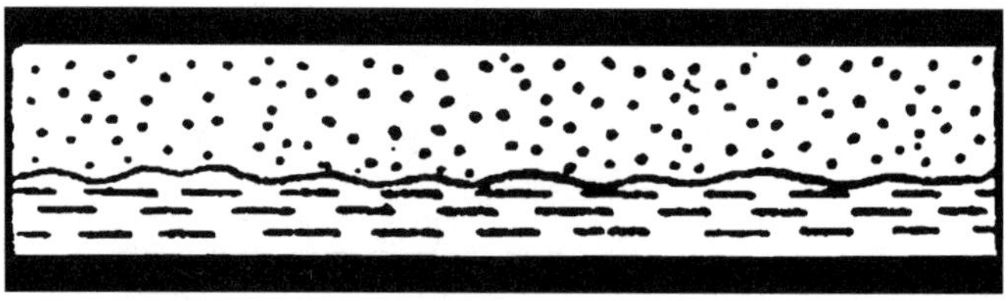

图 5.7　汽水分层

当发生汽水分层时,将造成上、下部温差热应力和上部管壁的超温和结盐,以及在汽水分界面附近因产生交变热应力而造成疲劳损坏等。

3. 下降管带汽

当下降管中含有蒸汽时,管内工质的平均密度减小,水循环的推动力减小;同时管内工质的体积流速增大,使下降管内的流动阻力增大,因此可能造成循环停滞和循环倒流。

电厂锅炉下降管带汽的主要原因有:旋涡斗带汽、下降管入口锅水自汽化、汽包内锅水含汽等。

(1)旋涡斗带汽。

当下降管入口以上水位较低时,锅水在进入下降管的过程中,由于流动速度的大小和方向突然改变,在下降管入口处可能形成旋涡斗,如图 5.8 所示。若斗底很深甚至进入下降管,则将汽包上部的蒸汽吸入下降管,造成下降管带汽。

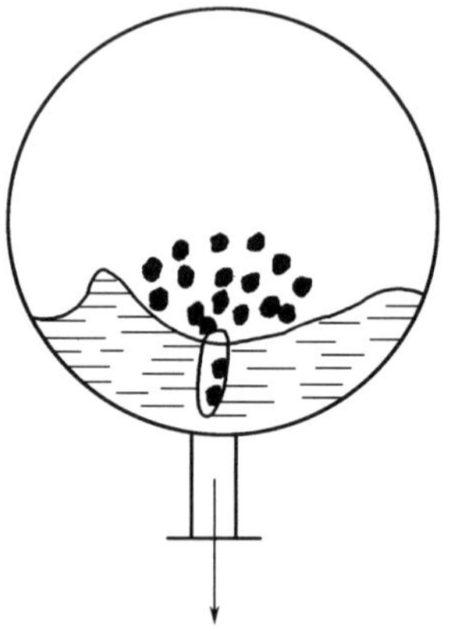

图 5.8　下降管入口处的旋涡斗

旋涡斗的形成不仅与下降管入口至汽包水面的高度有很大关系,而且还与下降管的入口水速、管径以及汽包内锅水的水平流速等因素有关。下降管入口至汽包水面的高度越小、下降管的入口水速越大、管径越大,以及汽包内锅水的水平流速越低,越容易形成旋涡斗。

大型锅炉由于下降管内的水流速度很高,又普遍采用大直径集中下降管,因此容易形成旋涡斗。

(2)下降管入口锅水自汽化。

当锅水进入下降管时,由于水流速度突然增大,因此部分压能将转变成动能;同时由于下降管入口处有局部阻力,因此下降管入口处压力下降 Δp。此外,从汽包水面到下降管入口处有一段水柱高度,它所产生的重位压头将使下降管入口处压力增加 $h\rho' g$。当 $\Delta p > h\rho' g$ 时,下降管入口压力将低于汽包压力。若锅水是饱和水,则锅水在下降管入口会发生自汽化。

(3)汽包内锅水含汽。

汽包内锅水中一般会或多或少地含有部分蒸汽,当蒸汽的上浮速度小于汽包中水的下降速度时，蒸汽就会被带入下降管。影响汽包内锅水含汽量的主要因素有汽水混合物引入汽包的方法及下降管入口的水速。

4. 水冷壁沸腾传热恶化

当亚临界压力的锅炉在高热负荷区时，水冷壁可能发生沸腾传热恶化。这时在管内壁上形成汽膜而非蒸汽，从而使管壁温度急剧升高，可能造成超温爆管。

5.3.4　提高自然循环安全性的措施

1. 防止发生循环停滞和循环倒流的措施

降低并列水冷壁管的受热不均程度和降低循环回路的流动阻力，可以有效防止循环停滞和循环倒流。为此，电厂锅炉在结构和布置上应采取以下几种措施。

(1)降低并列水冷壁管的受热不均程度。

①按受热情况划分循环回路。

按照每面墙上水冷壁的受热情况将水冷壁划分为 3~8 个循环回路，使每个循环回路中管子的受热情况和结构尺寸尽可能相近。图 5.9 所示为 DG-1025/18.2-Ⅱ4 型亚临界压力自然循环锅炉的循环回路。锅炉共分为 24 个循环回路，前、后、侧墙各 6 个。

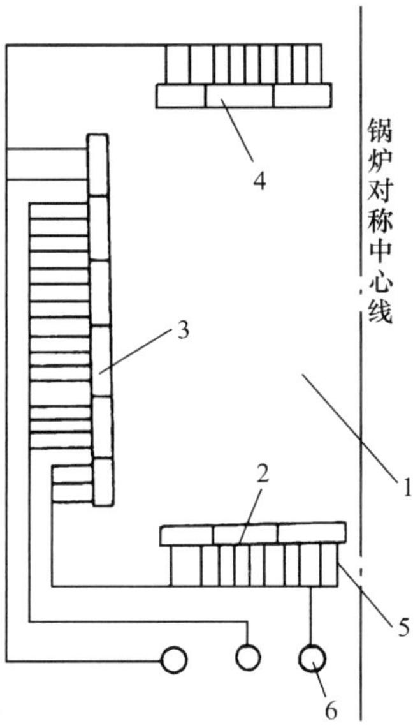

图 5.9　DG-1025/18.2-Ⅱ4 型亚临界压力自然循环锅炉的循环回路

1—炉膛；2—前墙水冷壁；3—侧墙水冷壁；4—后墙水冷壁；5—下降管支管；6—大直径下降管

②改善炉角边管的受热情况。

由于炉膛四角布置的管子受热最弱，因此可采用在四角不布置管子，或沿炉角将 3~4 根水冷壁管节距的宽度切成斜角，形成所谓的“八角炉膛”，如图 5.10 所示。

③采用平炉顶结构。

采用平炉顶结构可使两侧墙水冷壁受热区段的高度相等，减小受热不均程度。

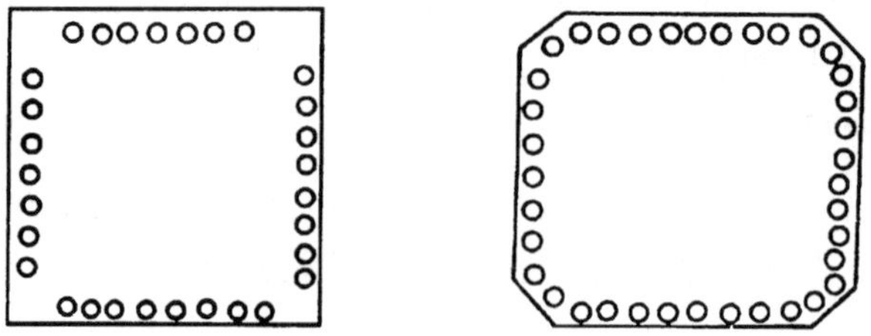

图 5.10 炉角的结构和布置情况

(2)降低循环回路的流动阻力。

①采用大直径集中下降管。

在保持下降管总截面积不变的条件下,采用大直径集中下降管,可以减小下降管的流动阻力,有利于水循环。

②增大下降管截面比及汽水引出管截面比。

截面比是指下降管或汽水引出管的总截面积与水冷壁总截面积之比。若增大截面比,则下降管或汽水引出管的阻力减小,有利于水循环。

2. 防止汽水分层的措施

防止汽水分层的措施是在结构上尽可能地不布置水平或倾角小于 15°的蒸发管;必须前述布置方式时,则要求汽水混合物保持较高的速度,使搅动作用大于汽水的重力作用,这样就不会发生汽水分层。一般推荐不发生汽水分层的最小允许速度见表 5.3。

表 5.3 不发生汽水分层的最小允许速度

参数		数值				
汽包压力/MPa		2	3	5	10	18
最小允许速度/($m \cdot s^{-1}$)	倾角小于 7°的蒸发管	4	3.4	2.6	2.25	1.6
	倾角 7°~15°的蒸发管	1.33	1.1	0.86	0.75	0.53

3. 防止下降管带汽的措施

(1)防止旋涡斗的形成。

结构上防止形成旋涡斗的主要措施:下降管尽可能从汽包的最低处(即汽包底部)引出;在下降管入口处加装栅格或十字形板。栅格的钢板有直片形和扇形两种,如图 5.11 所

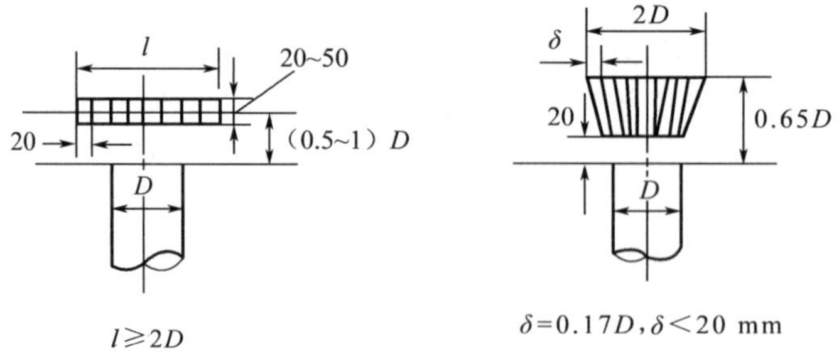

图 5.11 下降管入口处栅格装置

示。栅格距下降管入口应保持一定的距离，且栅格要平行于水流方向。

图 5.12 所示为在下降管入口装设十字形板。

(2)防止发生锅水自沸腾。

防止发生锅水自沸腾的措施：在结构和布置上采用大直径集中下降管；下降管尽可能从汽包底部引出，以降低下降管入口水速和增加下降管入口的静压；将省煤器来的部分给水直接送到下降管入口附近的区域，以提高锅水的欠焓。

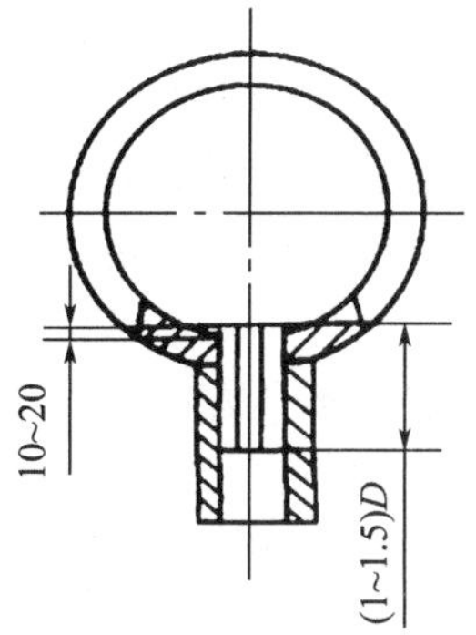

图 5.12　在下降管入口装设十字形板

(3)减少汽包水室含汽。

现代锅炉都采用了高效的汽水分离装置，使锅水中含汽较少。另外，将部分给水直接引到下降管的入口，可以提高下降管入口锅水欠焓，有利于减少锅水带汽。但对亚临界压力的锅炉，由于汽水的密度差较小，蒸汽在水中的上浮速度较小，而且采用大直径集中下降管，下降管入口水速较大，因此下降管带汽很难避免。

4. 防止发生沸腾传热恶化的措施

锅炉结构上采取的措施：在高热负荷区使用内螺纹管式水冷壁；把易发生传热恶化的受热面布置在热负荷较低的区域。

5. 在运行方面采取的措施

(1)降低并列蒸发管的受热不均程度。

①保持炉膛火焰中心。

当火焰严重偏斜时，火焰充满程度降低，容易造成受热面形成结渣，从而加重了并列管的受热不均程度。因此，应合理地组织炉内燃烧，保持炉膛火焰中心的正确位置，减小火焰偏斜，提高火焰的充满程度。

②保持水冷壁的清洁，防止局部结渣和积灰。

当水冷壁局部结渣或积灰时，热阻增大，其吸热量减小，使循环流速降低，增加了发生循环停滞和循环倒流的可能性。另外，将使炉膛上部烟温升高，也增加了发生沸腾传热恶化的可能性。为此，在运行中必须努力防止形成结渣，并应及时进行吹灰、“打渣”，以保持受热面清洁。

③避免锅炉长期低负荷运行。

锅炉在低负荷运行时，由于水冷壁中产汽量少，循环流速本来就较低，另外低负荷运行时燃烧器投入数较少，火焰充满程度差，炉膛温度分布不均匀，因而造成水冷壁受热不均程度相对增大，受热较弱的管子容易发生循环故障。

(2)减少下降管带汽。

①维持汽压稳定。

在锅炉运行中，当汽压急剧波动造成短时汽压降低时，可能使下降管入口锅水自汽化，从而造成下降管工质带汽。可见在运行中维持汽压稳定，对保证水循环安全也十分重要。

②保持汽包水位正常。

在锅炉运行中，若汽包水位太低，既可能发生下降管入口锅水自汽化，又可能在下降管入口截面上部形成旋涡斗，从而造成下降管工质带汽；此外，还可能造成严重缺水事故，使水冷壁处于干烧状态而烧坏管子。因此，在运行中保持汽包水位正常，也有利于保证水循环安全。

（3）减轻沸腾传热恶化的影响。

减轻沸腾传热恶化的影响途径有两条：一是防止沸腾传热恶化的发生；二是把发生沸腾传热恶化的位置推移至热负荷较低处，使其管壁温度不超过许用值。在运行中可采取如下措施。

①保证一定的质量流速。

提高质量流速，可以大幅度地降低传热恶化时的管壁温度，还可以推移传热恶化的位置，使之移到低热负荷区或不发生沸腾传热恶化。

②降低受热面的局部热负荷。

降低受热面的局部热负荷，防止第一类沸腾传热恶化的发生或使传热恶化区的管壁温度降低。为此，应尽可能多投燃烧器，减少每只燃烧器的热负荷；提高炉膛火焰充满程度，防止火焰直接冲刷水冷壁等。

本章小结

自然循环原理的核心在于通过下降管与上升管间工质密度差驱动汽水循环，其重点内容包括循环回路结构、汽水两相流动特性、水冷壁蒸发吸热过程、循环倍率对安全的影响以及停滞与倒流等故障防范。自然循环原理揭示了锅炉在无外力条件下实现自平衡循环的物理本质，其稳定运行依赖合理的水动力特性设计与水位控制。对锅炉设备而言，自然循环系统通过简化机械结构显著提升可靠性，避免强制循环泵故障导致的停机风险，保障了蒸发受热面的持续冷却与热负荷均匀分配，是锅炉安全运行的核心基础。在运行层面，掌握循环倍率与质量含汽率的关系可优化燃烧调节，预防膜态沸腾与传热恶化，同时循环压头的精确计算可为设备选型与节能改造提供理论依据。培养学生在水循环故障诊断、热效率提升及环保运行中的实践能力，可为其从事锅炉操作、维护及能效管理提供关键技术支撑，对推动传统锅炉向高效低耗方向发展具有现实指导意义。

思考与实践

（1）简述自然循环的原理。

（2）简述水冷壁内的管内流型及传热区段。

（3）提高自然循环安全性的措施有哪些？

第6章　强制循环锅炉

提高蒸汽的初压力,可以提高机组的热经济性,因此高参数是锅炉发展的必然趋势。当压力提高时,汽水密度差下降,自然循环的推动力下降,所以需要采用强制循环;当压力进一步提高时,汽水分离变得困难,因此必然要取消汽包,发展强制循环锅炉。强制循环锅炉有控制循环锅炉、直流锅炉和复合循环锅炉3种基本形式,本章简要介绍它们的基本结构、工作原理和水动力特性。

❖ **本章学习目标**

(1)了解强制循环锅炉的循环形式。

(2)掌握强制循环的基本原理。

(3)了解强制循环的水动力特性。

6.1　控制循环锅炉

在开发亚临界参数锅炉技术的初期,曾经认为当汽包压力达到26 MPa时,自然循环不可靠。为了提高循环安全裕度,提出了在蒸发回路中采用低压头循环泵与内螺纹管式水冷壁的新技术。

6.1.1　控制循环锅炉工作原理及特点

1. 工作原理

控制循环锅炉是由自然循环锅炉发展而成,它在循环回路的下降管上装置循环泵,因而其循环动力得到大大提高。

在自然循环锅炉中,工质在循环回路中的流动,是依靠下降管中的水与受热上升管中汽水混合物的密度差来进行的。它的工作特点是:在受热上升管组中,受热强的管子产汽量多,汽水混合物的密度小,运动压头大,因此流过该管的循环水量也多,可以保证对受热管的足够冷却。随着锅炉压力的提高,水与水蒸气间的密度差越来越小,当工作压力达到16~19 MPa时,水的自然循环就不够可靠。此外,随着锅炉压力和容量的提高,希望采用管径较小的蒸发受热面,以提高管内工质的质量流速,加强换热,但管径小,流速高,则流动阻力增大,自然循环的安全性就将进一步下降。为解决这个矛盾,可以在循环回路中串接一个专门的循环泵,以增加循环回路中的循环推动力,并可人为地控制锅炉中工质的流动,因此称这种锅炉为控制循环锅炉。控制循环锅炉有时也称为多次强制循环锅炉,其工作原理如图6.1所示。

在工作原理上,控制循环锅炉与自然循环锅炉之间的主要差别在于控制循环锅炉主要依靠循环泵使工质在蒸发管中做强制循环,而自然循环锅炉则靠汽水密度差使工质在循环回路中进行自然循环。即在控制循环锅炉的循环系统中,除了有自然循环回路中由于下降管和上升管工质密度差所形成的运动压头之外,还有循环泵所提供的压头。自然循环所产

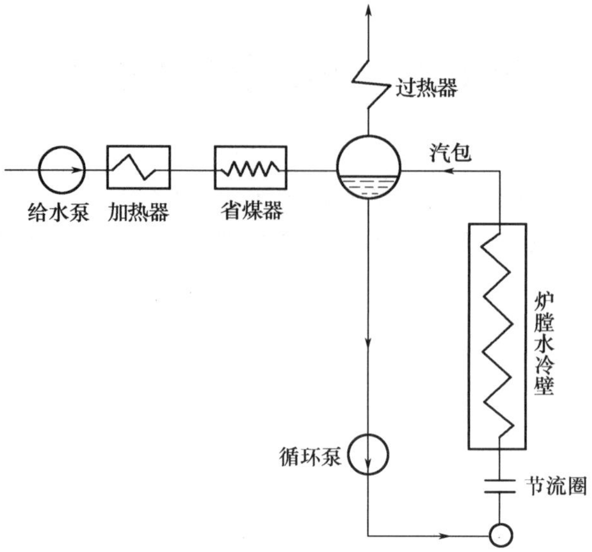

图 6.1 控制循环锅炉工作原理

生的运动压头一般只有 0.05~0.1 MPa,而循环泵可提供的压头在 0.25~0.5 MPa 之间。由此可见,控制循环锅炉的运动压头比自然循环锅炉的运动压头大 5 倍左右,因而控制循环锅炉能克服较大的流动阻力。

循环倍率 K 的大小对蒸发管的工作安全有很大的影响。当 K 值较小时,由于管子内壁的冷却不够,管壁温度会随热负荷的升高而显著提高。为保证管子能得到足够的冷却,还要求管内工质有一定的质量流速 G。目前大容量控制循环锅炉的循环倍率 K 值在3~8 之间,一般为 4 左右;质量流速 G 为 1 000~1 500 kg/(m^2 · s)。

控制循环锅炉与自然循环锅炉在结构上的最大差异就是控制循环锅炉在循环回路中装置了循环泵。大容量控制循环锅炉一般装有 3~4 台循环泵,其中 1 台备用,循环泵通常垂直装置在下降管的汇总管道上。

2. 特点

控制循环锅炉与自然循环锅炉相比具有以下特点。

(1)结构特点。

①汽包。由于控制循环锅炉的循环倍率低、循环水量少,以及采用循环泵的压头来克服汽水分离元件的阻力,可以充分利用离心力分离的效果,因而汽水分离元件的直径可以缩小。在保持同样分离效果的条件下,能提高单个旋风分离器的蒸汽负荷,因此汽包直径可以缩小。

图 6.2 所示为亚临界控制循环锅炉汽包的内部装置示意图。采用流动阻力大、分离效率高的轴向进口带内置螺旋形叶片的轴流式分离器进行一次分离,然后蒸汽经波形板百叶窗分离后引出。因采用的给水品质好,可以不用蒸汽清洗装置,给水可直接送至下降管入口附近。与超高压锅炉相比,亚临界控制循环锅炉汽包内部装置的主要特点为:除可以采用轴流式分离器和不用蒸汽清洗装置外,汽包内装有弧形衬板,与汽包内壁间形成一环形通道,构成汽水混合物汇流箱;汽水混合物从汽包上部引入,沿环形通道自上而下流动,最

后进入旋风分离器；这种结构，汽包内壁只与汽水混合物接触，避免了汽包内壁受到锅水冲击，汽包上、下壁温差和壁温波动幅度减小，使得汽包热应力较小，保护了汽包。

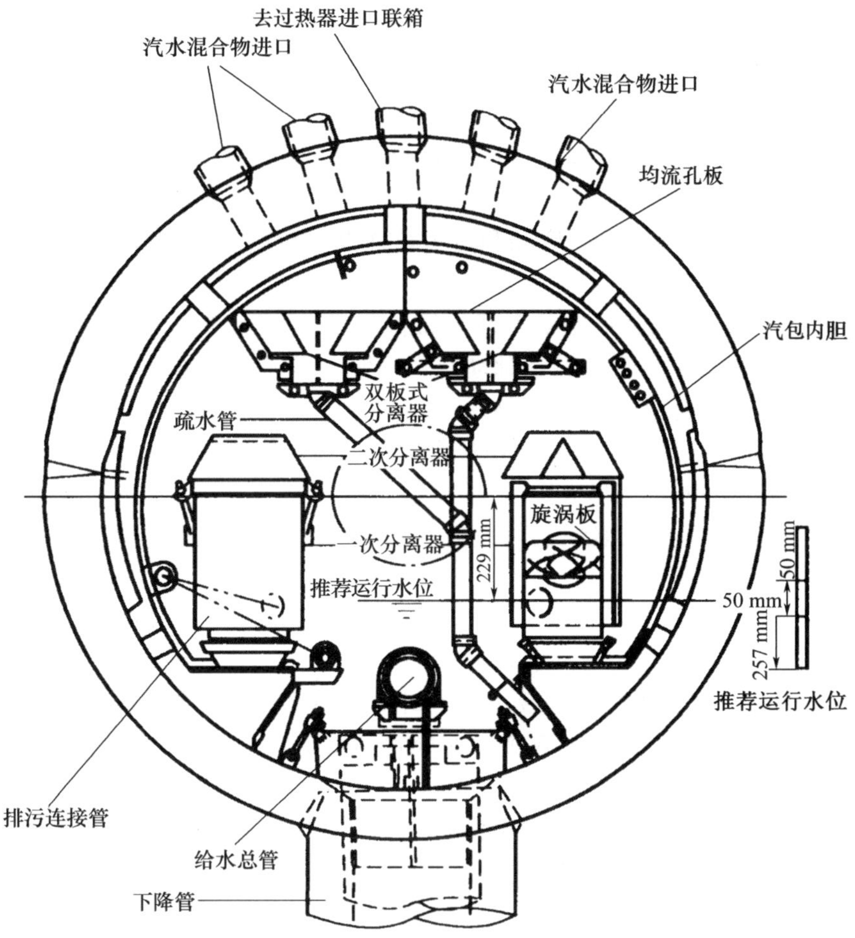

图 6.2　亚临界控制循环锅炉汽包的内部装置示意图

②水冷壁。由于控制循环锅炉的循环推动力大，可以采用小管径的蒸发受热面，而强制循环又使管壁得到足够的冷却，壁温较低，管壁也可减薄，因此锅炉的金属耗量减少。此外，炉内可更自由地布置蒸发受热面，锅炉的形状和蒸发受热面都可以采用较好的布置方案，不必受到垂直布置的限制。水冷壁管进口一般装设均流孔板，以分配各并联管的工质流量，改善工质流动的水动力特性和热偏差。

(2)控制循环锅炉的技术性能特点。

①控制循环锅炉的主要技术是加设低压头循环泵和内螺纹管式水冷壁。低压头循环泵用来提供足够的循环压头，内螺纹管式水冷壁用来抵抗膜态沸腾。

②汽包内设置夹层，汽水混合物可由汽包顶部引入，沿夹层向下流入汽水分离器。汽水混合物与汽包汽空间形成的负压头所产生的阻力效应由循环泵所提供的富裕压头来克服。夹层内充满了汽水混合物，减小了汽包上、下壁的温差，且启动初期可用锅水循环泵来加快建立水循环，进一步减小汽包壁的温差。汽包壁允许温升速度可提高到 10 ℃/h，工质

的允许温度变化率在 20 ℃/h 以上，因此可以提高锅炉启动和变负荷速度。

③由于循环泵提供了富裕的循环压头，可采用分离效果较好的轴向叶片式汽水分离器，从而减少了汽水分离器的数量，使得汽包体积减小，壁厚减薄。

④炉膛结构尺寸可以按煤质燃烧特性和结渣特性灵活设计，采用小管径水冷壁，可提高传热性能，使得壁温降低，减轻水冷壁的高温腐蚀。

⑤与自然循环锅炉相比，水冷壁的金属储热量和工质的储热量减少，使蒸发系统的热惯性减小。同时，锅炉低负荷运行时，可利用循环泵加快循环，提高蒸发速度。在锅炉尚未点火之前，先启动锅水循环泵建立水循环，然后再点火，可使水冷壁的吸热均匀，水冷壁温差减小，保持同步膨胀，有利于提高启动和变负荷速度，以适应机组调峰的需要，同时可以节省启动燃料。

⑥水冷壁管内工质流动特性主要表现为强制循环特性，水冷壁入口可装节流圈，以控制流量分配，避免产生水动力多值性和脉动。水冷壁一旦泄漏，通过节流圈可以限制泄漏量，使锅炉维持短时间运行，以适应电网调频的需要。水冷壁管内工质的质量含汽率可提高到 0.4~0.5，降低循环倍率。在省煤器出口水焓和汽包工作压力不变的条件下，循环倍率降低，可使蒸发系统入口水欠焓增大。

⑦循环回路中循环流量与锅炉负荷关系不大，只随循环泵的投入台数变化，且随循环系统的水动力特性略有变化。

⑧停炉速度快。事故停炉后可利用锅水循环泵和送、引风机联合运行，快速冷却炉膛和水冷壁，缩短检修时间。

⑨增设了循环泵和入口调节阀门及出口止回阀，1 台锅炉配置 3 台循环泵和 6 个阀门，提高了造价成本和运行耗电量。300 MW 锅炉配置的控制循环泵用电量为 198 kW/台，2 台泵运行，用电量为 396 kW。

⑩循环泵的工作压力达到 20 MPa，工作温度达到 360 ℃左右，且压力变动时，循环泵入口可能产生汽化，因而出现故障的可能性增大。

⑪锅水循环泵电动机增加了低压冷却水系统和高压冷却水系统，直接影响着循环泵的工作可靠性，进而影响到水循环系统的可靠性。因此，自动化水平要求较高。

⑫控制循环锅炉的水动力特性既具有自然循环的特性，又具有强制循环的特性。由于采用强制循环，因而控制循环锅炉蒸发回路的水动力特性主要体现强制循环的特性。为了防止流量分配不均及热偏差引起的水动力不稳定和脉动，以及传热恶化现象的产生，水冷壁入口处一般都安装节流圈，使得吸热较强的水冷壁管内保持较高的质量流速。在低负荷运行时，仍可用循环泵提供循环动力，因此控制循环锅炉的循环可靠性高。此外，其水冷壁传热性能好、热惯性较小，能够适应快速调峰的要求，这种技术主要应用于采用四角燃烧方式的 300 MW、600 MW 级亚临界参数锅炉，在调峰运行方面显示出了较强的优势。

6.1.2 循环泵

循环泵是控制循环锅炉的关键设备，它的可靠运行将直接影响到锅炉的安全工作。循环泵由水泵和电动机组成，采用无轴封结构，如图 6.3 所示。水泵采用单级离心泵，泵的叶轮直接装在电动机主轴的端头上，采用悬臂结构。

叶轮出口处装设有导叶，使部分动能转换成压力能。在泵壳上有 1 个入口管和 2 个出口管。泵通过入口管抽吸锅水轴向流入泵内，经泵的叶轮提高锅水压力后，由出口管送入

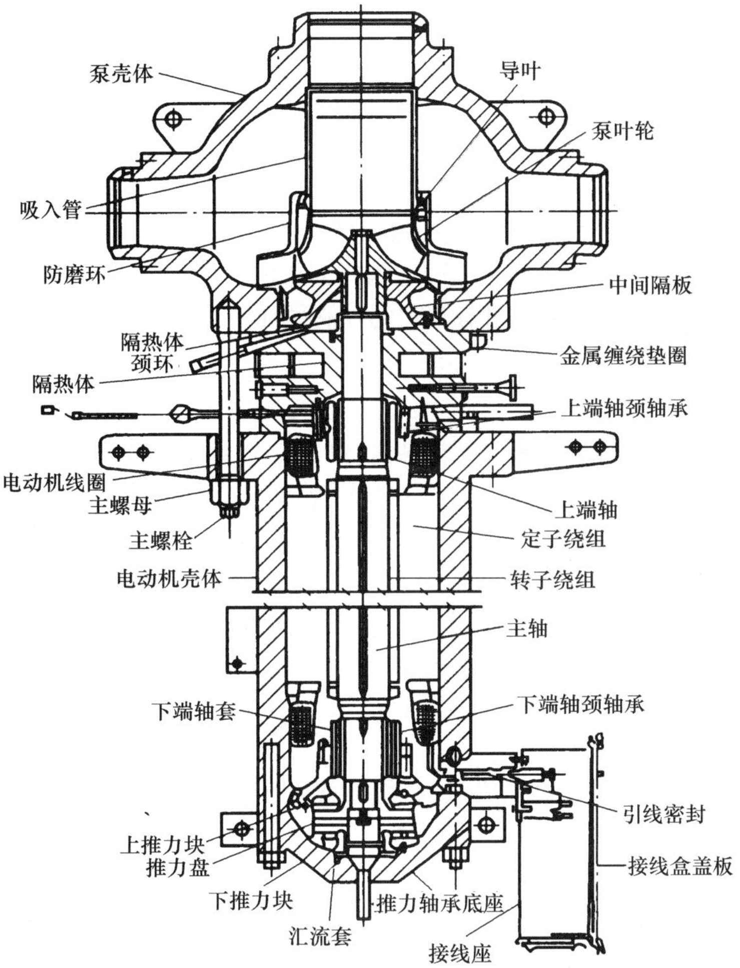

图 6.3　循环泵

下联箱中。电动机为湿式感应电动机，它的定子和转子采用耐水耐压绝缘导线做成绕组。绝缘导线材料一般是聚乙烯塑料，不能承受高温（工作温度较高时绝缘性能会明显恶化）。目前常用的绝缘材料为耐热聚氯乙烯和交联聚乙烯，其限定温度分别为 70 ℃和 80 ℃，电动机采用立式布置，装置在水泵下方，用耐压法兰采用高强度的双头螺栓与泵体紧密地连接。锅水循环泵和电动机都浸在锅水中。为减少循环泵体和高温锅水传给电动机的热量，电动机与泵之间用隔热体分开。运行时为了降低电动机内的温度，在电动机外装有循环冷却回路。在电动机外端推力轴承盘的径向钻有多个小孔，使电动机内的水在冷却回路中进行强制循环，在冷却器的作用下，水温维持在 60 ℃以下，从而保证了电动机的工作安全。

6.2 直流锅炉

6.2.1 直流锅炉工作原理及特点

1. 工作原理

直流锅炉没有汽包,其工作原理为:在给水泵压头的作用下,将锅炉给水依次(按顺序一次性)通过预热、蒸发、过热等受热面而达到所需要的温度,变成过热蒸汽。简而言之,直流锅炉是工质依次通过各受热面、没有汽包的强制循环锅炉。

2. 特点

(1)给水品质特点。

自然循环锅炉由于有汽包,故可进行排污,对给水品质要求较低。直流锅炉没有汽包,给水带来的盐分除一部分被蒸汽带走外,其余将全部沉积在受热面上,因此直流锅炉对给水品质要求高。

(2)调节过程特点。

直流锅炉的调节比汽包锅炉复杂得多。对于汽包锅炉,当负荷发生变化时,压力发生变化,可先调节燃煤量,稳住汽压,然后再调节给水量,使给水量等于蒸发量($G_g=D$),不用同时调节给水量和蒸发量,当 $G_g \neq D$ 时只不过汽包水位发生变化,这就是说,汽包锅炉与被调参数关联不那么紧密。

对于直流锅炉,当负荷发生变化时,必须同时调节给水量和燃煤量,以保持物质平衡($G_g=D$)和能量平衡,才能稳住汽压和汽温。

(3)启动过程特点。

①直流锅炉设有启动旁路系统。为保证受热面安全工作,直流锅炉启动开始就必须建立启动流量和启动压力,而在启动过程中,依次出来的工质是水、蒸汽,为减少热量损失和工质损失,需装一个旁路系统,所以直流锅炉与自然循环锅炉相比,在结构上的不同之处为蒸发受热面系统和启动旁路系统。

②自然循环锅炉由于有汽包,升温升压过程要慢一些,否则热应力大;而直流锅炉没有汽包,升温过程可以快一些,即直流锅炉启动速度快。

(4)设计、制造和安装特点。

①适用于任何工作压力。

②蒸发受热面可以任意布置。

③节省金属,制造方便。

自然循环锅炉和直流锅炉的特点对比见表6.1。

表6.1 自然循环锅炉和直流锅炉的特点对比

项目	自然循环锅炉	直流锅炉
蒸发受热面方式	受限制	不受限制
适用压力范围	亚临界压力	任何压力,但主要用于亚临界压力和超临界压力

续表 6.1

项目	自然循环锅炉	直流锅炉
金属消耗量	大	小(因无汽包,不用或少用下降管)
制造	除汽包外,蒸发系统的其他部件制造相对容易	蒸发系统的部件,尤其是螺旋管圈有一定制造难度
运输	不方便(主要指汽包)	方便
安装	方便	不方便(主要是螺旋管圈)
变压运行适应性	良	优,如螺旋管圈; 差,如 UP 型(一次垂直上升管屏式)和多次上升型
蒸发受热面工作安全性	好	要注意防止膜态沸腾、流动不稳定、脉动等问题
对自动控制要求	低	高
给水泵功率	小	大
给水品质要求	略低	高
蒸发终点	固定	变动
启动旁路系统	无	有
主蒸汽温度与喷水量	与负荷和受热面污染有关	与负荷和受热面污染无关,主要通过调节煤水比实现,喷水减温仅起瞬间调节或微调作用
启动中主要监控参数	汽包水位和汽包壁的温度梯度	蒸发受热面出口汽水分离器的水位
启停速度	慢,启动需 2~4 h,停炉需 18~24 h	快,启动需 40~50 min,停炉需 25~30 min

6.2.2　直流锅炉水冷壁的结构形式

直流锅炉水冷壁的布置很自由,种类繁多,表 6.2 列出了直流锅炉水冷壁的 3 种基本管屏形式的特点。

表 6.2　直流锅炉水冷壁 3 种基本管屏形式的特点

项目	水平围绕管圈	多次垂直上升管屏	回带管屏
吸热均匀性	优	差	中
制造工作量	中	小	大
金属消耗量	中	大	中
机组选址的适应性	中	优	中

续表 6.2

项目	水平围绕管圈	多次垂直上升管屏	回带管屏
相邻管屏外侧两个相邻管子的温差	中	大	大
对采用膜式水冷壁的适应性	良	中	差
对组合安装的适应性	差	优	良
膨胀支吊的方便性	差	优	差
对滑压运行的适应性	优	差	水平回带:优
疏水、排汽的功能性	优	优	升降回带:差

1. 水平围绕管圈

这种结构是由苏联拉姆森教授提出的,故也称为拉姆森型(也称螺旋管圈式)水冷壁。它由多根平行管子组成一个以上的管带,沿炉膛四周围绕,盘旋上升。盘旋的方式可分为以下几种:三面水平、一面倾斜(单管带);两面墙上水平,另两面墙上倾斜(双管带);在四面墙上倾斜盘旋上升(四管带),即螺旋式水冷壁。采用这种水冷壁结构的直流锅炉的主要优点是:没有不受热的下降管,也没有中间联箱,故各管带的受热较均匀;每根管子很长,水动力稳定;便于滑压运行。其主要缺点是:现场焊接工作量大,水冷壁支吊结构复杂。

2. 多次垂直上升管屏

多次垂直上升管屏水冷壁由多组垂直管屏构成,管屏由并联的上升管和两端联箱组成,各管屏之间用 2~3 根不受热的下降管串联。它的优点是:制造厂可提供整片屏组件,制造方便,安装组合率高,支吊结构简单,热偏差不大,便于做成全悬吊炉膛结构。其主要缺点是:金属耗量大,相邻管屏外侧管子间的壁温差大,压力变动时会出现汽水分配不均,故不能适应滑压运行要求。因此,管屏往往只在炉膛下辐射区做成几次串联,以使相邻管屏外侧管子间的温差不会过大,而炉膛上部采用一次垂直上升管屏。由于此处工质常为过热蒸汽,比体积大,可以保证足够的工质流速,能够适应整焊膜式壁的要求。

3. 回带管屏

回带管屏式水冷壁由多行程迂回管屏组成,最初用于瑞士苏尔寿公司,所以也称苏尔寿型水冷壁。按回带迂回方式不同,分为水平向上迂回的水平回带管屏和垂直上下迂回的升降回带管屏两种。一般无炉外下降管,但大容量锅炉的各管屏之间可以有连接管。它的主要优点是:布置灵活方便,能适应复杂的炉膛形状,如在炉底用水平回带管屏,在燃烧器区域用升降回带管屏;没有或只有少数中间联箱,金属耗量较少。其主要缺点是:两联箱间的管子很长,有时可达数百米,热偏差较大,不利于管子的自由膨胀,管屏每一弯道的两行程之间相邻管子内工质流向总是相反的,所以温差大,对膜式壁结构特别不利;此外,该管屏制造困难,不易疏水排气,水动力稳定性较差。

6.2.3 直流锅炉的启动旁路系统

锅炉的启停过程是一个不稳定的状态变化过程,启停过程中锅炉工况的变化很复杂。

如在启动过程中，各部件的工作压力和温度随时在变化，启动时各部件的加热不可能完全均匀，金属体中存在着温度差，会产生热应力；启动初期，炉膛的温度低，在点火后的一段时间内，燃料投入量少，燃烧不容易控制，易出现燃烧不完全、不稳定，炉膛热负荷不均匀的情况，还可能出现炉膛灭火和爆炸事故；在启动过程中，各受热面内部工质流动尚不正常，易引起局部超温，如工质流动尚未正常时的水冷壁、未通蒸汽或蒸汽量很小时的过热器和再热器，都可能有超温损坏的危险等。因此，锅炉的启停是锅炉机组运行的重要阶段，必须进行严密监测，优化各种工况，建立最佳的启停指标，以保证锅炉安全经济启停。为保证受热面安全工作，直流锅炉启动一开始就必须建立启动流量和启动压力，而在启动过程中，顺次出来的工质是水和水蒸气。为减少热量损失和工质损失，须装设启动旁路系统。

6.2.4　直流锅炉的启动特点

直流锅炉在启动、停炉或事故情况下都必须使用启动旁路系统。其目的在于冷却锅炉受热面、排走不合格的工质、回收工质和热量、保护再热器等，它对直流锅炉的启停起到安全和经济的保证作用。汽包锅炉在启动前，汽包水位保持在点火水位，在相当长的升火时间内不需要向锅炉补充给水。水冷壁可依靠工质的自然循环来冷却。省煤器处在低温烟道内，不一定需要冷却，如需要冷却时，可以开启省煤器再循环管上的再循环门来保护省煤器。过热器可以靠锅炉产生的蒸汽排汽冷却。由于汽包的水体积大，可允许有较长时间的排汽而不致使水位太低。在冷态启动时，汽包锅炉的工质开始是没有压力的，随点火后燃料量的增多，给水开始蒸发，压力逐渐升高，所以汽包锅炉的启动与升温升压同时进行。

直流锅炉的启动特点则是在锅炉点火前就必须不间断地向锅炉进水，建立起足够的启动流量，以保证给水连续不断地强制流经有关受热面，使其得到冷却。因此，直流锅炉的启动过程实质上是工质的升温过程。

汽包锅炉的汽包，在蒸汽生产过程中实际上是加热、蒸发和过热三阶段的大致分界点。而直流锅炉则不同，点火前，直流锅炉各受热面内全部是水，点火后，随着燃料量的增加，开始送出的是水，然后是湿蒸汽、饱和蒸汽和过热蒸汽，最后过热度才达到设计值。启动过程中，送出的工质状态不断发生变化，与之相对应的锅炉受热面开始时全部作为加热段，当产生蒸汽后，全部受热面即分成加热和蒸发两区段，最后当锅炉出口的蒸汽过热后，全部受热面则分成加热、蒸发和过热三区段。

6.3　复合循环锅炉

超临界参数机组的使用，对直流锅炉的炉膛辐射受热面带来两大问题。

(1) 由于受热面热负荷高以及管内质量流速较低时可能出现传热恶化，管壁温度急剧升高，因此为了保证受热面的安全，必须在锅炉的整个负荷范围内使管内有足够的质量流速。

(2) 在锅炉启动、停炉或低负荷运行时，如果管内工质质量流速太低，稍有流量存在时，各管间工质的温度差别就会很大，将产生很大的热应力。为了把各管中工质的温度差控制在一定范围内，在启动、停炉和低负荷运行时，也必须保证管内工质有足够高的质量流速。

而直流锅炉辐射受热面内的工质质量流速与锅炉负荷成正比，为保证受热面的安全启动，在低负荷运行时要有很大的旁通流量，这样就造成热量损失，同时给水泵电耗增加，整体经济性下降。

与同容量的直流锅炉相比，复合循环锅炉的水冷壁中能有较大的质量流速，可以保证水冷壁的安全工作。故在低负荷下运行时，其优点尤为明显。复合循环锅炉具有以下特点：

①即使在容量为300～600 MW的大型机组中，当选用较大的水冷壁管径时，采用一次垂直上升管屏也能保证有足够的质量流速。

②由于再循环的作用，通过水冷壁的工质流量可以大于锅炉的蒸发量，所以按额定负荷选用的质量流速可比直流锅炉低得多。因而复合循环锅炉的水阻力和给水泵的动力消耗都比直流锅炉小得多。

③复合循环锅炉水冷壁可以不采用导致流动阻力增加和加工困难的内螺纹管。

④由于具有再循环泵，复合循环锅炉的最低负荷可以降至额定负荷的5%左右（保护过热器所需要的流量），启动旁路系统（主要是为汽轮机的需要而设置）可按额定负荷的5%～10%的容量设计。这样既节省投资，又可减少启动时的热量损失和工质损失。

⑤由于再循环水可使水冷壁进口工质的焓值提高，相应的水冷壁的焓增可以减少，这有利于保证蒸发受热面水动力的稳定性和减少其热偏差。

⑥复合循环锅炉带有可在高压高温下工作的再循环泵，其制造工艺复杂。其流量-压头特性曲线应与锅炉蒸发受热面在不同负荷下的阻力特性相吻合，故性能良好的再循环泵是实现复合循环锅炉的关键设备。

⑦亚临界压力复合循环锅炉带有立式汽水分离器，其横断面积小，水位波动大，水位调节（即给水调节）比较困难。此外，在运行中由分离器出来进入过热器的蒸汽的温度随负荷的变化较大，给汽温调节增加了一定的复杂性。

由于上述特点，复合循环锅炉在各国的亚临界和超临界压力大型机组中得到广泛应用。它的水冷壁管圈形式采用没有中间混合的一次垂直上升管屏，但也有采用螺旋管圈式水冷壁的。

本章小结

强制循环锅炉包括控制循环锅炉、直流锅炉与复合循环锅炉3种基本类型。依靠工质的密度差而产生的循环流动称为自然循环，借助水泵压头使工质产生的循环流动称为强制循环。强制循环锅炉的结构与自然循环锅炉的结构基本相同，它也有汽包，所不同的是在下降管中增加了循环泵，用于增强汽水循环的动力。直流锅炉的结构与自然循环锅炉的结构不同，它没有汽包，是依靠给水泵压力使工质依次经过省煤器、蒸发受热面和过热器等锅炉受热面管，一次性地将水加热成为过热蒸汽。

思考与实践

（1）简述控制循环锅炉的工作原理。

（2）控制循环锅炉的主要特点有哪些？

第 7 章　蒸发设备与蒸汽净化

蒸发设备是锅炉的重要组成部分。进入锅炉的给水，在蒸发设备特定的受热面中，不断吸收燃料燃烧所放出的热量，达到所处压力下的饱和温度，并继续吸收热量将饱和水蒸发成饱和蒸汽。本章主要介绍自然循环锅炉中蒸发设备的组成及其在运行中表现出的特性，以及蒸汽净化装置与蒸汽净化的原因和措施。

❖ **本章学习目标**

(1)了解蒸发设备的组成。

(2)掌握汽包的作用。

(3)了解水冷壁的不同形式及特点。

7.1　概述

蒸发设备是自然循环锅炉的重要组成部分，其作用是吸收火焰或烟气的热量，使水蒸发产生饱和蒸汽；同时降低炉膛出口处的温度，防止结渣。蒸发设备包括汽包、下降管、水冷壁、联箱及连接管道等，如图 7.1 所示。

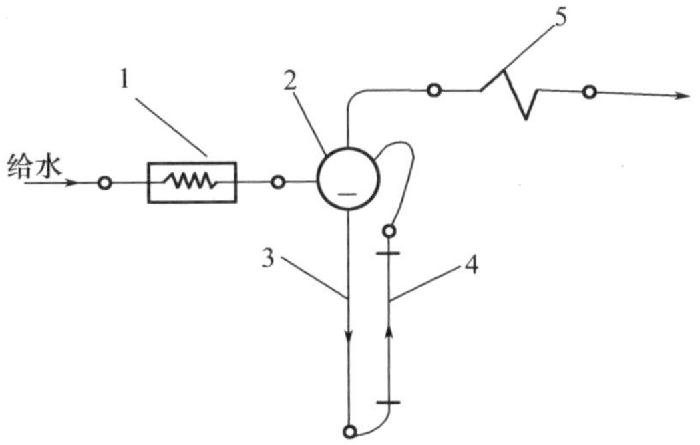

图 7.1　蒸发设备的组成

1—省煤器；2—汽包；3—下降管；4—水冷壁；5—过热器

7.2　汽包

汽包是汽包锅炉中重要的部件之一。现代汽包锅炉只有一个汽包，横置于炉外顶部，不受火焰和烟气的加热，并施以绝热保温。

7.2.1 汽包的作用

(1)汽包接收省煤器来的给水。汽包与下降管、水冷壁等连接组成蒸发系统,并向过热器输送饱和蒸汽,如图 7.1 所示。因此汽包是加热、蒸发、过热 3 个过程的连接枢纽和大致分界点。

(2)汽包中存有一定量的汽和水,因而具有一定的储热能力。在锅炉负荷变化时,能起到蓄热器和蓄水器的作用,可以缓解汽压变化的速度,对锅炉运行调节有利。

所谓储热能力是指锅炉负荷变动而燃烧工况不变时,锅炉工质、受热面及炉墙所吸收或放出热量的能力。例如当锅炉负荷突然增大时,锅炉汽压降低,汽包中锅水的饱和温度也相应降低,与蒸发系统相连的金属壁、炉墙及构架的温度也相应降低,它们将放出蓄热加热锅水,产生附加蒸汽,弥补了部分蒸汽的不足,从而减缓了汽压下降的速度。相反,当锅炉负荷降低时,汽压升高,锅水、金属壁、炉墙及构架等会吸收热量,部分蒸汽凝结,使汽压升高速度减慢。

(3)汽包内装有汽水分离装置、蒸汽清洗装置、排污装置、锅内加药装置等,可以提高蒸汽品质。

(4)汽包上装有压力表、水位计和安全阀等附件,汽包内还装有事故放水管等,用来保证锅炉安全运行。

7.2.2 汽包的结构

汽包是一个钢质圆筒形压力容器,由筒身和封头两部分组成,其结构如图 7.2 所示。

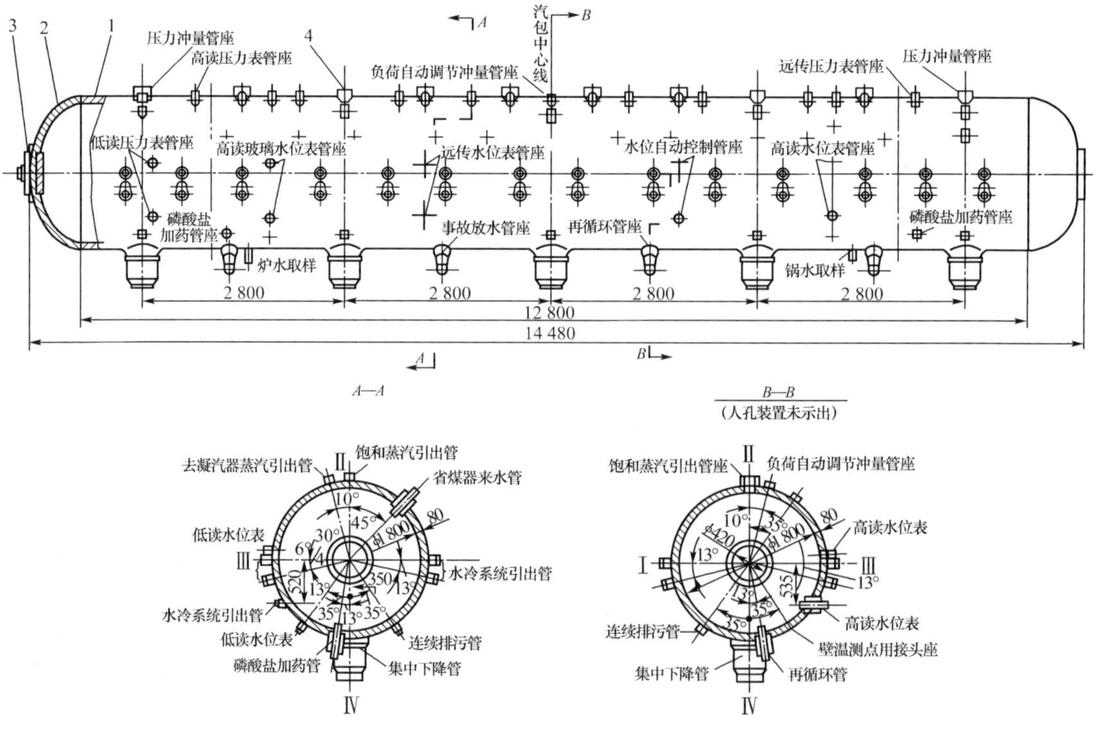

图 7.2 汽包结构

1—筒身;2—封头;3—人孔门;4—管座

图 7.2 中圆柱部分称为筒身。当其为等厚壁时,由钢板卷制焊接而成(图 7.2);当其是上厚下薄的不等厚壁时,由上、下两部分焊接而成(图 7.3)。等厚壁筒身加工简单,而不等厚壁筒身则节省钢材。

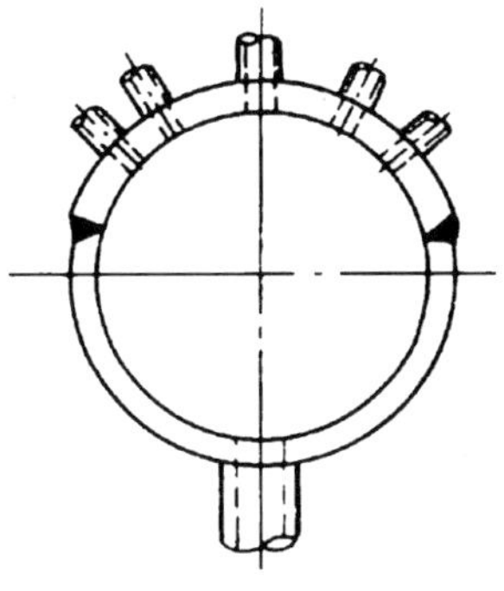

图 7.3　不等厚壁汽包结构示意

筒身外焊有很多各种尺寸的管头,用以连接各种管道,如给水管、汽水混合物引入管、下降管、饱和蒸汽引出管,以及连续排污管、事故放水管和加药管等。

图 7.2 中两端的突出部分称为封头,由钢板模压成球形,在一端或两端(一般在两端)的封头上留有圆形或椭圆形的人孔,以备在安装和检修时工作人员进出之用。经加工的封头和筒身焊成一体。

图 7.2 所示汽包的人孔为圆形人孔。孔盖事先放入汽包筒体内,再将球形封头焊上,使人孔盖由里向外关紧,这样可借助运行中汽包内的压力进一步将人孔盖压紧。在人孔盖与封头的结合面处用衬垫密封,中压锅炉采用石棉胶板垫,高压及以上锅炉多采用金属衬垫。采用圆形人孔有利于防止球形封头上应力集中。

图 7.4 所示为汽包的椭圆形人孔,其人孔盖通过拉力螺栓也是由汽包里面向外关紧。

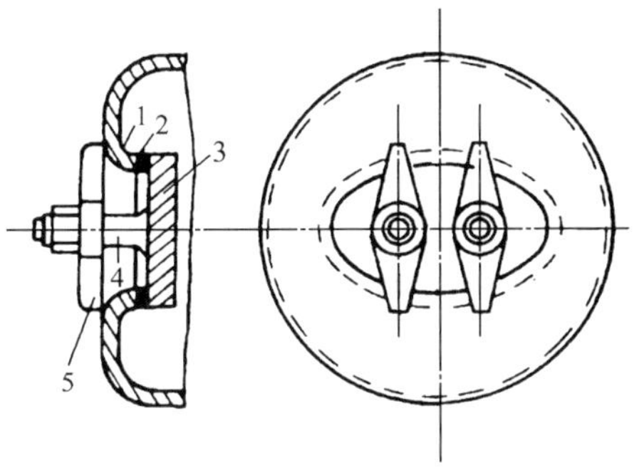

图 7.4　汽包的椭圆形人孔

1—汽包封头;2—衬垫;3—人孔盖;4—拉力螺栓;5—人孔盖紧固梁

现代电厂锅炉的汽包支承都采用悬吊式(用 U 形吊杆将汽包悬吊在炉顶钢梁上),以保证汽包能自由膨胀,如图 7.5 所示。

有的老式锅炉汽包支承采用滚柱支承在钢架上。

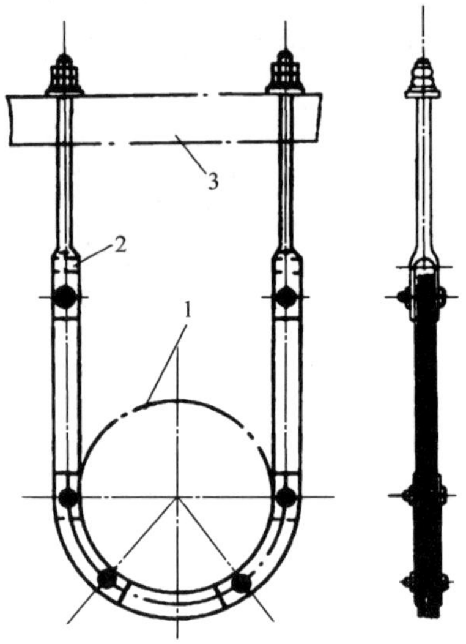

图 7.5　汽包的悬吊装置

1—汽包;2—U 形吊杆;3—炉顶钢梁

7.2.3　汽包的尺寸和材料

汽包的尺寸和材料与锅炉的参数、容量及汽包内部装置等因素有关。汽包的长度应适应锅炉的容量、宽度和连接管道的要求;汽包的内径由锅炉容量和汽水分离装置的要求来决定;汽包壁厚由锅炉的压力、汽包的直径与结构以及钢材的强度来决定。一般锅炉压力越高及汽包直径越大,汽包壁就越厚。但是汽包壁太厚,不仅制造困难,而且在运行中由于内外壁温差大,会产生较大的热应力。因此,应采用较好的材料来减小汽包壁厚。中低压锅炉一般用 20 号(20G)或 22 号(22G)锅炉钢;高压锅炉一般用 22 号(22G)锅炉钢或低合金钢;超高压和亚临界锅炉一般用合金钢。高压以上锅炉的汽包内径一般为 1 600~1 800 mm,壁厚一般为 80~150 mm,长度一般为 12~26 m。表 7.1 列出了部分国产锅炉的汽包尺寸和材料。

表 7.1　部分国产锅炉的汽包尺寸和材料

锅炉型号	内径/mm	壁厚/mm	长度/mm	材料
SG-130/3.9	1 600	42	9 760	20G
HG-410/9.8	1 800	97	17 630	22G
WG-410/9.8	1 800	65	15 595	BHW5
HG-670/13.7	1 800	80	25 640	14MnMoV
DG-670/13.7	1 800	90	22 210	18MnMoNb
DG-1025/18.2	1 792	145	22 250	BHW35

7.3　水冷壁

水冷壁是锅炉蒸发设备中的唯一受热面，一般布置在炉膛内壁四周或部分布置在炉膛中间。

7.3.1　水冷壁的作用

(1)保护炉墙，简化炉墙结构。在炉墙向火表面敷设水冷壁，炉墙温度可大大降低，炉墙不会被烧坏，同时还防止了炉墙结渣。采用水冷壁还可减轻炉墙质量。当采用敷管式炉墙时，水冷壁本身还起着悬吊炉墙的作用。

(2)吸收炉膛辐射热量，使水加热并部分蒸发成饱和蒸汽。

(3)节省金属，降低锅炉造价。水冷壁是以辐射传热为主的受热面，辐射传热与烟温的四次方成正比，而对流传热却只与温差的一次方成正比，故吸收同样的热量，用水冷壁比采用对流蒸发受热面节省金属量，因而降低了锅炉造价。

7.3.2　水冷壁的主要结构形式

水冷壁是由许多并列的上升管和联箱构成的组合件。中压锅炉多采用 $\phi60\times3$(管径(mm)×壁厚(mm)，后同)的管子；高压锅炉多采用 $\phi60\times5$ 的管子；超高压锅炉采用 $\phi60\times5$ 或 $\phi60\times6$ 及 $\phi42\times5$ 的管子；亚临界压力锅炉多采用 $\phi57\times6.5$ 或 $\phi63.5\times7.5$ 的管子。可见，一般参数越高，管壁越厚。水冷壁管的材料一般采用 20 号锅炉钢，亚临界压力锅炉多采用低合金钢，如 15CrMo。

水冷壁的主要结构形式有光管式、销钉式、膜式和内螺纹管式 4 种。

1. 光管式水冷壁

光管式水冷壁由普通无缝钢管弯制组合而成，它在炉墙上的布置情况如图 7.6 所示。

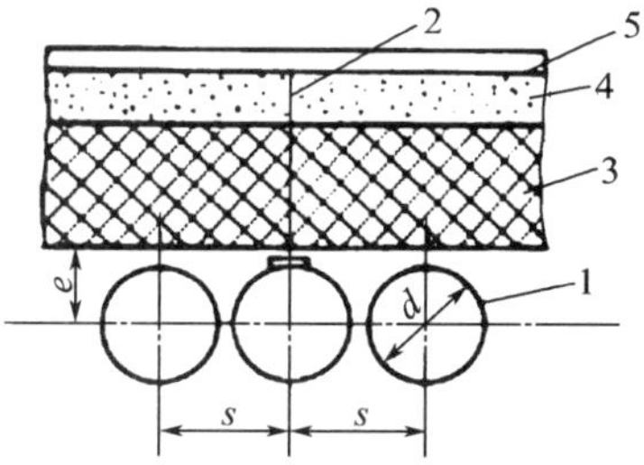

(a) 轻型炉墙

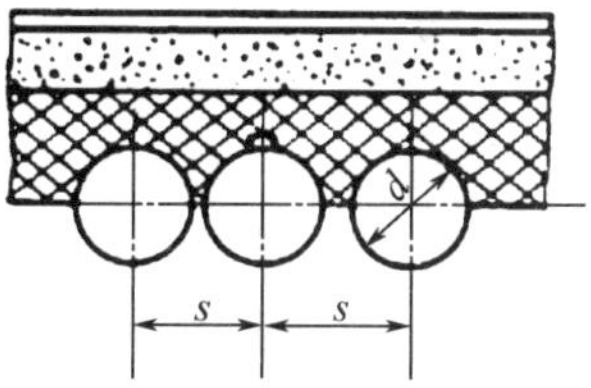

(b) 敷管式炉墙

图 7.6　光管式水冷壁在炉墙上的布置情况

1—管子；2—拉杆；3—耐火材料；4—绝热材料；5—外壳

水冷壁管排列的疏密程度用管子相对节距 s/d 表示，其大小将影响管子的利用率和对炉墙的保护作用。s/d 越大，管子排列越稀，在同样大的炉墙上布置的水冷壁管越少，则水冷壁的吸热量越少，对炉墙的保护作用越差，但炉墙对管子背面的反辐射热量越多，管子的利用率越高；相反，s/d 越小，管子排列越紧密，对炉墙的保护作用越好，但管子的利用率较低。一般锅炉的 $s/d=1.05\sim1.25$。

当 s/d 一定时，水冷壁管的中心线至炉墙内表面的距离 e 与管径 d 的比值 e/d，对水冷壁的吸热量和对炉墙的保护作用也有影响。e/d 越大，炉墙对管子背面反辐射热量越多，管子吸热量越多，但对炉墙保护作用越差，而且管子背面的拉杆也越容易被烧坏；e/d 越小，则相反。当 $e=0$ 时，管子一半被埋在炉墙里，这样水冷壁与炉墙成为一体，形成敷管式炉墙。敷管式炉墙温度低，炉墙可以做得较薄，既节省了耐火保温材料，又减轻了炉墙质量，便于采用悬吊结构，因此广泛用在现代电厂锅炉上。

光管式水冷壁的特点是结构简单，制造、安装、检修方便，成本低，因此使用较广泛。

2. 销钉式水冷壁

销钉式水冷壁是在光管式水冷壁或膜式水冷壁上焊一些直径为 9~12 mm，长度为 20~25 mm 的圆钢(销钉)而形成，如图 7.7 所示。

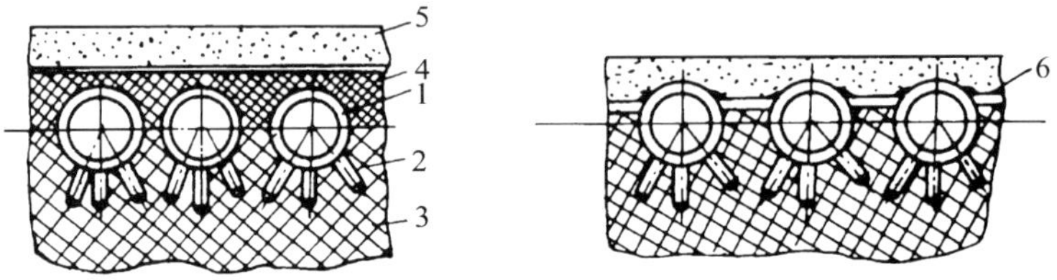

(a) 带销钉的光管水冷壁　　(b) 带销钉的膜式水冷壁

图 7.7　销钉式水冷壁

1—水冷壁；2—销钉；3—耐火塑料层；4—铬矿砂材料；5—绝热材料；6—扁钢

销钉可以固牢耐火材料，形成卫燃带、熔渣池等，使水冷壁吸热减少，提高着火区域或熔渣池的温度，保证稳定着火或顺利流渣。

由于销钉式水冷壁的焊接工作量大，质量要求高，因而只用在卫燃带、旋风炉的旋风筒、液态排渣炉的熔渣池等特殊区域。

3. 膜式水冷壁

膜式水冷壁就是把许多根轧制的鳍片管或焊接鳍片管沿纵向依次焊接起来，组成一个整体的水冷壁受热面，使整个炉膛周围被一层整块的水冷壁膜严密地包围起来，如图 7.8 所示。

(a) 轧制鳍片管式　　(b) 光管焊接扁钢鳍片管式

图 7.8　膜式水冷壁

1—轧制鳍片管；2—绝热材料；3—外壳；4—扁钢

图 7.8(a)所示为国产超高压锅炉常用的轧制鳍片管式水冷壁。它是用轧制的 $\phi60\times5.5$ 鳍片管焊接而成。鳍片的断面为梯形，鳍片高 10 mm，根部宽 9 mm，顶部宽 6 mm，管子相对节距 s/d 一般为 1.2~1.35。

图 7.8(b)所示为国产亚临界压力自然循环锅炉采用的光管焊接扁钢鳍片管式水冷壁。

它是用 $\phi63.5\times7.5$ 的光管与 6 mm 厚、12 mm 宽的扁钢焊接而成，管间节距为 76.2 mm。

膜式水冷壁的优点：

(1) 保护炉墙最彻底。炉墙只需采用保温材料，而不用耐火材料，其厚度大大减小、质量大大减轻。

(2) 炉膛严密性好，使炉膛的漏风大大减少，改善了炉膛燃烧工况。

(3) 节省金属。在相同的炉壁面积下，膜式水冷壁的辐射受热面面积一般比光管式水冷壁大，可节约金属。

(4) 在制造厂焊成组件出厂，安装快速方便。

膜式水冷壁的缺点：制造、检修工艺较复杂；相邻边管若温差太大，则热应力过大，会损坏管子。

由于膜式水冷壁优点突出，故广泛地应用在现代电厂锅炉上。

对于敷管式膜式水冷壁，由于炉墙外层无护板和框架梁，所以刚性较差。为防止炉膛爆燃产生的较大压力和炉内压力波动造成水冷壁结构变形或损坏，在炉墙外侧四周分层布置了刚性梁，似腰带样将水冷壁箍紧，使整个水冷壁成为刚性整体，如图 7.9 所示。

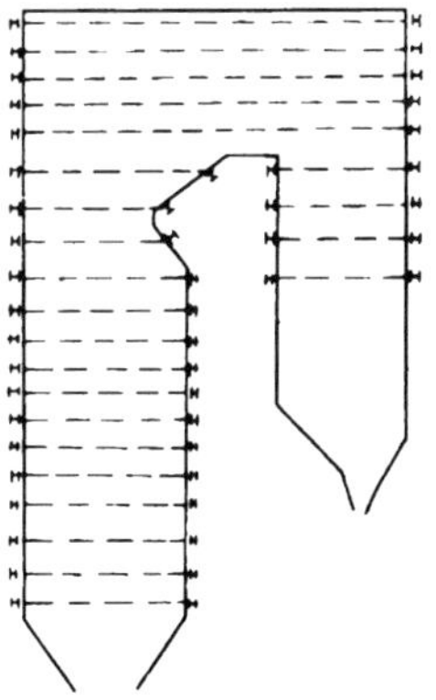

图 7.9　刚性梁的布置

图 7.10 所示为一种在锅炉中常用的刚性梁结构。炉膛四角处的水冷壁与刚性梁之间用铰链板连接，沿水冷壁宽度方向每隔一定的距离，水冷壁与刚性梁之间用销子与椭圆孔连接，这样既可以允许刚性梁与水冷壁间相对移动，又可承受水冷壁的侧向推力。

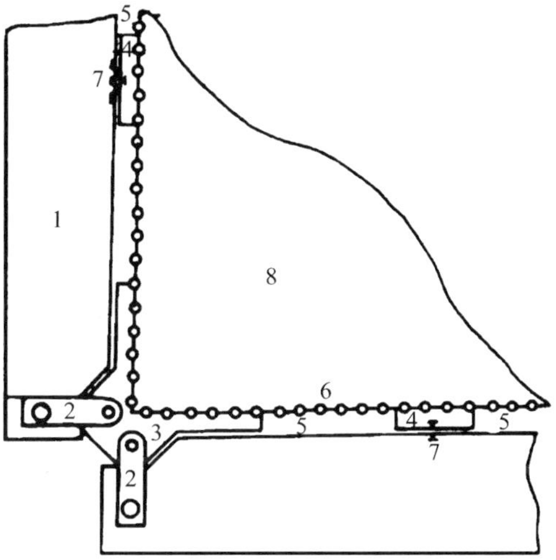

图 7.10　一种在锅炉中常用的刚性梁结构

1—刚性梁；2—搭板；3—角板；4—横板；5—加强板；
6—水冷壁管；7—销子与板梁上的椭圆孔；8—炉膛

4. 内螺纹管式水冷壁

内螺纹管式水冷壁是在管子内壁上开出单头或多头螺旋形槽道，如图 7.11 所示。

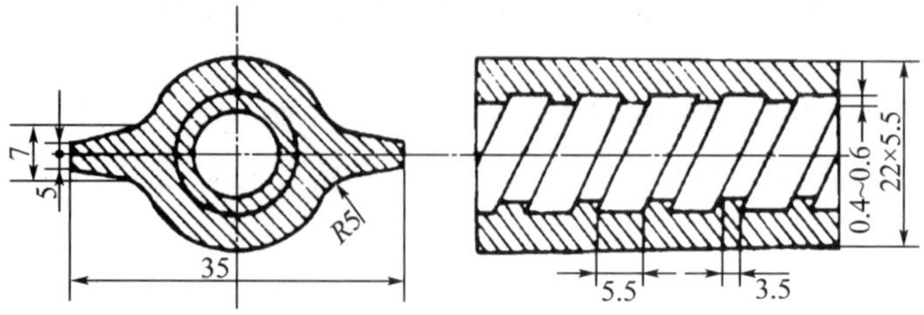

图 7.11 内螺纹管式水冷壁

采用内螺纹管式水冷壁可使工质在内螺纹管内流动时发生强烈的扰动，将水甩向管壁，强迫汽泡脱离壁面并被水带走，以降低管壁温度，防止发生沸腾传热恶化。但因内螺纹管水冷壁加工比较复杂，所以它只在锅炉的高热负荷区域使用。

7.3.3 折焰角

煤粉炉炉膛出口均设置了折焰角。折焰角均由后墙水冷壁上部的部分管子弯制而成，其结构如图 7.12 所示。

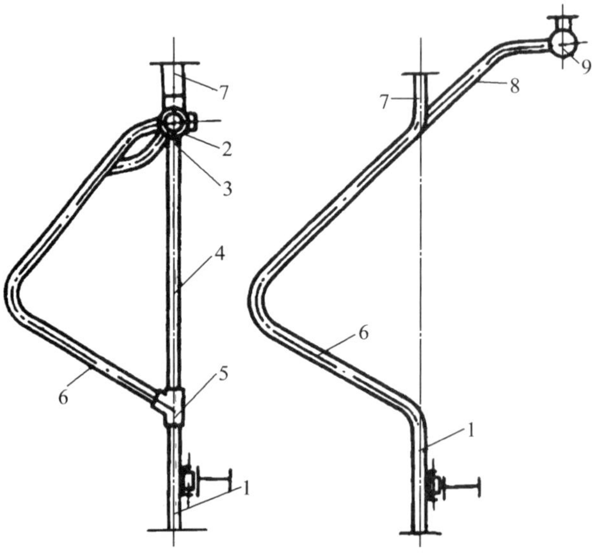

(a) 早期锅炉的折焰角结构　(b) 新型锅炉的折焰角结构

图 7.12 折焰角结构

1—后墙水冷壁；2—中间联箱；3—节流孔板；4—垂直短管；5—分叉管；6—折焰角；7—悬吊管；8—水平烟道底包墙管；9—水平烟道底包墙管联箱

图 7.12(a)所示为早期锅炉的折焰角结构，后墙水冷壁上部通过分叉管分为两路，一路是弯形管构成折焰角，另一路垂直向上，然后在中间联箱汇合。在垂直短管上装有节流孔板，以使大部分汽水混合物能从受热较强的折焰角通过。

图 7.12(b)所示为新型锅炉的折焰角结构。它取消了中间联箱，后墙水冷壁自折焰角

后分开，每 3 根中有 1 根作为后墙水冷壁的悬吊管，其余 2 根构成折焰角，并向后延伸形成水平烟道斜底，以简化水平烟道底部的炉墙结构。

采用折焰角不仅能防止炉膛出口受热面结渣，还能改善火焰在炉内的充满程度，改善屏式过热器的传热情况；同时，还延长了水平烟道的长度，便于在水平烟道内布置对流式过热器和再热器，使锅炉整体结构紧凑。

7.3.4　双面露光水冷壁

在大型锅炉中为了降低炉膛出口烟温，有的锅炉还在炉膛中间布置了水冷壁以增加水冷壁受热面。这种水冷壁两面受到火焰辐射，因而称为双面露光水冷壁，其吸热量可比一般水冷壁高一倍。图 7.13 所示为自然循环锅炉中双面露光水冷壁的布置示意图。

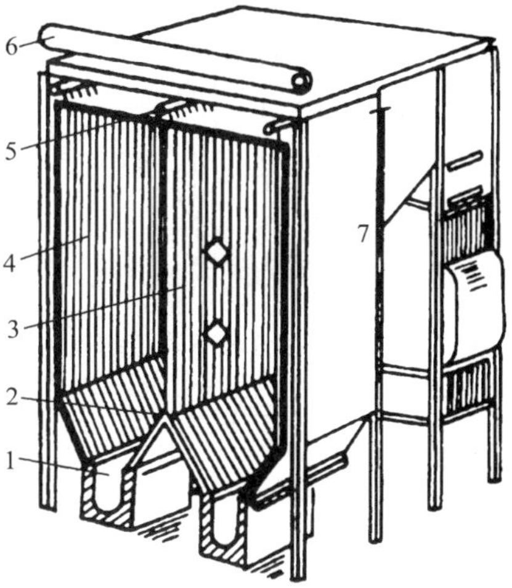

图 7.13　自然循环锅炉中双面露光水冷壁的布置示意图

1—冷灰斗；2—双面露光水冷壁下部的三叉管；3—双面露光水冷壁；4—侧水冷壁；5—双面露光水冷壁上集箱；6—汽包；7—炉墙

现代电厂锅炉均采用悬吊结构，水冷壁都是通过上联箱再由吊杆将其悬吊在炉顶钢梁上。运行中，水冷壁受热可以向下自由膨胀，但要限制向水平方向移动，以免造成结构变形。

7.4　下降管

7.4.1　下降管的作用

下降管的作用是将汽包中的水连续不断地送往下联箱供给水冷壁，以维持正常的水循环。下降管布置在炉外，不受热，并须加以保温。

7.4.2　下降管的类型和特点

下降管按管径分为小直径分散下降管和大直径集中下降管两种。小直径分散下降管

的管径一般为 $\phi108$、$\phi133$、$\phi159$；大直径集中下降管的管径一般为 $\phi325$、$\phi426$、$\phi508$。可见，小直径分散下降管的管径小、管数多（40 根以上），流动阻力较大，对水循环不利；而大直径集中下降管的管径大、管数少（4~6 根），流动阻力较小，布置简单，节约钢材。小直径分散下降管一般用在小容量锅炉上，下降管直接与水冷壁下联箱连接，如图 7.14 所示；大直径集中下降管广泛用在高压及以上锅炉上，它不与水冷壁下联箱直接连接，而是在下部通过小直径分配支管与水冷壁下联箱连接，以达到均匀配水的目的。

下降管的材料一般采用 20 号锅炉钢。

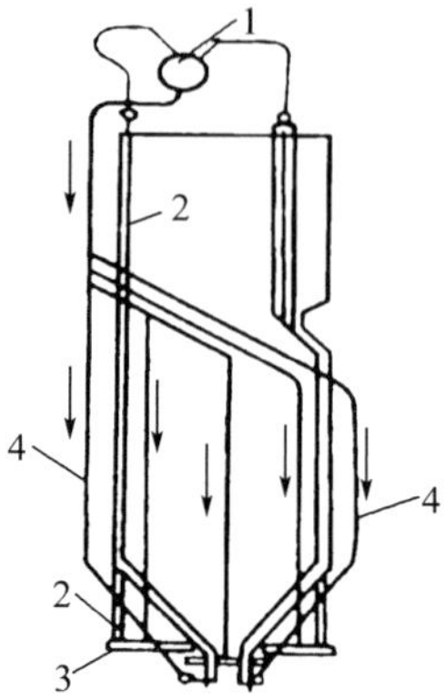

图 7.14 小直径分散下降管的连接

1—汽包；2—水冷壁；3—水冷壁下联箱；4—下降管

7.5 联箱

联箱的作用是汇集、混合、分配工质。联箱一般由无缝钢管两端焊上平封头构成。出厂时联箱上一般都带有管头，在现场根据需要把要连接的管子与管头对焊起来。

联箱一般不受热，材料常采用 20 号锅炉钢。亚临界锅炉出口联箱的材料有时也采用低合金钢。

通常在水冷壁的下联箱底部还装有定期排污装置和监视膨胀用的膨胀指示装置以及蒸汽加热装置。

7.6 蒸汽的净化

7.6.1 蒸汽含盐的危害

（1）在过热器过热时，由于蒸汽中的水分被蒸干和蒸汽过热，蒸汽中部分盐分会沉积在管壁上，使管子流通截面减小，流动阻力增大，流过管子的蒸汽量减少，管子不能充分冷却；同时，盐垢将使管子热阻增大，影响传热，从而造成管壁温度升高，管子过热损坏。

（2）蒸汽中的盐分若沉积在蒸汽管道的阀门处，可能造成阀门的漏汽和卡涩。

（3）蒸汽进入汽轮机做功时，由于压力降低，密度减小，溶解在蒸汽中的盐分会沉积在汽轮机的通流部分，造成流动阻力增加，轴向推力和叶片应力增大，甚至使汽轮机振动加大;同时,沉积在喷嘴和动叶上的盐分会使其型线改变,汽轮机效率降低等。

可见,蒸汽含盐特别是含盐过多时,会严重影响锅炉和汽轮机的安全、经济运行。

7.6.2　电厂锅炉蒸汽质量标准

为了保证热力设备安全、经济运行,必须保证蒸汽洁净,表 7.2 列出了电厂锅炉的蒸汽质量标准。

表 7.2　电厂锅炉的蒸汽质量标准

炉型	压力/MPa	蒸汽中钠含量(质量比)/($\mu g \cdot kg^{-1}$)		蒸汽中二氧化硅含量(质量比)/($\mu g \cdot kg^{-1}$)
		磷酸盐处理	挥发性处理	
汽包锅炉	3.82~5.78	≤15		≤20
	5.88~18.62	≤10	≤10*	
直流锅炉	5.88~18.62	≤10*		

注:* 争取标准为≤5 μg/kg。

从表 7.2 可见,监督的主要项目是钠和硅的含量。这是因为:

(1)蒸汽中的盐类主要为钠盐,所以通过测量蒸汽的含钠量可以监督蒸汽的含盐量。

(2)硅酸的溶解度最大,高压及以上蒸汽中就能溶解硅酸;另外,蒸汽溶解的硅酸会沉积在汽轮机的通流部分,形成难溶于水的二氧化硅沉积物,难于用湿蒸汽清洗法去除,从而对汽轮机的安全、经济运行有很大影响。

从表 7.2 还可见,蒸汽压力越高,对蒸汽品质要求越高。这是因为蒸汽参数越高,蒸汽的质量体积越小,汽轮机的蒸汽流通面积相应减小,盐质沉积的危害性越大。当蒸汽品质在表 7.2 中规定的范围内时,对热力设备的影响不大。

7.6.3　蒸汽污染的原因

进入锅炉的给水,虽然经过炉外化学水处理,但总含有一定的盐分。当给水进入锅炉后,经蒸发、浓缩,含盐浓度增大。当饱和蒸汽携带含盐浓度大的锅水从汽包引出时,蒸汽就会被污染;另外,高压及以上蒸汽还能直接溶解锅水中的某些盐分,使蒸汽被污染。由此可见,给水含盐是蒸汽污染的根源;蒸汽带水和蒸汽溶盐是蒸汽污染的原因。

由于蒸汽携带锅水而使蒸汽污染的现象称为蒸汽的机械携带。由于饱和蒸汽溶盐而使蒸汽污染的现象称为蒸汽的溶解性携带,又称选择性携带。

对中低压蒸汽,蒸汽被污染的原因只有机械携带;对高压及以上蒸汽,既有机械携带,又有溶解性携带。

7.6.4　机械携带

机械携带的盐量取决于蒸汽湿度和锅水含盐量,它们的关系是

$$S_q^j = \omega/100 S_{ls} \tag{7.1}$$

式中　S_q^j——机械携带的盐量,mg/kg;

ω——蒸汽湿度,即蒸汽中所带水分的质量占湿蒸汽质量的百分数,%;

S_{ls}——锅水含盐量,mg/kg。

在锅水含盐量一定的条件下,机械携带的盐量取决于蒸汽湿度,即取决于蒸汽的带水量。

1. 蒸汽带水过程

锅炉在运行中,汽水混合物从水冷壁经汽水引出管进入汽包时,具有较高的速度和较大的动能。当汽水混合物从汽包上部进入,撞击到汽包内部装置或汽包水面时,将造成大量的锅水飞溅;当汽水混合物从汽包水室进入,汽泡穿出水面时会破裂,将造成许多细小水滴飞溅。另外,当汽包水面发生剧烈波动时,也会造成水滴飞溅;有时在汽包水面上会形成一层稳定的泡沫,当泡沫破裂时,也会飞出许多细小水滴。飞溅出的这些水滴进入汽包蒸汽空间后,其中直径较大的水滴,由于自身重力的作用,在上升到一定高度后,又重新返回水面,其余细小的水滴被蒸汽卷吸带走,造成蒸汽带水。汽流速度越大,蒸汽带水能力越强;水滴直径越小,带出水滴所需的汽流速度越低;压力越高,汽水密度差越小,汽水分离越困难,蒸汽带水越容易。

实践证明:一般情况下,汽泡破裂所形成的水滴直径最小;汽水混合物撞击水面所形成的水滴直径次之;汽水混合物撞击挡板所形成的水滴直径较大。

2. 影响蒸汽带水的因素

影响蒸汽带水的主要因素有锅炉负荷、蒸汽压力、蒸汽空间高度和锅水含盐量等。

(1)锅炉负荷。

当锅炉负荷增加时,由于产汽量增加,一方面进入汽包的汽水混合物动能增大,从而导致大量的锅水飞溅,使生成的细小水滴增多;另一方面汽包蒸汽空间的汽流速度增大,带水能力增强,因此蒸汽湿度增大,蒸汽品质随之恶化。

蒸汽流速可用锅炉的蒸发强度表示,而蒸发强度则是用“蒸发面负荷”和“蒸汽空间负荷”表示的。

蒸发面负荷是指单位时间通过单位蒸发面面积的蒸汽体积,用符号 R_m($m^3/(m^2 \cdot h)$)表示。即

$$R_m = Dv/A \tag{7.2}$$

式中 D——锅炉蒸发量,kg/h;

v——饱和蒸汽的质量体积,m^3/kg;

A——汽包蒸发面的面积,m^2。

蒸汽空间负荷是指单位时间通过单位蒸汽空间的蒸汽体积,用符号 R_k($m^3/(m^3 \cdot h)$)表示。即

$$R_k = Dv/V \tag{7.3}$$

式中 V——汽包蒸汽空间体积,m^3。

蒸发面负荷 R_m 表示了蒸汽在汽包蒸汽空间的平均上升速度,也表示了蒸汽带走水滴的能力。R_m 越大,蒸汽带走水滴越多。蒸汽空间负荷 R_k 为蒸汽在汽包蒸汽空间停留时间的倒数。R_k 越大,蒸汽在汽包蒸汽空间停留时间越短,水滴来不及落回水面就被蒸汽带走,因而蒸汽带走的水滴越多。

在蒸汽参数和汽包尺寸一定的情况下,随着锅炉负荷的增加,R_m 和 R_k 增大,从而使蒸汽的上升速度增大和停留时间缩短,结果是蒸气带水增多,蒸汽湿度增大。

在锅水含盐量一定时，蒸汽湿度 ω 与锅炉负荷 D 的关系可用下式表示：

$$\omega = aD^n \tag{7.4}$$

式中　a——与压力和汽水分离装置有关的系数；

n——与锅炉负荷有关的指数。

式(7.4)关系可用图 7.15 表示。

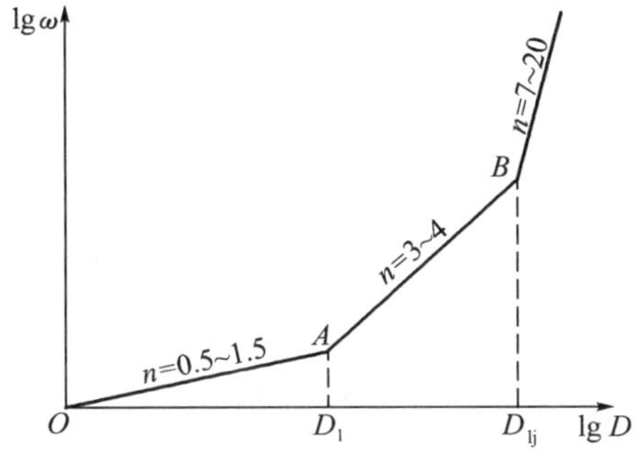

图 7.15　蒸汽湿度 ω 与锅炉负荷 D 的关系

从图 7.15 中可以看出，随着锅炉负荷的增加，蒸汽湿度增加。但是蒸汽湿度的增加存在着 3 种不同的情况：在 A 点以前，蒸汽湿度随负荷的增加而增加的数值较小，蒸汽携带的只是细小水滴；在 A 点以后，由于蒸汽上升速度增大，除了细小水滴外，蒸汽还携带了一些较大直径的水滴，蒸汽湿度增加较快；到 B 点以后，由于水面波动较大，蒸汽空间高度减小，蒸汽湿度急剧增大，蒸汽品质恶化。B 点对应的蒸汽负荷称为临界负荷，用 D_{lj} 表示。显然，在锅炉运行过程中，为了保证蒸汽品质符合要求，锅炉最大负荷应小于临界负荷。对于现代电厂汽包锅炉，蒸汽湿度一般不允许超过 0.1%，而第二负荷区域（A~B 负荷区域）对应的蒸汽湿度为 0.03%~0.2%，故一般应工作在第二负荷区的前半段。锅炉临界负荷和允许的工作负荷（$\omega \leqslant 0.1\%$时的工作负荷）通过热化学试验确定。

(2)蒸汽压力。

蒸汽压力越高，汽水的密度差越小，使汽水分离越困难，导致蒸汽带水能力增加；同时，蒸汽压力升高，饱和温度相应升高，水分子的热运动增强，相互间的引力减小，使水的表面张力减小，汽泡更易破碎成细小的水滴。可见蒸汽压力越高，蒸汽越容易带水。因此，对于高压锅炉，蒸汽空间负荷应比中压锅炉中低。不同蒸汽压力下的蒸汽空间负荷推荐值见表 7.3。

表 7.3　不同蒸汽压力下的蒸汽空间负荷推荐值

蒸气压力/MPa	4.22	10.78	14.7
蒸汽空间负荷 R_k 推荐值 /($m^3 \cdot (m^3 \cdot h)^{-1}$)	700~1 100	250~300	150~200

在锅炉运行过程中，当炉内压力急剧降低时，也会影响蒸汽带水。因为炉内压力急剧降低时，相应的饱和温度也降低，水冷壁和汽包中的水以及其金属都会放出热量产生附加蒸汽，使汽包水体积膨胀，水位升高；同时穿过水面的蒸汽量也增多，造成蒸汽大量带水，蒸

汽湿度急剧增大，蒸汽品质恶化。

(3)蒸汽空间高度。

蒸汽空间高度是指汽包水位面到饱和蒸汽引出管的距离。蒸汽湿度与蒸汽空间高度的关系如图 7.16 所示。

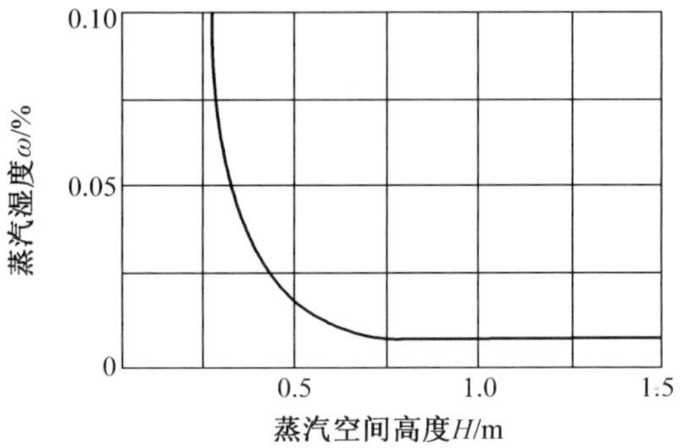

图 7.16　蒸汽湿度与蒸汽空间高度的关系

从图 7.16 中可见，蒸汽空间高度在一定范围内对蒸汽湿度影响较大，即随着蒸汽空间高度的增加，蒸汽湿度迅速减小。这是因为，当蒸汽空间高度较低时，相当多的水滴（包括直径较大的水滴）依靠飞溅即可到达蒸汽空间顶点，即使蒸汽的上升速度不大，也很容易将水滴带入饱和蒸汽引出管，使蒸汽湿度很大；随着蒸汽空间高度的增加，较大的水滴在还未到达蒸汽引出管时，就由于自身动能耗尽，而在重力的作用下又返回锅水中，蒸汽湿度减小。但是，当蒸汽空间高度增加到大于水滴的最大上升高度时，即使继续增加蒸汽空间高度，对蒸汽湿度的影响也很小，这时蒸汽依靠上升速度携带的只是一些细小的水滴，因这些细小水滴的重力小于蒸汽的推力，而与蒸汽空间高度无关。在图 7.16 中，当蒸汽空间高度达到 0.6 m 以上时，蒸汽湿度变化已很平缓；而达到 1.0～1.2 m 时，蒸汽湿度就不再变化。所以，采用过大的汽包尺寸，对减少蒸汽带水并无作用，反而增加金属的用量。

在锅炉运行过程中，汽包水位的高低将直接影响蒸汽空间高度，因此应严格控制汽包水位。若汽包水位过高，则蒸汽空间高度低。此外，当锅炉负荷突然升高或压力突然降低，引起水体积膨胀、水位升高时，也会使蒸汽湿度增大。若汽包水位超过最高水位，将造成蒸汽大量带水。为了保证有较高的蒸汽空间高度，一般汽包正常水位应在汽包中心线以下 100～200 mm 处，允许波动范围是±(50～75) mm。

(4)锅水含盐量。

蒸汽湿度与锅水含盐量的关系如图 7.17 所示。

锅水含盐量在最初的一定范围内增加时，蒸汽湿度不变。但是，机械携带的盐量却随锅水含盐量的增加成正比地增大。

当锅水含盐量增大到某一数值时，蒸汽湿度会突然增大，从而使蒸汽含盐量急剧增大，蒸汽品质恶化。这时的锅水含盐量称为临界锅水含盐量 S_{lj}。出现锅水临界含盐量的原因是：锅水含盐量增加，特别是锅水碱度增加，会使锅水的黏性增大，汽泡在锅水中的上升速度减慢，锅水中的汽泡数量增多，锅水体积膨胀；此外，锅水的表面张力减小，起泡能力增强，水面上汽泡不易破裂，容易在水面上形成稳定的泡沫层，当锅水含盐量达到临界值时，

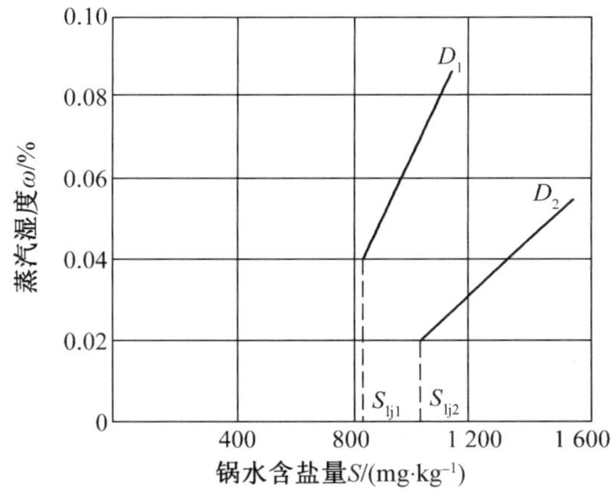

图 7.17　蒸汽湿度与锅水含盐量的关系

D_1、D_2——锅炉负荷($D_1>D_2$)

泡沫层急剧膨胀而产生汽水共腾,使蒸汽空间高度迅速减小,蒸汽湿度急剧上升,蒸汽品质恶化。

对于不同的负荷,锅水临界含盐量不同。负荷越高,锅水中的汽泡数量越多,锅水体积膨胀加剧,因此锅水临界含盐量越低。

锅水临界含盐量除与锅炉负荷有关外,还与蒸汽压力、蒸汽空间高度、锅水中的盐质成分以及汽水分离装置等有关。由于影响因素较多,故对具体锅炉而言,其锅水临界含盐量应通过热化学试验确定,并应使实际锅水含盐量远低于锅水临界含盐量。

7.6.5　溶解性携带

溶解性携带是指高压及以上压力的蒸汽能直接溶解某些盐分而造成蒸汽污染的现象。这是高压及以上压力蒸汽不同于中低压蒸汽的一个很重要的性质。

高压及以上压力的蒸汽之所以能直接溶解盐类,主要是因为随着压力的提高,蒸汽的密度不断增大;同时饱和水的密度则相应降低,蒸汽的密度逐渐接近于水的密度,因而蒸汽的性质也越接近水的性质,水能溶解盐类,故蒸汽也能直接溶解盐类。

溶解性携带的盐量与分配系数和锅水含盐量有关,可用下式表示,即

$$S_q^r = \alpha/100S_{ls} \tag{7.5}$$

式中　S_q^r——溶解性携带的盐量,mg/kg;

α——分配系数,指蒸汽中溶解的某种盐的盐量占溶于锅水中同种盐量的百分数。

α 的大小与压力和盐的种类有关,试验表明,它们之间的关系如下:

$$\alpha = (\rho''/\rho')^n \tag{7.6}$$

式中　ρ'、ρ''——饱和水和饱和蒸汽的密度,kg/m^3;

n——溶解指数,与盐的种类有关,几种盐类的溶解指数见表 7.4。

表 7.4　几种盐类的溶解指数

盐类名称	SiO_2	NaOH	NaCl	$CaCl_2$	Na_2SO_4
n	1.9	4.1	4.4	5.5	8.4

1. 溶解携带的特点

(1)蒸汽的溶盐能力随压力的升高而增强。

随着蒸汽压力的升高,饱和蒸汽和饱和水的密度差减小,分配系数 α 增大,当达到临界压力时,$\alpha=100\%$。表 7.5 列出了不同工作压力下硅酸分配系数 α^{SiO_2}的变化。

表 7.5　不同工作压力下硅酸分配系数 α^{SiO_2}的变化

工作压力/MPa	8	10	14	18	20	22.5
$\alpha^{SiO_2}/\%$	0.5~0.6	0.8	2.8	8.0	16.3	100

(2)蒸汽溶盐具有选择性。

在相同的条件下蒸汽对不同盐类的溶解能力不同,而且差别很大,即分配系数 α 差别很大。这是因为不同盐类的溶解指数不同,见表 7.4。根据分配系数 α 的大小,可将锅水中的盐分为 3 类。

第一类盐为硅酸(H_2SiO_3等),其分配系数最大,见表 7.5。当工作压力为 8 MPa 时,$\alpha=0.5\%\sim0.6\%$;当工作压力为 14 MPa 时,$\alpha=2.8\%$。在一般情况下,机械携带的蒸汽湿度 $\omega=0.01\%\sim0.1\%$。可见在高压及以上压力的锅炉中,蒸汽溶解携带要比蒸汽机械携带的盐量大数十到数百倍。因此,蒸汽溶解硅酸是高压蒸汽污染的主要因素。

第二类盐为氯化钠(NaCl)、氯化钙($CaCl_2$)和氢氧化钠(NaOH)等。虽然它们的分配系数要比硅酸小得多,但在超高压以上时,其分配系数也能达到相当大的数值。例如 NaCl,在工作压力为 15 MPa 时,$\alpha=0.06\%$;当工作压力为 18.5 MPa 时,$\alpha=0.3\%$。

第三类盐为硫酸钠(Na_2SO_4)、硅酸钠(Na_2SiO_3)和磷酸钠(Na_3PO_4)等。它们是一些难溶于蒸汽的盐,其溶解系数很低,在工作压力为 20 MPa 时,$\alpha=0.02\%$。

(3)过热蒸汽也能溶解盐分。

能够溶于饱和蒸汽的盐,也能溶于过热蒸汽。

2. 硅酸在蒸汽中的溶解特性

硅酸在蒸汽中的溶解有两个重要特性:一是硅酸在蒸汽中的溶解度最大;二是硅酸以分子形式溶解在蒸汽中。

在锅水中同时存在硅酸和硅酸盐,它们在蒸汽中溶解能力相差很大。硅酸属于第一类盐,易溶于蒸汽中;而硅酸盐属于第三类盐,难溶于蒸汽中。锅水中的硅酸和硅酸盐在不同的条件下,能够相互转化,硅酸和强碱作用形成硅酸盐,而硅酸盐又可以水解成为硅酸,如:

$$Na_2SiO_3 + 2H_2O \Longleftrightarrow 2NaOH + H_2SiO_3$$

上述反应究竟是朝硅酸方向进行,还是朝硅酸盐方向进行,取决于锅水碱度(即 pH)大小。提高锅水碱度(即增大 pH),反应向左移动,有利于将硅酸转变成难溶的硅酸盐,从而使蒸汽中的硅酸含量减少,提高蒸汽品质;反之,降低锅水碱度(即减小 pH),反应向右移动,蒸汽中的硅酸含量增多,蒸汽品质下降。由此可见,为了减少锅水中的硅酸含量,改善蒸汽品质,应使锅水中的 pH 大些。但 pH 也不能过大,因为 pH 过大,不仅使锅水泡沫增多,蒸汽机械携带量剧增,而且还会引起金属的碱性腐蚀。所以应适当控制锅水的 pH,一般 pH = 10 ~ 11。

3. 硅酸沉积的部位

硅酸易溶于高压蒸汽中,因此一般不会沉积在过热器中,而是随蒸汽进入汽轮机后,由于汽轮机做功,压力降低,蒸汽溶盐能力降低,而沉积在汽轮机、低压缸中,形成难溶于水的 SiO_2。因此很难用水和湿蒸汽将其清洗干净,严重时将迫使汽轮机停机,进行机械清理。可见,对于高压及以上锅炉,应严格控制硅酸在蒸汽中的含量。

7.6.6　提高蒸汽品质的方法

从前述蒸汽污染的原因可见,要获得洁净的蒸汽,根本途径在于提高给水品质,而提高给水品质的方法是采用良好的化学水处理设备和系统。另外,必须减少蒸汽的机械携带和溶解性携带。为此,在锅炉中应建立良好的汽水分离条件和采用完善的汽水分离装置,以减少蒸汽带水量;采用蒸汽清洗装置和控制锅水碱度,以减少蒸汽溶解的盐分和蒸汽带水中的盐分;采用锅炉排污和分段蒸发,以控制锅水含盐量等。

为了提高蒸汽品质,锅炉在运行中还应做到:严格控制汽包水位,防止满水事故发生;尽可能避免锅炉负荷突变;保持稳定的汽压,防止汽压骤变;控制锅水含盐量等。

7.6.7　蒸汽净化的措施

在锅炉中进行蒸汽净化的方法主要有:汽水分离,以减少蒸汽带水量;蒸汽清洗,以减少蒸汽溶解携带和机械携带;锅内水处理;锅炉排污和分段蒸发,以控制锅水含盐量等。

1. 汽水分离

(1)汽水分离的基本原理。

①重力分离。利用汽和水密度不同进行分离,在蒸汽向上流动时,一部分重力大的水滴会被分离出来。

②离心分离。利用汽水混合物做旋转运动时产生的离心力进行分离,水滴的密度大,离心力也大,这样密度大的水滴会脱离汽流而被分离出来。

③惯性分离。利用汽水混合物改变流向时产生的惯性力进行分离,密度大的水滴,惯性力大,水滴会脱离汽流被分离出来。

④水膜分离。汽水混合物中的水滴能依靠黏性黏附在金属壁面,形成水膜流下而被分离出来。

汽包内的汽水分离过程一般分为两个阶段:第一阶段是粗分离阶段(或称一次分离),其任务是消除进入汽包的汽水混合物的动能,并将蒸汽和水初步分离;第二阶段是细分离阶段(或称二次分离),其任务是把蒸汽中携带的细小水滴进一步分离,降低蒸汽湿度。

(2)汽水分离装置。

现代电厂锅炉常用的汽水分离装置:一次分离装置常采用进口挡板、旋风分离器(或涡流分离器)、涡轮分离器等;二次分离装置常采用波形板分离器、顶部多孔板等。

①进口挡板。

将汽水混合物引入汽包汽空间时，可在管子进口处装设挡板，如图 7.18 所示。进口挡板由 4~5 mm 的钢板制成。其两端用端板或拉条加固，上部与汽包壁对严并点焊固牢。

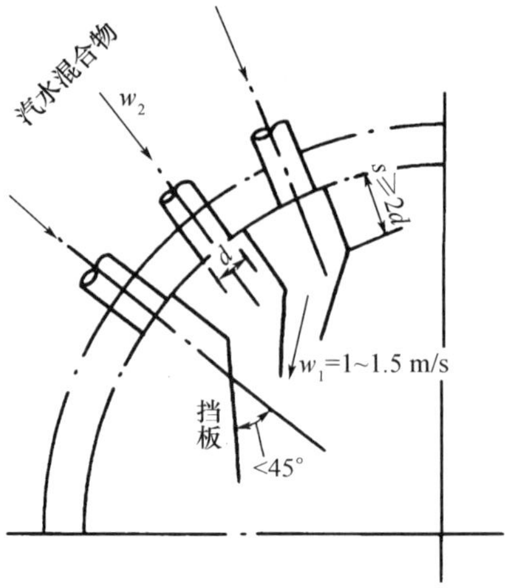

图 7.18　进口挡板

汽水混合物进入汽包汽空间时，以一定速度撞击挡板，并在挡板间转弯时，消耗了动能，速度降低，同时利用撞击和转弯及板对水的黏附作用，将汽水初步分离。分离出的水沿挡板下缘流入汽包锅水中，而分离出的蒸汽则顺着挡板下行至出口再转向，利用惯性将蒸汽中的水滴甩出，再次分离。

为了防止汽水混合物直接冲击到挡板，而打碎水滴或撕破水膜，造成蒸汽二次携带，影响分离效果，装设挡板时应注意以下几点：汽流中心线与挡板间的夹角应小于 45 °；管口到挡板的距离应 $s\geq 2d$（d 为汽水混合物引入管的内径）；挡板出口的汽流速度不能太高，对于中压锅炉为 1~1.5 m/s，对于高压锅炉应小于 1 m/s。

②旋风分离器。

旋风分离器是现代大型自然循环锅炉中常用的汽水分离装置。它有两种形式，布置在汽包内部的称锅内旋风分离器，布置在汽包外部的称锅外旋风分离器（较少采用）。

图 7.19 所示为锅内旋风分离器的结构。它的主要部件有筒体、筒底、顶帽、连接罩、溢流环等。

筒体是用 2~3 mm 厚的薄钢板卷制而成，直径一般为 ϕ260~350，大型锅炉多采用的直径为 ϕ315 和 ϕ350。

筒底是一个导叶盘，盘中心是板，四周布置有导向叶片。其作用是防止蒸汽向下进入汽包水空间，同时减缓水在筒体下部出口处的动能，并使水平稳地进入水空间。

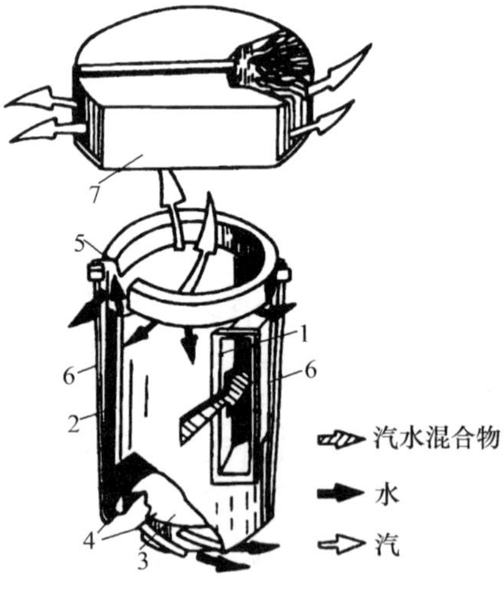

图 7.19　锅内旋风分离器的结构

1—连接罩；2—筒体；3—筒底；4—导向叶片；5—溢流环；6—拉杆；7—顶帽

为防止底部排水中的蒸汽进入下降管,在筒体的下部一般还装有托斗,如图7.20(a)所示。

顶帽由波形板组成。其作用是使汽流出口速度均匀,消除汽流的旋转,并进一步分离蒸汽中的水分。

连接罩的作用是使汽水混合物切向进入筒体并在筒体中旋转产生离心力。

溢流环的作用是保证筒壁上的水膜稳定,防止水膜被撕破而造成蒸汽的二次带水。

旋风分离器的工作过程如下:具有较大动能的汽水混合物通过连接罩沿切向进入筒体,产生旋转运动,在离心力的作用下,大部分水被甩向筒壁,并沿筒壁流下,经筒底流出,进入汽包水空间;蒸汽则旋转向上经顶帽进一步分离后从径向被引入汽空间。

旋风分离器的分离效果决定于汽水混合物的进口速度。进口速度越高,分离效果越好,但旋风分离器的阻力则越大,使循环回路的上升管侧的阻力增加,对水循环不利。一般推荐进口速度:中压锅炉为5~8 m/s,高压、超高压锅炉为4~6 m/s。

每只旋风分离器的蒸汽负荷均与筒体直径和蒸汽压力有关。筒体直径越大,蒸汽负荷越高;同样规格的分离器,蒸汽压力越大,蒸汽质量体积越小,允许的蒸汽负荷越大。表7.6列出了部分旋风分离器的推荐蒸汽负荷。

表7.6　部分旋风分离器的推荐蒸汽负荷

筒体直径/mm	入口尺寸/(mm×mm)	推荐蒸汽负荷			
		汽包压力为4.41 MPa	汽包压力为10.89 MPa	汽包压力为15.3 MPa	汽包压力为18.73 MPa
ϕ260	50×249	2.5~3	4~4.5	—	—
ϕ290	50×249	3~3.5	5~6	7~7.5	—
ϕ315	50×180	3.5~4	6~7	8~9	12
ϕ350	50×200	4~4.5	7~8	9~11	—

大型锅炉所需的旋风分离器较多,在汽包内一般沿轴线方向分前后两排布置。为了保持汽包水位的稳定,旋风分离器可交叉反向布置,即相邻的两个旋风分离器内的汽水混合物的旋转方向相反,以消除旋转动能。

汽水混合物引入旋风分离器的方式有单位式、总联箱式和分联箱式3种,如图7.20所示。单位式是指一根或几根汽水混合物引入管与一个旋风分离器连接的方式;总联箱式是指将汽包一侧汽水混合物引入管的汽水混合物汇集在一个总联箱内,然后导入各旋风分离器的方式;分联箱式是指按循环回路分为几组分联箱,每组分联箱与几个并联旋风分离器相连的方式。

锅内旋风分离器的主要优点是:消除并有效利用汽水混合物的动能。汽水混合物进入锅内旋风分离器后,分离出的蒸汽从上部顶帽通过,流入汽包汽空间,不会因此引起汽包水体积膨胀,故允许在锅水含盐浓度较高的情况下工作。沿汽包长度均匀布置锅内旋风分离器,使汽流分布较均匀,可避免局部蒸汽流速较高的现象发生。锅内旋风分离器不承受内压力,因而可用薄钢板制成,加工容易,金属耗量小。

但是,锅内旋风分离器由于装在汽包内,其高度受到限制,因而不能充分发挥它的分离

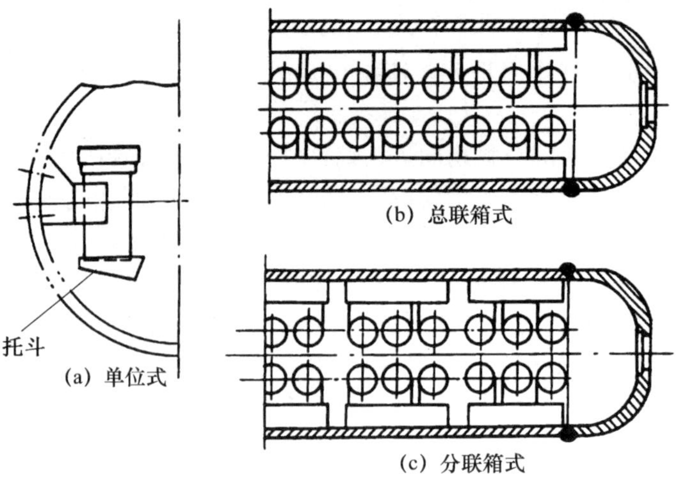

图 7.20　旋风分离器的连接方式

效果,故一般把它用作粗分离装置,与其他分离装置配合使用。同时,锅内旋风分离器的单只出力受汽水混合物入口速度和蒸汽在筒内上升速度的限制,所需要的旋风分离器的数量较多,给拆装检修工作带来不便。

③涡轮分离器。

涡轮分离器的结构如图 7.21 所示。

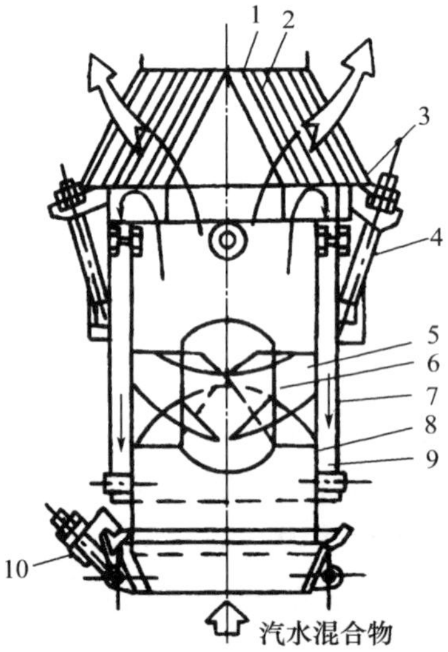

图 7.21　涡轮分离器的结构

1—梯形顶帽;2—波形板分离器;3—环形导向圈;4—钩头螺栓;5—固定螺旋形叶片;6—涡轮芯子;7—外筒;8—内筒;9—排水夹层;10—支撑螺栓

涡轮分离器的筒体为两同心圆结构,内装固定螺旋形叶片,筒上部装有环形导向圈,筒顶装有波形板分离器。

其工作过程是:汽水混合物自筒体底部轴向进入,当通过固定螺旋形叶片时,汽水混合物产生强烈的旋转运动。在离心力的作用下,把水抛向内筒壁,并依靠汽水混合物的冲力把水滴推向上部,环形导向圈把水挡住而引向内筒与外筒之间的环缝中返回汽包水空间。蒸汽则在内筒中间向上运动,经波形板分离器及梯形顶帽的进一步分离后进入汽包汽空间。

涡轮分离器的分离效率高,分离出来的水滴不会被蒸汽带走,但阻力较大,因此只用作控制循环锅炉的粗分离装置。

④波形板分离器。

波形板分离器(又称波形百叶窗,或叫波纹板干燥器)是锅炉常用的细分离装置,其结构如图 7.22 所示。

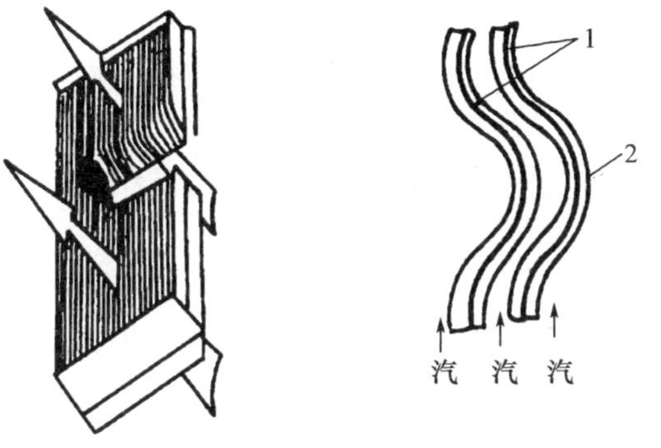

(a)分离器结构示意　　(b)波形板

图 7.22　波形板分离器的结构

1—波形板;2—水膜

波形板分离器由许多平行的波形板组装而成。波形板厚 1~3 mm,相邻波形板间的距离为 10 mm,边框用 3 mm 的钢板制成,以固定波形板。

波形板分离器的工作过程是:经粗分离后的湿蒸汽,低速进入波形板分离器,在波形板间做曲折运动。在离心力和惯性力的作用下,水滴被分离出来,并黏附在波形板上形成水膜,而水膜又能黏附细小的水滴。水膜在重力的作用下向下流动,在波形板的下沿集聚成较大的水滴后落到汽包水面,使蒸汽湿度进一步降低。

波形板分离器有水平式和立式两种布置方式,如图 7.23 所示。

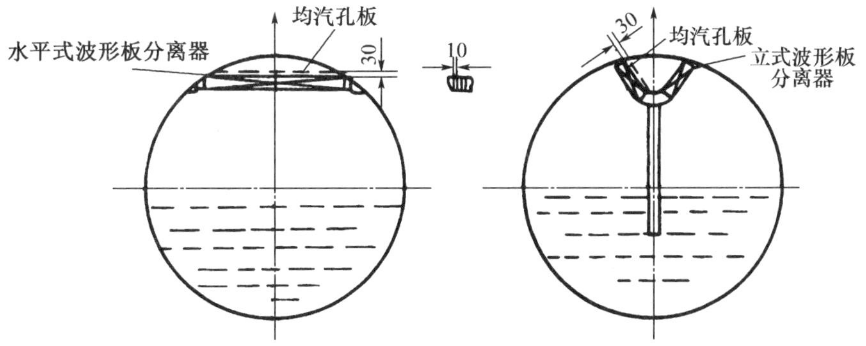

(a)水平式布置　　(b)立式布置

图 7.23　波形板分离器的布置方式

水平式波形板分离器中蒸汽和水膜平行相对流动，如图 7.23(a)所示。立式波形板分离器中蒸汽和水膜垂直交叉流动，如旋风分离器和涡轮分离器的顶帽。图 7.23(b)是布置在汽包上部的立式波形板分离器，在其底部装有疏水盘和疏水管，疏水管一直插到汽包最低水位以下。这样在波形板上形成的水膜沿板流下，集中于疏水盘里，再经疏水管引至汽包水空间，从而避免了从波形板分离器分离出来的水滴直接落到汽包水面时造成锅水水滴的飞溅。

⑤顶部多孔板。

顶部多孔板又称均汽孔板，其作用是利用孔板的节流作用，使蒸汽沿汽包长度和宽度方向均匀引出，以防止蒸汽局部速度过高而带水；同时它还能阻挡部分小水滴，起到一定的细分离作用。

顶部多孔板的结构很简单，它是在 3~4 mm 厚的钢板上均匀钻了许多直径为 6~10 mm 的小孔而制成，如图 7.24 所示。为了使蒸汽空间的汽流上升速度均匀，以改善分离效果，因此对蒸汽穿孔速度有一定要求（中压锅炉为 8~12 m/s，高压锅炉为 6~8 m/s，超高压锅炉为 4~6 m/s）。

顶部多孔板一般要与波形板分离器配合使用，蒸汽先经过波形板分离器再通过顶部多孔板，波形板分离器上沿与顶部多孔板之间一般留有 30~40 mm 的距离。

饱和蒸汽引出管的入口蒸汽速度应小于或等于蒸汽穿孔速度的 70%，以防抽出大量蒸汽而破坏顶部多孔板的正常工作，影响蒸汽品质。若饱和蒸汽引出管入口的蒸汽速度太高，则应在引出管入口下部加一盲板（图 7.24）或正对引出管部位的孔板不开孔。

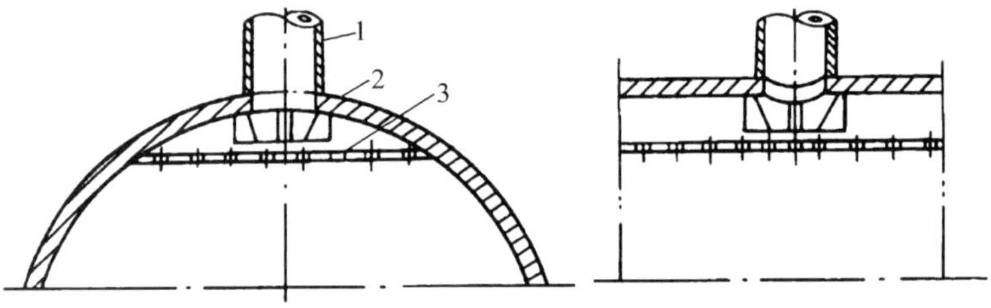

图 7.24　顶部多孔板的结构

1—饱和蒸汽引出管；2—盲板；3—顶部多孔板

2. 蒸汽清洗

汽水分离只能降低蒸汽的湿度而不能减少蒸汽中溶解的盐分。因此，为减少蒸汽中溶解的盐分，可采用蒸汽清洗的方法。

(1)蒸汽清洗原理。

所谓蒸汽清洗，就是让蒸汽穿过一层含盐浓度很低的清洗水，在物质扩散的作用下，蒸汽溶解的盐分部分扩散到清洗水中，使蒸汽溶盐量降低；同时，还减少了蒸汽机械携带的盐量，从而提高了蒸汽品质。

现代电厂中一般用锅炉给水作为清洗水。这是因为锅炉给水含盐量要比经不断蒸发浓缩后的锅水含盐量少得多。

(2)蒸汽清洗装置。

蒸汽清洗装置有很多种形式，但电厂中广泛使用的是起泡穿层式。起泡穿层式蒸汽清洗装置有钟罩式和平孔板式两种，它们的结构如图 7.25 所示。

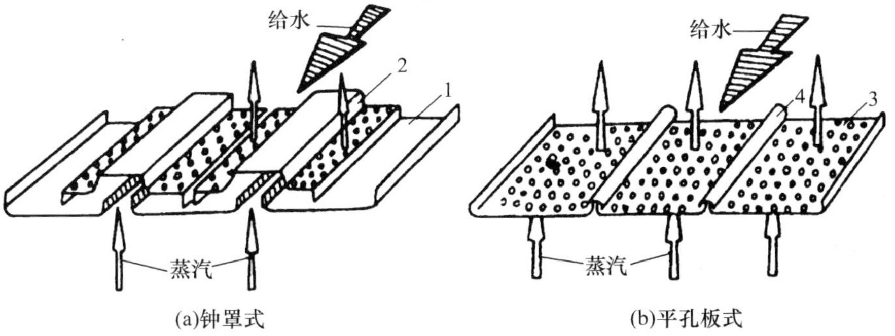

图 7.25　起泡穿层式蒸汽清洗装置

1—槽形底盘；2—孔板顶罩；3—平孔板；4—U 形卡

图 7.25(a)所示为钟罩式蒸汽清洗装置。它由槽形底盘(又称槽形清洗板)和孔板顶罩组成。蒸汽从底盘两侧间隙进入清洗装置，在孔板顶罩阻力的作用下，均匀地穿过孔板和孔板上的清洗水层后流出。钟罩式蒸汽清洗装置工作可靠有效，但因结构较复杂，所以使用得较少。

图 7.25(b)所示为平孔板式蒸汽清洗装置。它由若干个平孔板槽组成，相邻的平孔板用 U 形卡连接。平孔板用 2~3 mm 厚的薄钢板制成，板上均匀钻有直径为 5~6 mm 的小孔。清洗水均匀地分配在平孔板上，形成 30~50 mm 的水层。蒸汽自下而上，经小孔穿过水层，进行起泡清洗。为了既能保证托住清洗水使之不致从小孔落下，又能防止蒸汽因流速太高而携带大量清洗水，蒸汽穿孔速度应为 1.3~1.6 m/s。平孔板式蒸汽清洗装置的结构简单，阻力小，清洗面积大，清洗效果好，因此应用较广。

清洗水的配水有单侧和双侧两种。单侧配水是指清洗水从清洗板的一端引入，流到另一端后，流入汽包水室；双侧配水是指清洗水从清洗板的中间引入，向两侧流动，然后从两端流入汽包水室。

(3)影响蒸汽清洗效果的因素。

影响蒸汽清洗效果的因素主要有：清洗水量、清洗水层厚度、清洗水品质和清洗前蒸汽的含盐量等。

清洗水量越大，清洗效果越好。但由于高压及以上锅炉的给水具有一定欠焓的未饱和水，所以清洗水量越大，凝结的蒸汽越多；为保证锅炉负荷，实际产汽量就要增加，清洗前的蒸汽带水量增大，不利于蒸汽清洗；同时锅炉的燃煤量也要增多，热经济性降低。因此，一般用 40%~50%的锅炉给水作清洗水，其余的给水通过旁路引到下降管入口附近，并防止下降管带汽。

清洗水层厚度太薄时，清洗效果不好；若清洗水层太厚，不但对改善清洗效果不明显，反而会使蒸汽带水增加。因此，一般清洗水层厚度为 30~50 mm。

清洗水品质越高，物质扩散作用越强，清洗效果越好。

清洗前蒸汽的含盐量越多，清洗后清洗水的含盐量和蒸汽的含盐量也越高。

对亚临界压力的锅炉，由于硅酸的溶解量较大，蒸汽清洗效果较差，可采用先进的水处理方法来提高给水品质，使给水含盐量降到很低的程度，同时使用高效的汽水分离装置，这样不采用蒸汽清洗也能满足对蒸汽品质的要求。故亚临界压力的锅炉不再采用蒸汽清洗装置。

3. 锅内水处理

虽然经过化学水处理后，给水的总硬度值很小。但对于现代大容量锅炉，在受热面蒸发强度很高的情况下，锅水中的钙、镁离子的浓度仍可以达到很大的数值，从而引起水冷壁管内结垢。为了防止水垢的形成，广泛采用锅内水处理。方法是在锅水中加入磷酸三钠(Na_3PO_4)，使锅水中的钙、镁离子与磷酸根化合，生成难溶的磷酸钙和磷酸镁的沉淀物，其化学反应式为

$$3CaSO_4 + 2Na_3PO_4 \longrightarrow Ca_3(PO_4)_2 + 3Na_2SO_4$$

$$3MgSO_4 + 2Na_3PO_4 \longrightarrow Mg_3(PO_4)_2 + 3Na_2SO_4$$

上述锅内水处理方法，是先将磷酸三钠制成溶液，然后用活塞式加药泵直接送至汽包加药管。加药管装在汽包水空间的下部。采用活塞式加药泵的锅内水处理系统如图7.26所示。

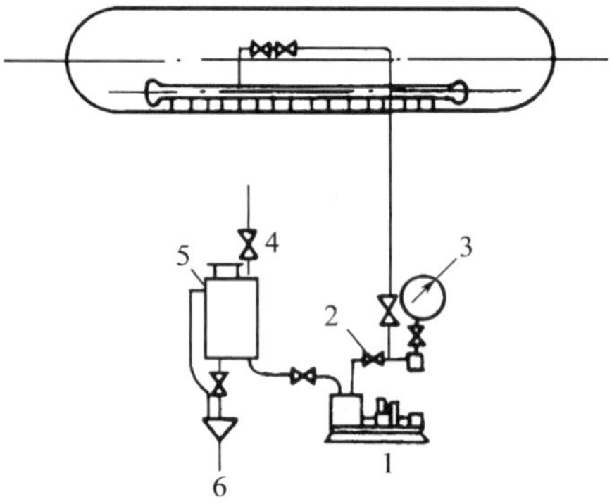

图 7.26　采用活塞式加药泵的锅内水处理系统

1—活塞式加药泵;2—止回阀;3—压力表;4—凝结水管;5—配药箱;6—配药箱的排水管

4. 锅炉排污

在蒸发系统中，给水里总会含有一定的盐分；另外，在进行了锅内加药处理后，锅水中的一些易结垢盐类转变成水渣；还有，锅水腐蚀金属也会产生一些腐蚀产物。在锅炉运行过程中，锅水经不断蒸发、浓缩，锅水含盐量逐渐增大，水渣和腐蚀产物也逐渐增多。这样不仅会使蒸汽品质变差，当锅水含盐量超过允许值时，还会造成“汽水共腾”，使蒸汽品质恶化，严重影响锅炉和汽轮机的安全运行。因此在运行过程中采取排出部分锅水，补充清洁的给水，以控制锅水品质。这种从锅炉中排出部分被污染的锅水的方法，称为锅炉排污。锅炉排污有连续排污和定期排污两种。

连续排污是指在运行过程中连续不断地排出部分锅水、悬浮物和油脂，以维持一定的锅水含盐量和碱度。连续排污的位置是在锅水含盐浓度最大的汽包蒸发面附近，即汽包正常水位线以下 200~300 mm 处。连续排污装置如图 7.27 所示。在连续排污主管上，沿长度方向均匀地开有一些小孔或槽口；还有的是在主管上均匀地装置一些上端开口的排污支管。排污水经小孔或槽口或管口流进主管，然后通过排污引出管排走。

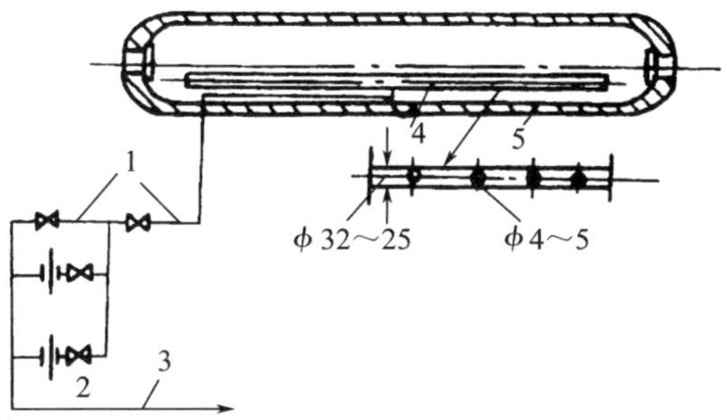

图 7.27　连续排污装置

1—连续排污管;2—节流孔板;3—排污引出管;4—连续排污主管;5—汽包

定期排污是指在锅炉运行中,定期地排出锅水里的水渣等沉淀物。排污位置在沉淀物聚集最多的水冷壁下联箱底部,如图 7.28 所示。定期排污的排污量和排污时间,根据汽水品质的要求由化学人员确定。

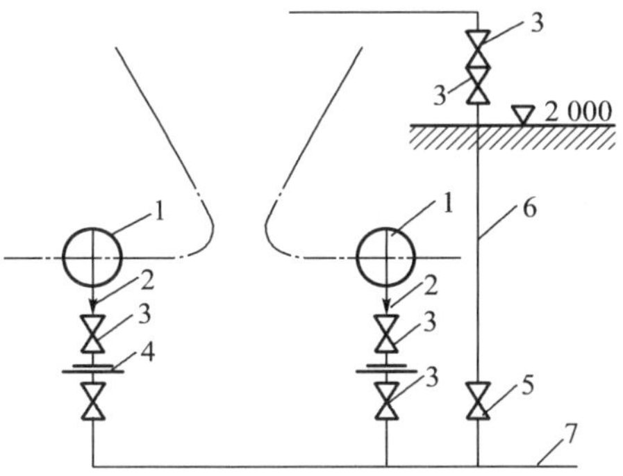

图 7.28　定期排污系统

1—水冷壁下联箱;2—排污管;3—排污门;4—节流孔板;

5—逆止门;6—汽包的事故放水管;7—排污母管

锅炉排污量用排污率 P 表示。排污率是指排污量占锅炉蒸发量的百分数。其计算式为

$$P = G_{pw}/D \times 100\% = (S_{gs} - S_q)/(S_{ls} - S_{gs}) \times 100\% \tag{7.7}$$

式中　G_{pw}——锅炉排污水量,kg;

S_{gs}——给水含盐量,mg/kg;

S_q——饱和蒸汽含盐量,mg/kg;

S_{ls}——锅水含盐量,mg/kg。

一般饱和蒸汽含盐量 S_q 很小,可忽略不计,则可得

$$P = S_{gs}/(S_{ls} - S_{gs}) \times 100\% \tag{7.8}$$

由式(7.8)可知:锅炉排污率的大小主要与给水含盐量和锅水含盐量有关。降低给水含盐量或提高锅水含盐量,可降低排污率;反之,则排污率增大。因此,排污位置在锅水含

盐量最大的地方时,效果最好。

给水品质、蒸汽品质与排污率之间存在以下关系。

(1)在给水含盐量一定时,增大排污率,可以减少锅水含盐量,从而获得洁净的蒸汽,但锅炉的工质和热量损失增大,电厂热效率降低;相反,减小排污率,则蒸汽品质恶化。因此,要保证一定的排污率。我国规定的锅炉最大允许排污率见表7.7。

表7.7　我国规定的锅炉最大允许排污率

补给水类别	锅炉最大允许排污率/%	
	凝汽式电厂	热电厂
除盐水或蒸馏水	1	2
软化水	2	5

为了防止锅内聚集水渣等杂质,排污率P应不小于0.3%。运行中应根据水质分析结果确定所需的排污率。

(2)在锅水含盐量一定时,减少给水含盐量,可减少锅炉排污,因而减少了锅炉的工质和热量损失;若保持排污率不变,减少给水含盐量,则锅水含盐量降低,蒸汽品质得以提高。由此可见,提高蒸汽品质的根本途径在于提高给水品质,但这会增加锅外水处理的费用。

5. 分段蒸发

从上述分析可见,在给水含盐量一定时,提高蒸汽品质和减少锅炉排污是一对矛盾。解决这对矛盾的方法就是采用分段蒸发。所谓分段蒸发系统就是利用隔板将汽包水空间分为两个区域(净段和盐段),如图7.29所示。

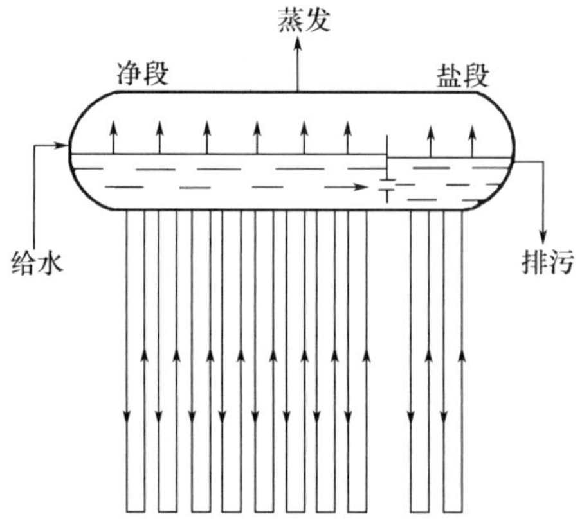

图7.29　分段蒸发系统示意图

分段蒸发系统的两个区域各有其自己的下降管和上升管,形成独立的循环回路。给水全部引入净段,经蒸发后,将净段的锅水作为给水通过隔板上的连通孔送入盐段继续蒸发。显然盐段锅水的含盐浓度要比净段高,锅炉排污从盐段排出,可以减少排污量。虽然盐段产生的蒸汽品质较差，但其蒸发量仅占总蒸发量的 5%～20%；而 80%～95%的蒸汽是由锅水品质好的净段产生，两者混合后，总的蒸汽品质是好的。可见，采用分段蒸发既可以减少排污损失，又可提高蒸汽品质。

分段蒸发系统形式如图 7.30 所示，一般采用两段和三段蒸发系统。其形式主要有锅外盐段两段蒸发系统（盐段在锅外旋风分离器中的两段蒸发系统）、锅内盐段两段蒸发系统（盐段在汽包内的两段蒸发系统）和三段蒸发系统，如图 7.30（b）～（d）所示。

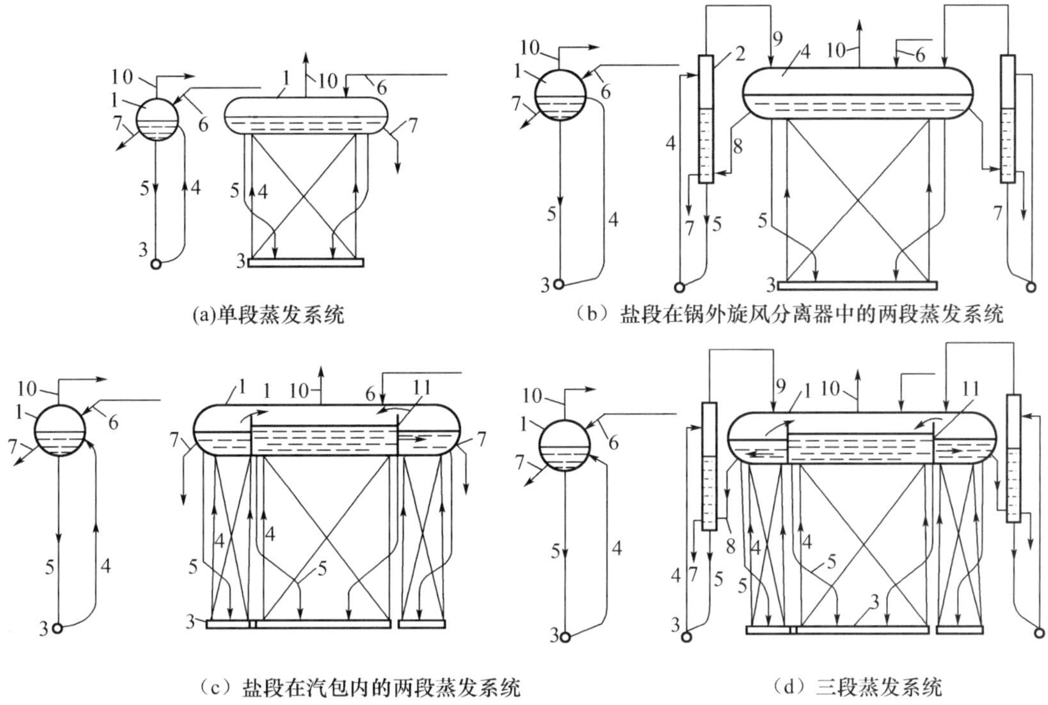

图 7.30　分段蒸发系统形式

1—汽包；2—锅外旋风分离器；3—下联箱；4—水冷壁；5—下降管；6—给水管；7—排污管；
8—汽包到锅外分离器的供水管；9—锅外分离器到汽包的蒸汽输入管；10—饱和蒸汽引出管；11—隔板

分段蒸发系统虽然能减少排污和提高蒸汽品质，但其结构复杂。随着锅炉参数及容量的提高，水处理技术的日益发展，给水品质明显改善，现代国产高压以上锅炉一般不再采用分段蒸发系统。

7.6.8　典型汽包内部装置

汽包内部装置的形式很多，对不同参数、不同容量的锅炉，汽包内部装置的形式、布置和组合方式也不尽相同。为了能较全面地了解汽包内部装置和工作过程，下面介绍 2 个较典型的锅炉的汽包内部装置。

1. DG-670/13.7-1 型超高压自然循环锅炉的汽包内部装置

DG-670/13.7-1 型超高压自然循环锅炉的汽包内径为 1 800 mm，壁厚为 90 mm，总长度为 22.21 m，材料是 18MnMoNb。汽包采用单段蒸发系统。其汽包内部装置如图 7.31

所示。

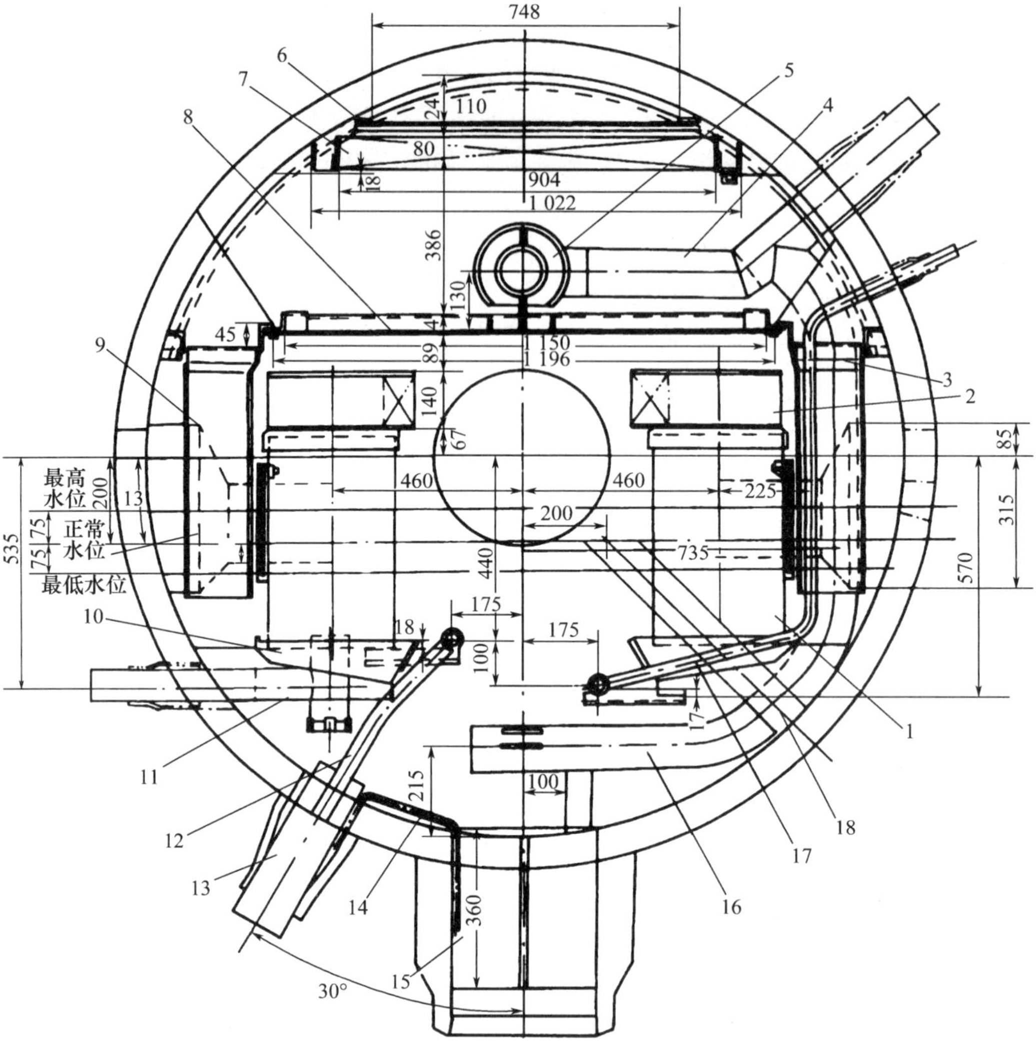

图 7.31　DG-670/13.7-1 型超高压自然循环锅炉的汽包内部装置

1—旋风分离器；2—顶帽；3—溢水斗；4—清洗水；5—配水装置；6—顶部多孔板；7—波形板分离器；8—清洗孔板；9—汇流箱；10—托斗；11—水位计防护罩；12—连续排污管；13—再循环管；14—虹吸管；15—下降管；16—给水管；17—锅内加药管；18—事故放水管

汽包的汽水分离装置采用 80 个直径为 ϕ315 的锅内旋风分离器作为粗分离元件。旋风分离器沿汽包长度分两排布置。按水循环回路划分采用了 40 组汇流箱，每组汇流箱与 2 个旋风分离器相连。相邻 2 个旋风分离器的旋转方向相反，以保持水位平稳。在旋风分离器下面装有托斗，用以防止旋风分离器的排水将蒸汽带入下降管。

汽包采用了水平式波形板分离器和顶部多孔板作为细分离装置。

蒸汽清洗装置采用平孔板式，布置在旋风分离器之上。配水装置为双侧配水。从省煤器来的给水，约 50%用作清洗水，其余给水通过旁路引到下降管入口上方，以增大锅水欠焓,防止下降管带汽。配水管外装有导向罩,以防水花飞溅;配水管下部装有配水挡板,以均匀配水。在清洗板两侧布置有溢水斗,溢水斗的作用是防止清洗水直接冲刷汽包壁,而产生温差热应力。清洗水通过溢水斗引到汽包水空间中。

汽包内沿长度方向装有连续排污管。

汽包中的蒸汽净化过程是:从水冷壁引出管来的汽水混合物分组送进汽包汇流箱中,经连接罩切向进入旋风分离器,进行汽水的粗分离。分离出来的水,通过筒底导叶进入托斗,再经托斗上的槽形孔排入汽包水空间。蒸汽则沿筒体上升,经水平式波形板分离器顶帽进一步分离后流出,然后均匀地通过平孔板式蒸汽清洗装置,进行起泡清洗。清洗后的蒸汽依次通过水平波形板分离器和顶部多孔板,进行细分离,最后均匀地从汽包引出。含盐浓度大的锅水则通过连续排污管排出锅炉。

此外,在汽包内还装有锅内加药管、事故放水管、再循环管及水位计防护罩和虹吸管等。

锅内加药管的作用是沿汽包长度均匀加入磷酸钠和磷酸氢钠水溶液,与锅水中的钙、镁离子作用,生成不溶于水的磷酸钙和磷酸镁沉淀物,以防止水垢的形成。加药管由管径 $\phi32\times3$ 的管子制成,沿管长均匀地开一些直径为 $\phi3\sim5$ 的向下的小孔。加药管远离排污管,靠近给水管或下降管入口,使药剂能与给水混合,反应后生成的水渣可顺利地排到水冷壁下联箱并定期由排污管排出。

对于介质温度低于锅水温度的汽包引入管,在与汽包连接处均装有保护套管(如给水管、锅内加药管及再循环管等),以防止温度较低的介质与汽包壁直接接触,产生温差热应力。

事故放水管的作用是在锅炉水位过高时,迅速排放出部分锅水,以防造成事故。为了防止在事故放水管口处产生旋涡而影响放水,在管口处加装十字架板或在管口上部装设顶罩。

水位计防护罩的作用是在水位波动较大时起缓冲作用,使水位计中的水位较平稳,以维持水位计正常工作。

虹吸管装在再循环管和下降管入口之间,其作用是吸出保护套管夹层中的积水。

2. SG-1025/18.3 型亚临界压力控制循环锅炉的汽包内部装置

SG-1025/18.3 型亚临界压力控制循环锅炉汽包采用单段蒸发系统,没有蒸汽清洗装置。其汽包内部装置如图 7.32 所示。

汽包是由上、下两部分筒体焊接而成。其内径为 $\phi1\ 778$,筒身长度为 13 108 mm,两端为球形封头;为了节省金属用量,汽包壁上、下两部分采用了不同的厚度。其上半部壁厚为 201.6 mm,下半部壁厚为 166.7 mm(因下壁开孔少,相应强度高,故壁稍薄);汽包材料采用 SA-299 碳钢。

汽包内部采用了环形夹层结构,即在汽包内壁与弧形衬板之间形成狭窄的环形通道,使汽包上、下壁温均匀,有利于锅炉快速启停。

汽包汽水分离装置采用了 56 个直径为 $\phi254$ 的涡轮分离器作为粗分离元件。涡轮分离器沿汽包长度方向分前后两排均匀布置,每个涡轮分离器允许的最大负荷为18.6 t/h。细分离装置采用了4组、72个立式波形板分离器(波纹板干燥器)。每2组间装有疏水管。

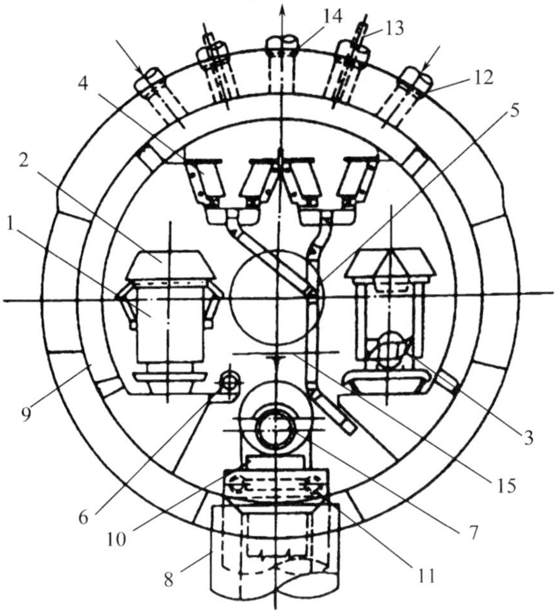

图7.32 SG-1025/18.3型亚临界压力控制循环锅炉的汽包内部装置

1—涡轮分离器;2—顶帽;3—螺旋桨叶;4—波形板分离器;5—疏水管;6—连续排污管;7—给水管;8—下降管;9—环形汽水夹层;10—给水管支架;11—下降管入口集箱;12—汽水混合物引入管;13—吹扫和排放短管;14—饱和蒸汽引出管;15—推荐水位

在汽包内部还布置了给水管和连续排污管等。给水管位于下降管上方,沿汽包长度方向布置。给水管用U形轧头固定在支架上,支架再固定在汽包内壁上,给水管在与汽包连接处装有保护套管。

汽包蒸汽净化过程是:来自水冷壁的汽水混合物通过引入管从汽包顶部引入汽包环形夹层内,并在夹层内由上向下流动,从汽包下部进入涡轮分离器进行汽水的粗分离。分离出来的水从涡轮分离器内外套筒之间的通道返回汽包水空间;分离出来的蒸汽经波形板分离器及顶帽进一步分离后,进入汽包汽空间。蒸汽向上流动,并以较低的速度通过波纹板分离器,进行汽水的细分离。分离出来的水流到疏水盘,再经疏水管引入汽包水空间中;分离出来达到蒸汽质量标准的饱和蒸汽,由汽包顶部的饱和蒸汽引出管引出。

本章小结

本章阐述了锅炉蒸发设备的结构功能及蒸汽净化的原理方法,其核心内容围绕汽包、水冷壁、下降管、联箱等关键部件展开。汽包作为锅炉汽水循环的中枢,承担着汽水分离、储存工质、连接受热面及调控水质的重要职责,其内部设置的旋风分离器、波形板等装置用于蒸汽净化的首要环节;水冷壁作为主要蒸发受热面,通过辐射换热吸收炉膛热量,保障工质的高效蒸发；下降管与联箱共同构成自然循环回路，前者负责向水冷壁输送低温工质，后者则通过分配工质流量确保各受热面均衡工作。蒸汽净化源于锅炉运行中工质含盐携带杂质会导致过热器结垢、汽轮机腐蚀等问题，为此需采取多级汽水分离、分段蒸发、蒸汽清洗、连续排污及加药处理等综合措施，严格控制蒸汽品质。本章内容在课程体系中具有承上启下的作用，既可深化学生对锅炉热力循环原理的理解，又为其掌握锅炉运行调节、故障诊断及水质管理等实践技能奠定理论基础，同时通过剖析蒸发设备与蒸汽品质的关联性，可培养学生对锅炉系统整体性、安全性与经济性的综合分析能力，为其后续学习热力设备优化与维护相关内容提供知识支撑。

思考与实践

(1)汽包的作用是什么?

(2)简述水冷壁的作用及主要形式。

(3)什么是蒸汽的溶解性携带?

(4)蒸汽净化的措施有哪些?

第8章　过热器和再热器

过热器与再热器是现代锅炉的重要组成部分,它们的作用是提高电厂循环热效率。本章重点论述过热器和再热器的作用、特点及结构形式,热偏差,汽温特性及汽温调节。此外,本章还介绍对流受热面的高温积灰和高温腐蚀。

❖ 本章学习目标

(1)了解过热器的作用及结构形式。

(2)了解产生热偏差的原因及防范措施。

(3)了解过热蒸汽的汽温特性及汽温调节方法。

8.1　过热器和再热器的作用及特点

在火力发电厂中,过热器是锅炉的高温受热面,再热机组锅炉(再热锅炉)的高温受热面还包括再热器,它们是锅炉本体的重要组成部分。随着电厂锅炉容量的增大和蒸汽参数的提高,过热器和再热器的结构及系统也越来越复杂,它们对锅炉的安全和经济运行具有决定性影响。了解过热器和再热器的作用及特点,对于锅炉的安装、检修及运行都具有非常重要的意义。

8.1.1　过热器和再热器的作用

过热器的作用是把锅炉所产生的饱和蒸汽过热成具有一定过热度的过热蒸汽,并且在锅炉允许的负荷波动范围内以及工况变化时,维持过热蒸汽的正常温度。电厂锅炉对蒸汽温度的要求非常严格,一般规定蒸汽温度的正常波动范围是(额定值-10)~(额定值+5)℃,短时间可在(额定值±10)℃的范围内波动。再热器的作用是把在汽轮机高压缸中做了部分功的排汽再加热成一定温度(一般与过热蒸汽温度相同,也可以不同)的再热蒸汽,然后引入汽轮机中的中压缸继续做功。

由热工学理论可知,提高蒸汽的初参数(温度、压力),可以提高蒸汽动力循环的热效率,提高电厂的经济性。但是,进一步提高蒸汽温度必然使管壁温度相应升高,这又受到受热面钢材的限制。因为如果受热面壁温超过其允许温度,管子的机械强度将迅速下降,易产生爆管事故,严重影响锅炉运行的可靠性和经济性。目前,国内外大多数电厂锅炉的蒸汽温度都保持在535~555℃的范围内。如果只提高蒸汽压力而不相应提高蒸汽温度,就会导致汽轮机末几级蒸汽湿度过大,对动叶产生冲蚀,影响汽轮机的安全运行。采用再热循环后,可有效地减小汽轮机的排汽湿度,减轻湿蒸汽对动叶的冲蚀。如果再热压力选择合适,还可将循环热效率提高5%左右。

8.1.2　过热器和再热器的工作特点

过热器和再热器在锅炉所有受热面中温度最高,如何使管子金属不超温且能长期安全工作，是过热器和再热器设计、制造、安装及运行中的重要问题。

过热器管内流动的是高温蒸汽，对管壁的冷却能力较差，管外是高温火焰或高温烟气，这就决定了过热器的管壁温度很高、工作条件很差。再热器管内流动的是中压蒸汽，蒸汽的质量体积大、比热容小、流速低（以减小流动阻力），对管壁的冷却能力更差。而且为了保证再热后的温度，减少再热器受热面数量，再热器也常常布置在烟气温度较高的区域，这使得再热器工作条件最差，管壁很容易超温。因此，过热器和再热器工作时的温度均很高，工作条件都很差，必须采用优质的耐热合金钢作为管材。

表 8.1 给出了锅炉受热面常用钢材的允许温度。为了尽量避免采用更高级别的合金钢，以降低锅炉的造价，设计过热器和再热器时，选用的钢材几乎都工作于接近其允许温度，这时即使 10~20 ℃的超温，其许用应力也会下降很多，引发超温爆管事故。因此，在过热器和再热器的设计和运行时，要注意以下问题。

（1）尽量保持汽温稳定，调温性能好，汽温反应快。

（2）节省钢材，降低造价。

（3）制造、检修方便，运行安全可靠。

表 8.1　锅炉受热面常用钢材的允许温度

钢材牌号	允许温度/℃
20	壁温<450（导管） 壁温≤500（受热面管子）
12CrMo	壁温≤510（导管） 壁温≤540（受热面管子）
15MnV	—（12CrMo 的代用钢）
15CrMo	壁温≤510（导管） 壁温≤550（受热面管子）
12MnMoV	—（15CrMo 的代用钢）
12Cr1MoV	壁温≤540（导管） 壁温≤580（过热器、再热器）
12MoVWBSiRe（无铬 8 号）	壁温≤580（过热器、再热器）
12Cr2MoWVB（钢 102）	壁温 600~620（过热器、导管）
12Cr3MoVSiTiB（П11）	壁温 600~620（过热器、导管）
Mn17Cr7MoVNbBZr	壁温 620~680（过热器、再热器及导管）
14MoV63	≤540（过热器及导管）
10CrMo910	≤540（过热器及主蒸汽管）
X12CrMo91（HT7）	≤560（受热面管子）
X20CrMoWV121（F11）	≤650（过热器管） ≤600（主蒸汽管）
X20CrMoV121（F12）	≤650（过热器管） ≤600（主蒸汽管）

8.2 过热器和再热器的结构形式

8.2.1 过热器的结构形式

根据传热方式的不同,可将过热器分为对流式、辐射式和半辐射式等形式。高压及以上的大型锅炉常采用辐射式、半辐射式和对流式多级布置的混合型过热器。

1. 对流式过热器

对流式过热器是指布置在锅炉水平烟道和垂直烟道内,主要吸收烟气对流热的过热器。

对流式过热器由进、出口联箱和许多并列蛇形管组成。蛇形管与联箱之间采用焊接连接,蛇形管是受热面,布置在烟道内,联箱起汇集、混合和分配蒸汽的作用,一般布置在炉墙外面,并进行保温以减少散热损失。烟气在管外横向冲刷蛇形管,而蒸汽在蛇形管内纵向流动,吸收管壁传进来的热量。过热器蛇形管一般由外径为 32~57 mm、壁厚为 3~10 mm 的无缝钢管弯制而成。管子的最小弯曲半径一般取其外径 d 的 2 倍。弯曲半径过小,则弯头外侧管壁过薄,影响管子的强度;弯曲半径过大,则受热面结构不紧凑,会增大锅炉的尺寸。

蛇形管的排列方式有顺列和错列两种,如图 8.1 所示。管束的排列特性用横向相对节距 s_1/d 和纵向相对节距 s_2/d 表示。垂直于烟气流向的方向为横向,平行于烟气流向的方向为纵向。在管束的排列特性和烟气流速相同时,错列管束的传热系数比顺列管束的大,但错列管束的吹灰通道较小,吹灰器的吹灰管不能进入管束内侧,使管束的积灰不易吹扫,若通过增大节距来增大吹灰通道,就降低了烟道空间的利用程度。相反,顺列管束的积灰就比较容易吹扫。大多数国产锅炉的过热器,在水平烟道内采用立式顺列布置,$s_1/d=2\sim3.5$,$s_2/d=2.5\sim4$,前者取决于烟气流速,后者取决于管子的弯曲半径,为防止结渣,靠近炉膛的前几排管子的节距还要适当增大;垂直烟道内的过热器有的采用卧式错列布置,有的则采用卧式顺列布置。

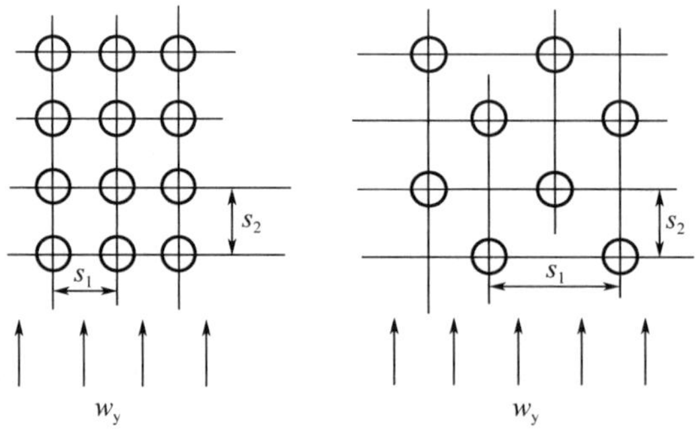

（a）顺列　　（b）错列

图 8.1　蛇形管的排列方式

为保持过热器蛇形管纵向相对节距和横向相对节距的固定，现代锅炉采用了梳形板、定距夹板、汽冷定位管等蛇形管固定装置。图 8.2 为梳形板和定距夹板示意图。

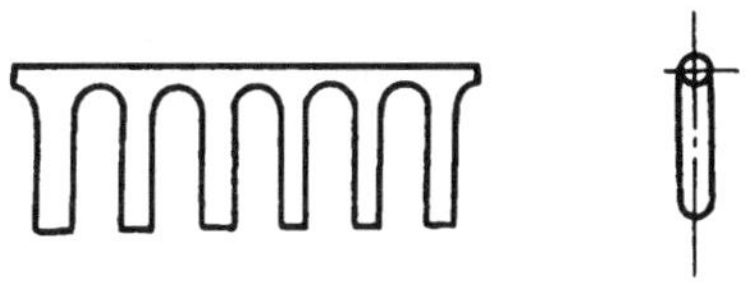

（a）梳形板

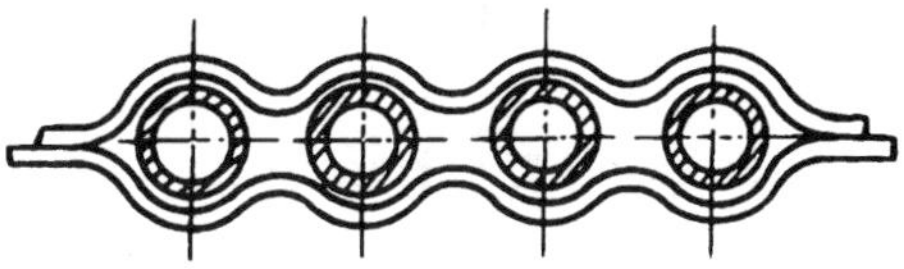

（b）定距夹板

图 8.2　梳形板和定距夹板示意图

根据烟气与管内蒸汽的相对流动方向，对流式过热器可分为顺流式、逆流式、双逆流式和混流式 4 种，如图 8.3 所示。顺流式过热器的高温蒸汽在烟气的低温区引出，管壁温度较低，安全性好，但传热温差小，需要的受热面积最大，常布置在高温烟气区的受热面或过热器的最后一级。逆流式过热器的高温蒸汽从烟气的高温区引出，传热温差大、效果好，受热面积小，节省钢材，但管壁温度高，安全性差，多布置在低温烟气区。双逆流式和混流式过热器则集中了顺流式和逆流式过热器的优点，安全性和经济性都较好，因此得到了广泛应用。

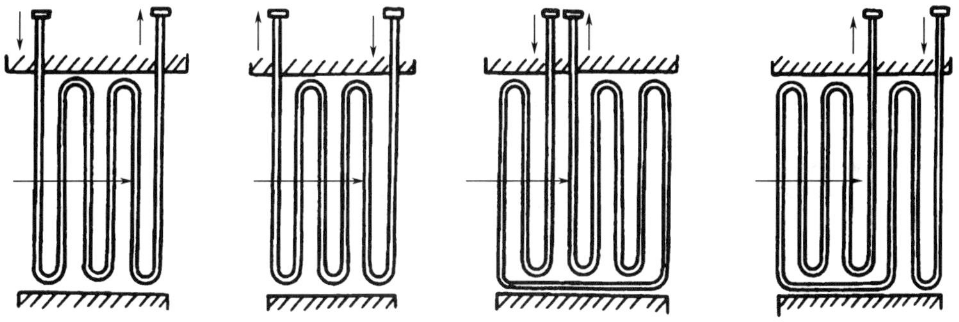

（a）顺流式　（b）逆流式　（c）双逆流式　（d）混流式

图 8.3　对流式过热器按烟气与管内蒸汽的相对流向划分的形式

根据蛇形管的放置方式，对流式过热器又可分为立式和卧式两种。立式过热器悬吊在水平烟道内，卧式过热器支吊在垂直烟道内，其特点各不相同。立式过热器悬吊方便，能自由膨胀，不易积灰，但停炉后的积水不易排出。立式过热器的悬吊结构如图 8.4 所示。

卧式过热器内的积水排出方便，但容易积灰，支吊结构复杂，支架易被烧坏，现在常用有水冷却的省煤器管或省煤器的引出管作为它的悬吊管，如图 8.5 所示。蛇形管 10 支承在定位板 12 上，定位顶板 11 和定位底板 9 固定在由省煤器出口联箱 1 引出的悬吊管 4 上，悬

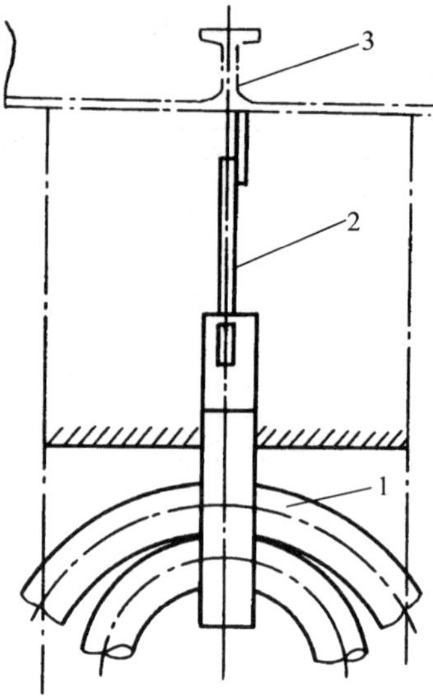

图 8.4　立式过热器的悬吊结构

1—蛇形管弯头；2—吊钩；3—炉顶横梁

吊管 4 穿过炉顶墙 5 由吊杆 7 吊在炉顶横梁 8 上，每排悬吊管支吊两排蛇形管。定位板与蛇形管间的结构有固定式（图 8.5(c)）和活动式（图 8.5(d)）两种，前者的定位板上、下部都与蛇形管焊接，不能相对滑动，而后者仅定位板的下部与蛇形管焊接。自下而上，各组定位板应交替采用活动式和定位式两种结构，以补偿其热膨胀。

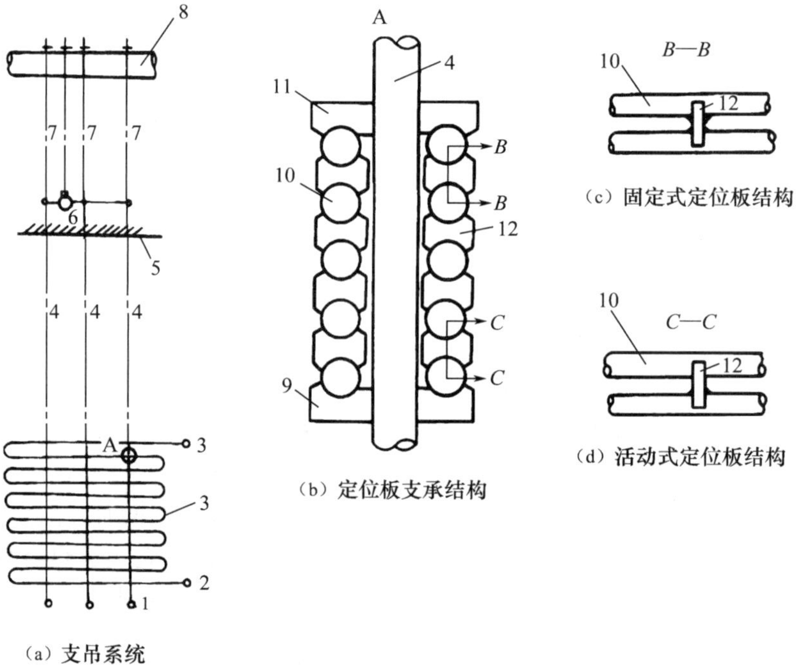

(a) 支吊系统

(b) 定位板支承结构

(c) 固定式定位板结构

(d) 活动式定位板结构

图 8.5　卧式过热器的支吊结构

1—省煤器出口联箱；2—过热器联箱；3—过热器管子；4—悬吊管；5—炉顶墙；6—悬吊管汇集联箱；7—吊杆；8—炉顶横梁；9—定位底板；10—蛇形管；11—定位顶板；12—定位板

过热器的蒸汽质量流速要综合考虑蒸汽对管壁的冷却能力和蒸汽在管内流动时的压力损失。所谓蒸汽质量流速是指单位时间内通过每平方米过流断面的蒸汽质量，用 G 表示，单位为 $kg/(m^2 \cdot s)$。蒸汽质量流速越高，带走的热量越多，对管壁的冷却能力越强，但蒸汽的压力损失也越大，影响机组的热效率。蒸汽质量流速与受热面热负荷有关，高温烟气区的受热面热负荷越大，蒸汽质量流速就越高，以提高受热面的安全性，但要求过热器系统的压力损失不能超过其工作压力的 10%。一般地，对流式过热器低温段的蒸汽质量流速 $G=400\sim800\ kg/(m^2 \cdot s)$、高温段的蒸汽质量流速 $G=800\sim1\ 100\ kg/(m^2 \cdot s)$。蛇形管的管圈结构如图 8.6 所示，由于锅炉烟道宽度的增加滞后于锅炉容量的增加，为了控制大容量锅炉过热器的蒸汽质量流速，常采用双管圈或多管圈结构。并列管圈数越多，蒸汽的过流断面面积越大、流速越小，蒸汽质量流速 G 就越低。

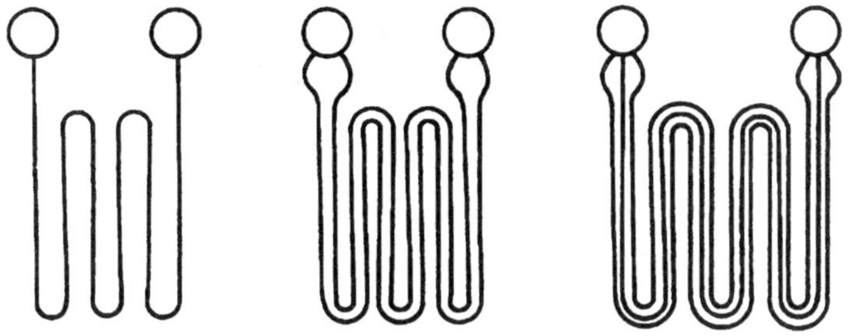

（a）单管圈　　（b）双管圈　　（c）三管圈

图 8.6　蛇形管的管圈结构

对流式过热器的烟气流速 w_y 受很多因素的制约。增大烟气流速，可提高传热系数，减少受热面的积灰，但管子磨损也比较严重；反之，降低烟气流速，可减轻管子的磨损，但传热效果差，管子积灰严重，当烟气流速低于 3 m/s 时，管子会严重堵灰。因此，在额定负荷下对流受热面的烟气流速不宜低于 6 m/s。由于炉膛出口附近烟温较高，灰粒较软，灰粒的磨损性不强，可采用 10~12 m/s 的烟气流速；当烟气温度降至 600~700 ℃时，灰粒变硬，磨损性增大，烟气流速不宜大于 9 m/s。合理的烟气流速，既要有较好的传热效果，又要尽量减轻/减少受热面的磨损和积灰。

2. 辐射式过热器

辐射式过热器是指布置在炉膛内，以吸收炉膛内火焰辐射热为主的过热器。根据布置方式，辐射式过热器一般包括炉膛墙式过热器、屏式过热器（如前屏过热器）和顶棚过热器等。

炉膛墙式过热器布置在炉膛内侧的垂直壁面处，有的与水冷壁交错布置在整个炉膛高度上，有的只布置在炉膛上部的部分高度上，主要吸收炉膛火焰的辐射热。为了保证炉膛墙式过热器的安全工作，常将其作为低温级过热器，并采用较高的蒸汽质量流速，一般取 $G=1\ 000\sim1\ 500\ kg/(m^2 \cdot s)$。但由于炉膛墙式过热器的热负荷太高会影响自然水循环工作，国产锅炉中已很少采用。

前屏过热器悬吊在炉膛上部靠近前墙处，烟气冲刷不充分，对流吸热量少，主要吸收炉膛火焰的辐射热。由于热负荷较高，为保证其工作的可靠性，也采用较高的蒸汽质量流速，取 $G=1\ 000\sim1\ 500\ kg/(m^2 \cdot s)$。前屏过热器除了能改善过热器系统的汽温特性外，还可有效降低炉内温度,防止炉内结渣。屏式过热器由进、出口联箱和管屏组成,如图 8.7 所示。

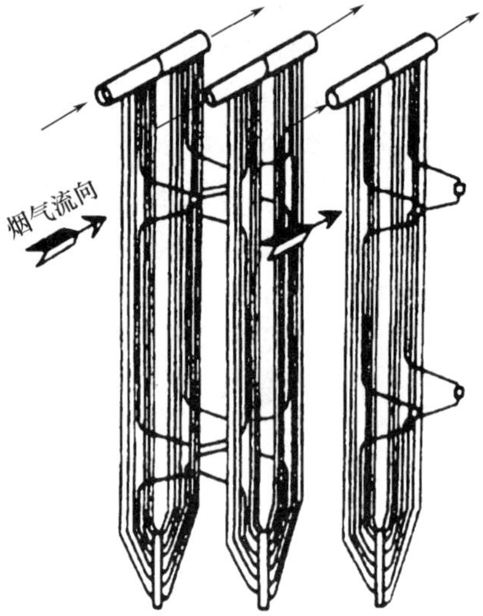

图 8.7 屏式过热器

为避免结渣和便于烟气流过,应使管屏的数量少、距离(横向节距)大,而纵向相对节距很小。一般地,横向节距 $s_1=600\sim1\ 500$ mm,纵向相对节距 $s_2/d=1.1\sim1.2$。为保持管屏在同一平面内,在每个管屏中抽出 1 根管子用作包扎管,将其余管子扎紧。在相邻 2 个管屏中还各抽出 1 根管子作为连接管,连接管扎紧并保持屏间距离 s_1。

前屏过热器的外圈管子热负荷最高,为防止管壁超温,保证其安全工作,除采用较高的蒸汽质量流速、选用比其他管子高一级的钢材外,还可采用“短路”、内外管圈交换和混合等形式,如图 8.8 所示。图 8.8(b)(c)的外管圈均“短路”,以减小流动阻力,增大蒸汽质量流速;图 8.8(b)的双 U 形管屏增加了一次中间混合,减小了热偏差。

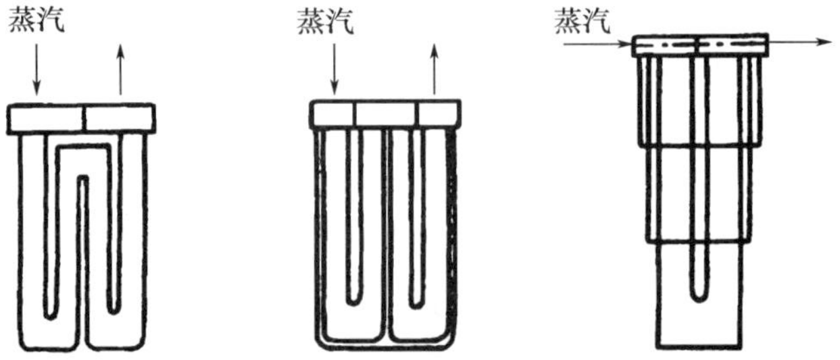

(a) W形管屏　(b) 双U形管屏　(c) 外圈管截短的U形管屏

图 8.8 管屏的形式

顶棚过热器布置在炉膛的顶部,一般采用膜式受热面结构。由于它处于炉膛顶部,热负荷较小,故吸热量较少。采用顶棚过热器的目的是形成轻型平炉顶,即在受热面的外侧直接敷上保温材料构成炉顶,使炉顶结构简化、质量减轻,并可减少炉膛漏风。此外,还使各水冷壁管的高度趋于一致,有利于水循环。

3. 半辐射式过热器

半辐射式过热器是指悬挂在炉膛上部或炉膛出口烟窗处，既接收炉膛火焰的辐射热，又吸收烟气对流热的过热器，包括前屏、大屏和后屏 3 种形式，如图 8.9 所示。半辐射式过热器的结构与辐射式过热器的结构基本相同，但由于有辐射换热和对流换热的双重作用，其热负荷更高。为保证其工作的安全性，除了采用辐射式过热器所常采用的措施外，还要控制烟气流速，一般 $w_y = 5 \sim 6$ m/s。

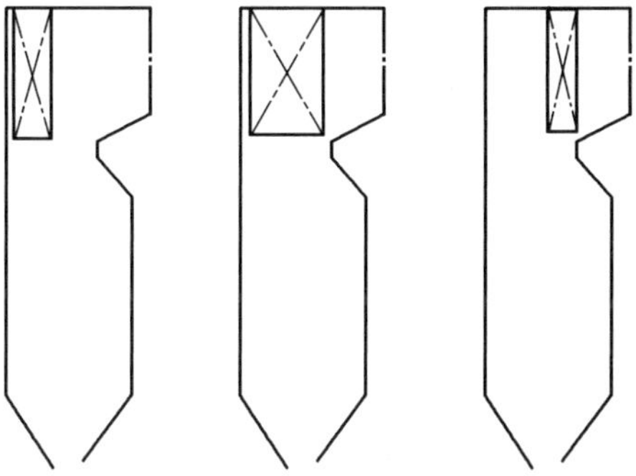

(a) 前屏　　(b) 大屏　　(c) 后屏

图 8.9　半辐射式过热器的形式

4. 包敷管过热器

在高参数大容量锅炉的水平烟道、转向室和垂直烟道的各面墙上，一般都布置有包敷管过热器。由于靠墙处的烟气流速很低，烟气温度也较低，故包敷管过热器的对流吸热量和辐射吸热量都很少。布置包敷管过热器的主要作用是：简化烟道炉墙，便于采用悬吊结构，并提高炉墙的严密性，减少烟道漏风。

8.2.2　再热器的结构形式

再热器的结构与过热器相似，也由并列管和联箱组成。为减小流动阻力，再热器常采用大管径、多管圈结构，一般管径为 40~60 mm，管圈数为 5~9 圈。例如，DG-1000/16.7-1 型自然循环锅炉的中温再热器采用 $\phi60\times4$ 管子，管圈数为 9 圈；高温再热器采用 $\phi60\times4$ 管子，管圈数为 7 圈。

(1) 辐射式再热器常作为低温再热器，一般布置在炉膛前墙的上部及两侧墙的前部，并将其外侧的水冷壁遮挡住，因此又称墙式再热器。一方面，辐射式再热器的热负荷较低，有利于它的安全工作；另一方面，布置了辐射式再热器后，还提高了循环回路的高度及运动压头，从而提高了水循环工作的可靠性。辐射式再热器的热负荷虽然相对较低，但为了防止发生事故时蒸汽温度过高、再热器管壁超温，在辐射式再热器进口联箱的连接管上，应设置事故喷水减温器。

(2) 对流式再热器布置在水平烟道或垂直烟道内。当其布置在水平烟道内时，采用立式悬吊结构，其蛇形管直接悬吊在炉顶外的进、出口联箱上。当其布置在垂直烟道内时，采用卧式悬吊结构，现代大型锅炉常利用省煤器的引出管作为悬吊管。立式对流再热器和卧式对流再热器的特点，分别与相应布置形式的对流式过热器的特点相似。

8.3 热偏差

8.3.1 热偏差的概念

热偏差是影响过热器安全工作的重要原因之一。过热器是由许多并列管子组成的管组,而各根管子的结构尺寸、热负荷和工质流量不可能完全一样,造成工质的焓增不同,蒸汽温度也就有高有低。在这种管子并列工作的管组中,部分管内工质的焓增偏离管组的平均焓增的现象称为热偏差。把管内工质的焓增大于管组内工质平均焓增的管子称为偏差管。偏差管内工质的焓增越大,管内的工质温度越高,管壁的温度就越高。在锅炉运行中,如果热偏差过大,当偏差管的壁温过高甚至超过管材的允许温度时,就会发生超温爆管事故。因此,对热偏差问题必须予以足够的重视。

热偏差的大小可用热偏差系数 φ 表示,即

$$\varphi = \Delta h_{p}/\Delta h_{pj} \tag{8.1}$$

式中 Δh_{p}——偏差管内工质的焓增,kJ/kg;

Δh_{pj}——管组内工质的平均焓增,kJ/kg。

工质在过热器内的焓增等于每千克蒸汽的吸热量,其大小取决于管子的热负荷 q、受热面面积 S 和工质流量 D,它们之间的数量关系为

$$\Delta h = qS/D \tag{8.2}$$

因此,热偏差系数 φ 为

$$\varphi = \Delta h_{p}/\Delta h_{pj} = (q_{p}/q_{pj}) \times (S_{p}/S_{pj}) \times (D_{pj}/D_{p}) \tag{8.3}$$

式中 q_{p}、q_{pj}——偏差管的热负荷和管组的平均热负荷,kW/m^2;

S_{p}、S_{pj}——偏差管的受热面积和管组的平均受热面积,m^2;

D_{p}、D_{pj}——偏差管的工质流量和管组的平均工质流量,kg/s。

由式(8.3)可以看出,产生热偏差的原因是管组中个别管子的热负荷、受热面面积或工质流量偏离管组的平均值。但在过热器及再热器的设计、制造和安装中,一般已尽量减小了受热面面积的差别,故受热面面积差异的影响可以忽略。因此,过热器及再热器产生的热偏差主要是由热负荷不均和工质流量不均造成的。

8.3.2 过热器产生热偏差的原因

如前所述,过热器热偏差主要是由热负荷不均和工质流量不均造成的,下面分别加以分析。

1. 热负荷不均

过热器的热负荷不均,引起过热器的吸热不均,故又称吸热不均。影响过热器热负荷不均的因素很多,有结构方面的因素,也有运行方面的因素。

炉膛内的温度场分布和烟气流速是不均匀的。炉膛中部的温度高,烟气流速也大,这就使得处在炉膛中部高温区的辐射式过热器的吸热量较大。屏式过热器最外圈的管子直接接收高温火焰的辐射热,吸热量最大,而内侧的管子,由于受外圈管子的遮挡,故其吸热量少。

一般地，沿烟道宽度方向的热负荷和烟气流速不均匀，烟道中部的热负荷大、流速高，两侧的热负荷小、流速低，引起烟道中部对流式过热器管子的吸热量多，而布置在烟道两侧的管子吸热量少。此外，在并列工作的管子中，由于安装不合理或检修时管子的割除而造成管间节距不等，在管子稀疏处会形成“烟气走廊”，此处的烟气流动阻力小、烟气流速高、对流放热系数大、对流换热强，且有效辐射层厚度较大，故辐射换热也强。因此，“烟气走廊”处的管子吸热量大，离“烟气走廊”较远的管子吸热量小，也造成吸热不均。

在锅炉运行过程中，炉膛火焰中心偏斜，直流燃烧器四角切向燃烧所形成的旋转气流，会使炉膛出口的烟气流速和温度分布不均匀，从而引起烟道内对流式过热器的吸热不均，且离炉膛出口越近的过热器所受的影响越大。炉膛内的部分水冷壁结渣时，结渣处的传热热阻增大、吸热量减少，使其出口烟温升高，后面的受热面吸热量增加。过热器本身部分管子结渣或积灰时，其吸热量减少，而其余并列管子的吸热量则增大。

上述各种因素都会使过热器各并列管的热负荷不同，吸热不均，产生热偏差。此外，热负荷高的管子吸热量多，蒸汽温度高、质量体积大、流动阻力大，使工质质量流量小、热偏差大，即吸热不均引起的过热器热偏差会导致工质流量不均，工质流量不均反过来又加大了热偏差。

2. 工质流量不均

影响过热器工质流量不均的因素很多，除前文所述的吸热不均导致工质流量不均外，主要有各并列管间结构上的差异、过热器联箱间的连接方式不同等。

在过热器的并列管中，如果各根管子的进、出口压力相同，则各根管子的压力损失相同，流动阻力相同。由工程流体力学可知，当压力损失相同，而各根管子的长度、直径或粗糙度不同时，管内流体的流速和流量就不同，长而细的管子或流动阻力系数大的管子流量小。在过热器设计、制造、安装和检修的各环节中，不可能保证各并列管在结构和尺寸上完全相同，从而会造成流量不均。如屏式过热器的外圈管子最长，当各并列管进、出口压差相同时，其蒸汽流量最小。此外，由于外圈管子的受热面积最大、吸热量最多，管内的蒸汽温度高、质量体积大，使蒸汽流量进一步减小，更加大了热偏差，工作可靠性很差。

过热器联箱间的连接方式不同，联箱内的压力分布就不同，如图 8.10 所示。进、出口压差小的管子，蒸汽流量小，蒸汽温度高，热偏差就大。蒸汽由进口联箱左端引入，从出口联箱右端引出的连接方式，称为 Z 形连接，如图 8.10(a)所示。在进口联箱中，沿蒸汽流动方向流速逐渐降低、动能逐渐减小、压力能逐渐增大，即压力 p_1 逐渐升高；在出口联箱中，沿蒸汽流动方向流速逐渐升高、动能逐渐增大、压力能逐渐减小，即压力 p_2 逐渐降低。因此，在 Z 形连接中，各并列管进、出口的压差 Δp 相差很大，并导致较大的流量不均，左边的管圈流量最小，而右边的管圈流量最大。蒸汽由进口联箱的左端引入，又从出口联箱的左端引出的连接方式，称为 U 形连接，如图 8.10(b)所示。在 U 形连接中，从左至右，进、出口联箱的压力都是增大的，各并列管的压差 Δp 相差较小，其流量不均程度也较 Z 形连接要小。图 8.10(c)为多点引入、引出的多管连接方式，这种连接方式在联箱长度方向上的压力变化很小，流量不均也降至最低程度，但其连接管道多、金属消耗量大。

此外，各并列管在结构和质量方面的差异，也会导致工质流量不均，如管子的长度、内径、粗糙度、弯头数量及管内的焊瘤等。

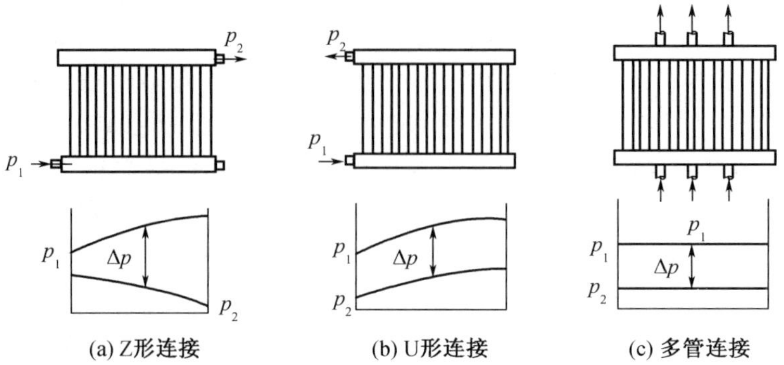

图 8.10　不同连接方式下联箱内的压力分布

8.3.3　减小热偏差的方法

经上述分析可知,要减小过热器的热偏差,把过热器管壁温度控制在允许范围内,就必须减小过热器烟气侧的热负荷不均和蒸汽侧的流量不均。具体方法从以下两方面论述。

1. 烟气侧采取的方法

(1)在锅炉安装和检修中,应尽量使过热器的横向节距 s_1 均匀相等,避免形成“烟气走廊”。

(2)在锅炉运行调整中,要尽量使各燃烧器的负荷大小一致,炉内火焰不发生偏斜,炉内温度场和烟气流速比较均匀。

(3)应建立健全吹灰制度,做到定时吹灰、及时打渣,防止因积灰或结渣引起的热负荷不均。

2. 蒸汽侧采取的方法

(1)过热器分级连接、级间混合。

现代大型锅炉都采用了分级连接、级间混合的过热器系统,即将过热器分成几级,每级过热器都有自己的进、出口联箱。对某一级过热器来说,并列管引出的蒸汽在其出口联箱中充分混合,减小或消除了该级过热器所产生的热偏差,而不会把在本级过热器内所产生的热偏差带到下一级中去。因此,过热器级数分得越多,热偏差就越小。一般地,高压锅炉将过热器分三级、混合两次或分四级、混合三次;超高压锅炉将过热器分四级或五级,将再热器分两级。

理论和实践都证明,过热器分级后,每一级过热器的焓增不应太大,一般不宜超过250~400 kJ/kg(根据锅炉蒸发量不同而不同),否则将会产生较大的热偏差。随着蒸汽温度的提高,其比热逐渐减小,在相同的热偏差条件下,产生的热偏差更大。同时,由于末级过热器的蒸汽温度最高、工作条件最差,容易产生超温爆管,因此末级过热器的焓增更要小些,一般不超过 200 kJ/kg。此外,减小末级过热器的焓增,还可以提高蒸汽温度调节的灵敏性。

(2)两级间蒸汽左右交换流动。

受炉内温度场不均和炉内旋转气流的影响,沿炉宽方向的热负荷不均,从而引起过热器的热偏差。采用两级间蒸汽左右交换流动,即利用蒸汽连接管或中间联箱,将原在锅炉左侧流动的蒸汽引至下一级的右侧,而原在锅炉右侧流动的蒸汽引到下一级的左侧,这就可减小热负荷不均所造成的热偏差。蒸汽左右交换流动的连接系统如图 8.11 所示。

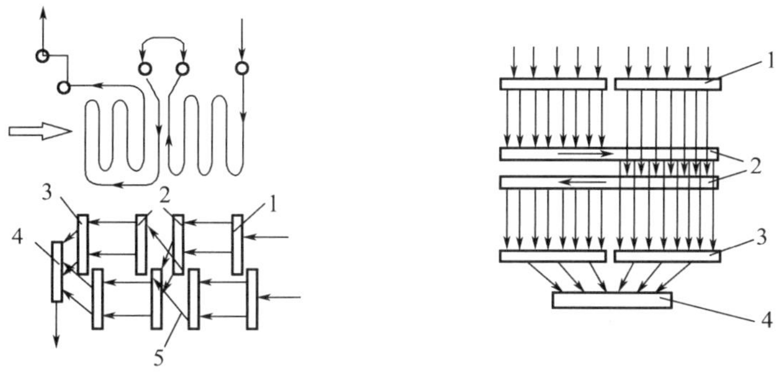

（a）利用蒸汽连接管左右交换　　（b）利用中间联箱左右交换

图 8.11　蒸汽左右交换流动的连接系统

1—进口联箱；2—中间联箱；3—出口联箱；4—集汽联箱；5—蒸汽连接管

(3)采用较好的过热器连接方式。

由前文可知,采用多点引入、引出的多管连接方式时,进、出口联箱上压力分布最均匀,并列管的流量不均程度最低,产生的热偏差也最小。

(4)为减小烟道中部烟气温度高、两侧烟气温度低所产生的热偏差,可将两侧烟气温度低的过热器组成一级(如高温过热器冷段)、中间烟气温度高的过热器组成一级(如高温过热器热段)。

(5)屏式过热器减小热偏差的方法。

如前所述,屏式过热器外圈管子的热负荷大、流量小,金属壁温高,工作可靠性差。为提高其工作的可靠性,除了采取联箱混合、使用耐高温钢材等措施以外,在结构上还可采用外圈管子截短、外圈管子短路、内外圈管子交叉或内外管屏交叉等方法,如图 8.12 所示,以减小内外圈管子的热负荷不均和工质流量不均,从而减小其热偏差。

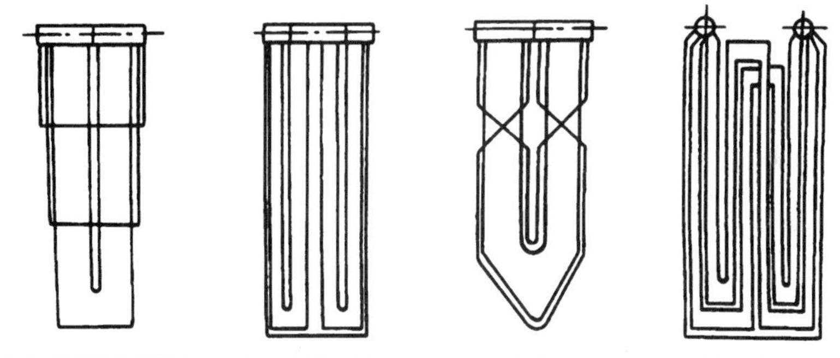

（a）外圈管子截短　（b）外圈一圈管子短路　（c）内外圈管子交叉　（d）外圈管子短路和内外圈管子交叉

图 8.12　屏式过热器减小热偏差的结构措施

8.4　汽温特性及汽温调节

8.4.1　过热器的汽温特性

汽温特性是指过热器出口蒸汽温度(汽温)与锅炉负荷之间的变化关系,即 $t=f(D)$。

过热器的形式不同,其汽温特性也不同,如图 8.13 所示。

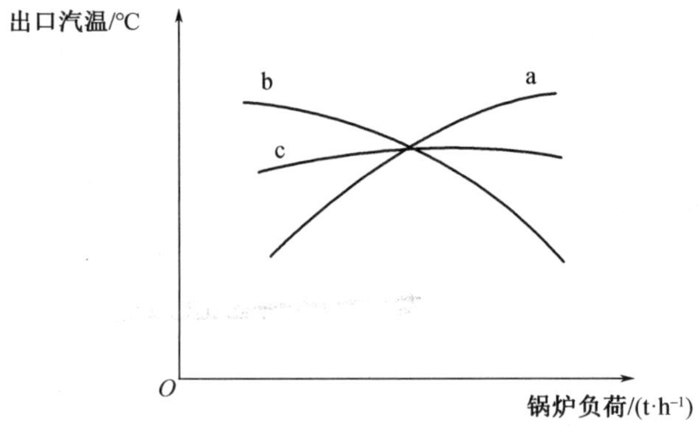

图 8.13 过热器的汽温特性

a—对流式过热器;b—辐射式过热器;c—半辐射式过热器

1. 对流式过热器的汽温特性

当锅炉负荷增大时,对流式过热器中的蒸汽流量相应增大,燃料消耗量和空气量均增加,炉膛内的温度有所升高,燃料燃烧生成的烟气量也相应增加,使炉膛出口的烟气流速和烟气温度均升高,对流式过热器的传热温差和传热系数都增大,对流传热量增加。由于对流传热量的增加幅度大于蒸汽流量的增加幅度,单位质量过热蒸汽的吸热量增加,因此过热蒸汽的焓增增大、温度升高,故对流式过热器出口汽温随锅炉负荷的增大而升高,如图 8.13中曲线 a 所示。反之,当锅炉负荷减小时,过热器出口汽温降低。

2. 辐射式过热器的汽温特性

辐射式过热器的汽温特性与对流式过热器的汽温特性相反,即当锅炉负荷增大时,过热器出口汽温降低,如图 8.13 中曲线 b 所示;反之,当锅炉负荷减小时,过热器出口汽温升高。当锅炉负荷增大时,过热器中的蒸汽流量增加,燃料量和空气量也相应增加,炉膛温度升高,使辐射式过热器的吸热量增加。但由于炉膛内温度升高幅度有限,辐射吸热量的增加跟不上蒸汽流量的增加,使单位质量的蒸汽在辐射式过热器中的吸热量减小、焓增降低、温度下降。故随锅炉负荷的增大,辐射式过热器的出口汽温降低。

3. 半辐射式过热器的汽温特性

半辐射式过热器的汽温特性如图 8.13 中曲线 c 所示,当锅炉负荷变化时,半辐射式过热器出口汽温变化比较平稳。但实践证明,半辐射式过热器的汽温特性更接近于对流式过热器,即当锅炉负荷增加时,过热器出口汽温略有升高;当锅炉负荷减小时,过热器出口汽温略有降低。

现代大型锅炉都同时采用对流式、辐射式和半辐射式过热器联合的过热器系统,以获得比较平稳的汽温特性。但由于过热器系统中对流式过热器所占比例较大,故其汽温特性接近于对流式过热器,即锅炉负荷增大时出口汽温升高,锅炉负荷减小时出口汽温降低。

再热器的汽温特性与所对应的过热器的汽温特性相同。

8.4.2　蒸汽温度调节

1. 蒸汽温度调节的意义

蒸汽温度是锅炉运行中监视和控制的主要参数之一，它包括过热蒸汽温度和再热蒸汽温度。蒸汽温度过高、过低或大幅度波动，都会严重影响锅炉运行的安全性和经济性。当蒸汽温度过高时，将使过热器、再热器、蒸汽管道、汽轮机等设备的寿命缩短，严重超温时，会造成过热器或再热器的超温爆管。当蒸汽温度过低时，电厂的循环热效率低，一般当蒸汽压力在 12~25 MPa 范围内时，主蒸汽温度每降低 1 ℃，可使循环热效率下降 0.5‰。再热蒸汽温度的降低，还可能使汽轮机的排汽湿度增大，造成汽轮机末几级动叶的冲蚀，影响汽轮机的安全运行。由于蒸汽温度的大幅度波动，会使金属部件产生疲劳破坏，甚至使汽轮机发生剧烈的振动，因此维持稳定的过热蒸汽温度和再热蒸汽温度，是锅炉设计和运行的重要任务。现代锅炉的蒸汽温度允许波动范围一般是(额定蒸汽温度-10)~(额定蒸汽温度+5) ℃。

影响蒸汽温度变化的因素很多。例如，锅炉负荷、过量空气系数、漏风系数、受热面的清洁程度、给水温度、燃料性质等变化时，均会引起过热蒸汽温度和再热蒸汽温度的变化。表 8.2 给出了某些因素对过热蒸汽温度的影响。

表 8.2　某些因素对过热蒸汽温度的影响

影响因素	过热蒸汽温度变化/℃
锅炉负荷(±10%)	±10
过量空气系数(±10%)	±(10~20)
给水温度(±10%)	4~5
煤粉水分(±10%)	±1.5
煤灰分(±10%)	±5

2. 对蒸汽温度调节的要求

为满足过热蒸汽温度和再热蒸汽温度的要求，锅炉必须有可靠的蒸汽温度调节方法及装置。对锅炉蒸汽温度调节装置有以下基本要求：蒸汽温度调节灵敏、延滞性小；装置的结构简单、工作可靠、调温范围大，对循环热效率的影响小；节约钢材等。

3. 蒸汽温度调节方法

蒸汽温度调节可分为蒸汽侧调节和烟气侧调节两大类。蒸汽侧蒸汽温度调节的原理是利用其他介质直接改变蒸汽的焓值，来调节蒸汽温度。蒸汽侧温度调节装置有表面式减温器、混合式减温器、微量喷水减温器、事故喷水减温器等。烟气侧蒸汽温度调节的原理是通过改变烟气对蒸汽的传热量来改变蒸汽温度。烟气侧温度调节装置有分隔烟道挡板、摆动式燃烧器、烟气再循环系统等。下面就各种调温装置及其调温原理分别予以介绍。

(1)蒸汽侧蒸汽温度调节方法。

①表面式减温器调温。

图 8.14 为一种表面式减温器的结构简图。它是管-壳式的表面热交换器，主要由冷却

水(或称减温水)进、出口联箱,U形管,外壳,蒸汽进、出口管座等组成。过热蒸汽在外壳内的管外空间横向流动,冷却水在U形管管内纵向流动,冷却水通过U形管壁面吸收过热蒸汽的热量,使蒸汽温度降低。冷却水一般采用给水。

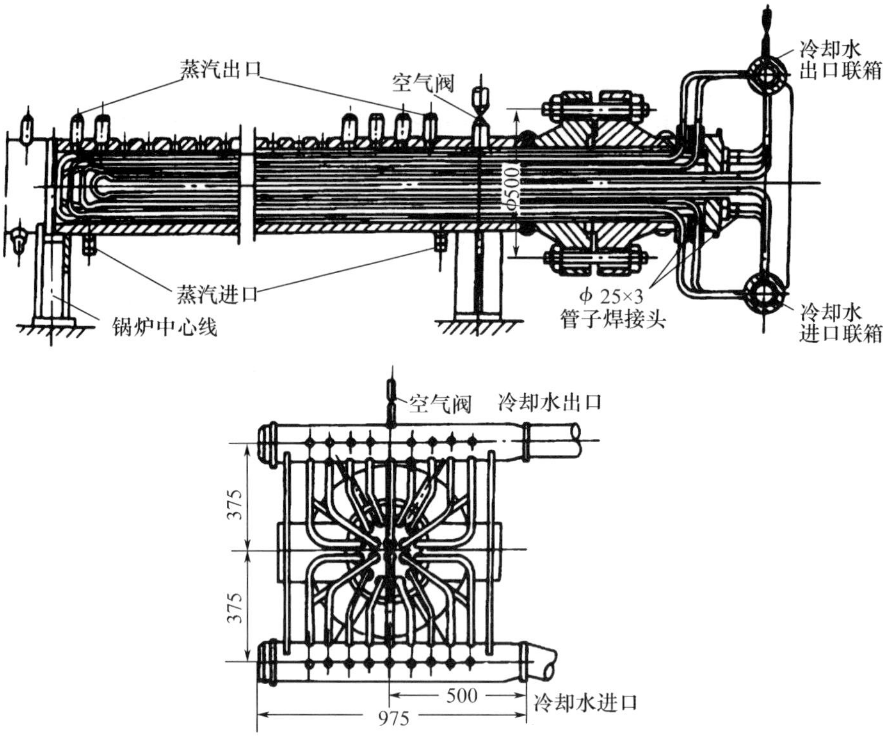

图8.14　一种表面式减温器的结构简图

表面式减温器的优点是冷却水与过热蒸汽不接触,水中的杂质不会进入蒸汽,故对冷却水的水质要求较低。但是,它也存在着结构复杂、笨重,钢材消耗多,渗漏时影响蒸汽品质,调温幅度小(40~50 ℃),调节灵敏度低等缺点。因此,表面式减温器常用于中小型锅炉过热蒸汽的温度调节。

②混合式减温器调温。

混合式减温器又称喷水减温器,它广泛应用于国产高压及以上锅炉过热蒸汽的调温。混合式减温器的工作原理是直接将冷却水喷入过热蒸汽中,冷却水被过热蒸汽加热、蒸发并过热成过热蒸汽,而过热蒸汽因加热冷却水放出热量而温度降低,从而达到降低过热蒸汽温度的目的。喷入的冷却水越多,过热蒸汽的温度降幅越大,即通过增加或减少冷却水的量,来降低或升高过热蒸汽的温度。

喷水减温器具有结构简单、操作方便、调温灵敏、调温范围大等优点,成为电厂锅炉过热蒸汽的主要调温装置。但由于冷却水直接与蒸汽混合,为防止蒸汽污染,对冷却水的品质要求很高。

喷水减温器的结构形式很多,图8.15所示为旋涡式喷嘴减温器。该减温器由旋涡式喷嘴、文丘里管及混合管组成,常布置在两级过热器之间的连接管道上。冷却水经旋涡式喷嘴雾化后顺汽流方向流动,在文丘里管的喉部与高速蒸汽混合,水滴的汽化使过热蒸汽的温度降低。文丘里管后部为 4~5 m 长的混合管,用以延长冷却水与过热蒸汽的混合时间。混合管与减温器外壳之间留有一定的间隙,以防止低温冷却水直接喷射在减温器外壳上时,造成热应力冲击。

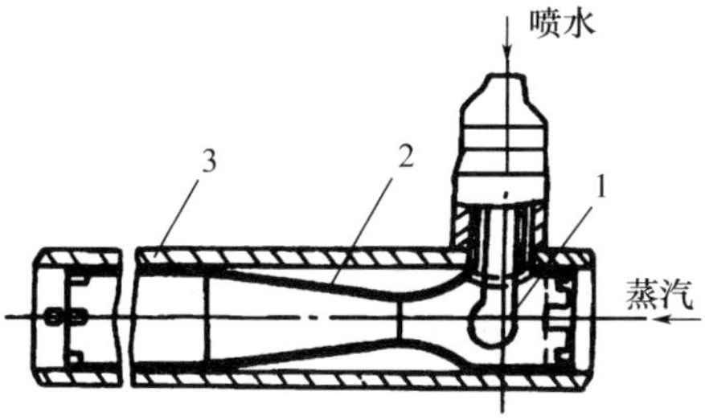

图 8.15　旋涡式喷嘴减温器

1—旋涡式喷嘴;2—文丘里管;3—混合管

旋涡式喷嘴减温器中冷却水的雾化质量好,调温范围大,但喷嘴是悬挂在减温器中的,易产生振动,应采取措施保证其安全。

图 8.16 所示为一种多孔喷管式减温器,它由外壳、多孔喷管、混合管(衬套)等组成,布置在过热器联箱中或两级过热器之间的连接管道上。在背向汽流方向的一侧,喷管上开有一定数量的喷孔,冷却水从喷孔中喷出并雾化,再与蒸汽同向流动和混合,冷却水因吸收过热蒸汽的热量而蒸发和过热,从而降低了过热蒸汽温度。由于多孔喷管出口冷却水的雾化质量差、汽化长度大,故混合管长度应适当加长。为防止振动,要利用固定装置将多孔喷管固定好。

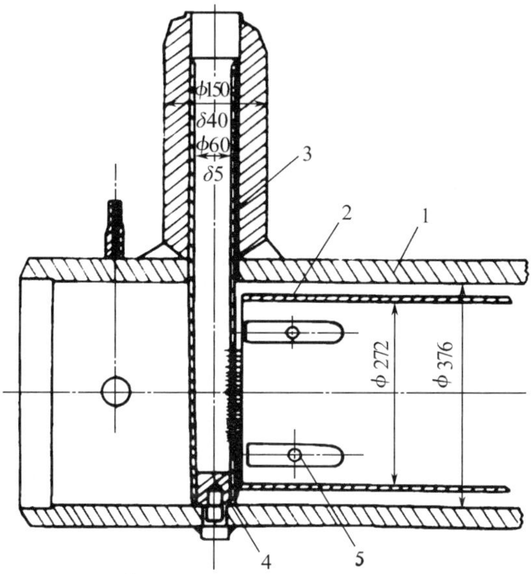

图 8.16　多孔喷管式减温器

1—外壳;2—混合管;3—多孔喷管;4—端盖;5—加强片

多孔喷管式减温器结构简单,易于制造和安装,调温效果好,在国产大型锅炉上得到广泛应用。

为了防止蒸汽污染,喷水减温器对冷却水的品质要求很高。由于我国水处理技术的迅速发展,现代高压及以上大型凝汽式电厂的给水品质完全能够满足蒸汽对给水的要求,故现代电厂锅炉广泛采用给水作为冷却水,并利用给水与过热器之间的压差实现自动喷水降温,喷水减温器的连接系统如图 8.17 所示。

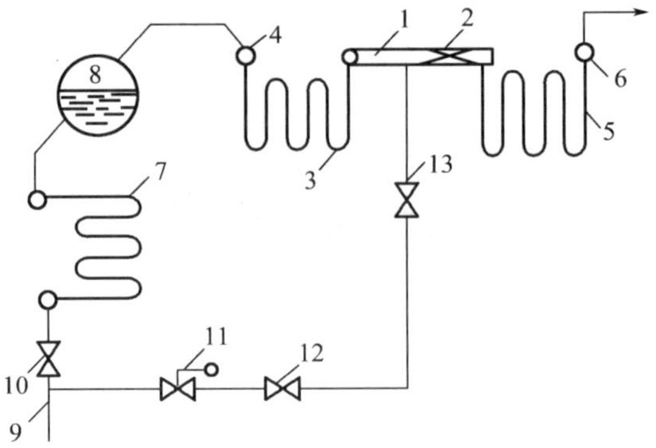

图 8.17　喷水减温器的连接系统

1—喷头;2—联箱;3、5—过热器;4、6—进、出口联箱;7—省煤器;8—汽包;9—给水管;10—给水阀;11—减温水调节阀;12—逆止阀;13—隔离阀

高压和超高压锅炉的过热器系统,常采用两级喷水减温,一般第一级喷水减温器放置在屏式过热器之前,用于整个过热器系统蒸汽温度的粗调,同时也起保护屏式过热器的作用;第二级喷水减温器放置在高温过热器之前,用于过热器出口蒸汽温度的细调。有的亚临界及超临界电厂锅炉的过热器则采用三级喷水减温系统。

③微量喷水减温器调温。

再热蒸汽温度一般不宜采用喷水减温作为其主要调温手段。因为喷入再热器的冷却水增加了再热蒸汽的流量,使汽轮机中、低压缸的做功量增加,如果外界负荷保持不变,就必须减少进入汽轮机高压缸的过热蒸汽、降低汽轮机高压缸的做功量,以维持汽轮机功率与外界负荷的平衡。这样再热蒸汽的中压蒸汽动力循环就部分替代了过热蒸汽的高压蒸汽动力循环,降低了电厂的循环热效率。一般地,在再热器中每喷入 1%的给水,循环热效率就降低 0.1%~0.2%。因此再热蒸汽温度的调节主要采用烟气侧蒸汽温度方法。

为了更精确地调节再热蒸汽温度,在再热蒸汽的蒸汽侧还装有微量喷水减温器,以补充烟气侧调温的不足,实现再热汽温的细调。微量喷水减温器也采用喷嘴式或多孔喷管式结构,喷水的方向与蒸汽流向相反,以提高减温水的雾化质量。图 8.18 为采用莫诺克型喷嘴的微量喷水减温器。它有 2 个莫诺克型喷嘴,喷水方向与蒸汽流向相反,混合管用来防止减温水直接接触外壳,以减小温差热应力。

冷却水一般来自给水泵的中间抽头。微量喷水减温器常布置在高温再热器前的连接管道上。

④事故喷水减温器调温。

由于再热器的工作条件很差,特别是在事故情况下,再热器受热面很可能产生超温破坏,因此在再热器的进口管道上还设置了事故喷水减温器。当锅炉产生烟道二次燃烧、再热器前受热面严重积灰或结焦等事故时,便投入事故喷水减温器,降低再热蒸汽温度,对再热器进行保护。事故喷水减温器的结构与微量喷水减温器一样,有喷嘴式和多孔喷管式等。

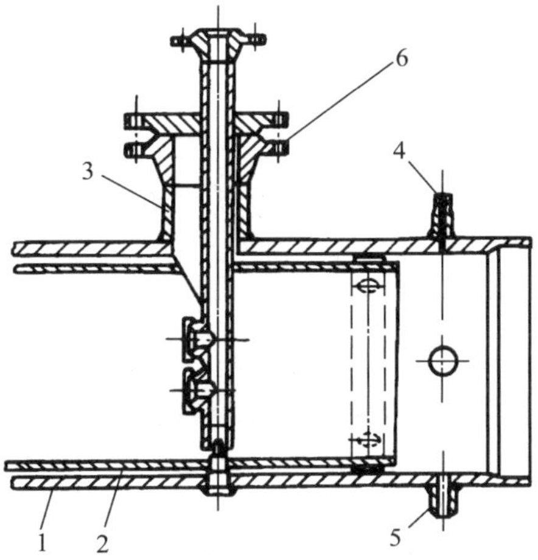

图 8.18　采用莫诺克型喷嘴的微量喷水减温器

1—外壳;2—混合管;3、4、5—管接头;6—连接法兰

⑤喷水减温器在过热器系统中的布置。

综前所述,喷水减温器不仅用于蒸汽温度的调节,而且通过喷水降温,还可保护喷水减温器后受热面不致超温。因此,喷水减温器在过热器和再热器系统中的位置,应兼顾蒸汽温度调节的灵敏性和保护受热面安全两方面。喷水减温器在系统中的位置不同,对蒸汽温度调节的灵敏性和受热面安全性的影响就不同。

喷水减温器可以布置在过热器系统的进口、出口或中间位置,且都可以达到降低蒸汽温度的目的,但对过热器工作的影响却大不相同,如图 8.19 所示。当喷水减温器安装在过热器系统进口端时,过热器内的蒸汽温度将沿着曲线 *aecd* 的方向逐渐升高,至过热器系统出口时蒸汽温度正好达到额定温度。这种布置虽然能保持各过热器金属温度较低,但是由调节减温水量至过热器系统出口蒸汽温度改变所需时间较长,调温的灵敏性很差。而且,湿蒸汽中的水滴很难均匀分配到过热器的并列蛇形管中去,易产生较大的热偏差。当喷水减温器装在过热器系统的出口端时,过热器内的蒸汽温度将沿着曲线 *abfd* 的方向变化,由于减温点就在过热器的出口处,其汽温调节非常灵敏,但喷水减温器前的蒸汽温度已经超过了额定值,过热器管壁可能超温,故这种布置不能保护过热器本身,而仅能保护过热器系统后的主蒸汽管道和汽轮机。当喷水减温器装在过热器系统的中间时,蒸汽温度将沿曲线 *abcd* 的方向变化,它既能降低高温段过热器的管壁温度,对蒸汽温度调节也比较灵敏。喷水减温器离过热器出口端越近,汽温调节的灵敏性就越好。因此,喷水减温器常常布置在整个过热器系统的中间位置。

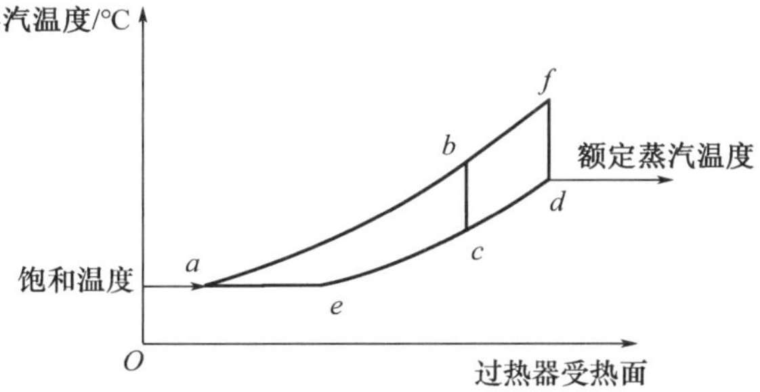

图 8.19　减温器位置对蒸汽温度的影响

现代锅炉的过热器系统很复杂、分级也很多,因此,喷水减温器常采用中间位置、多级减温的布置方案。图 8.20 为 DG-1000/16.7-Ⅰ型锅炉过热器的减温器布置情况。

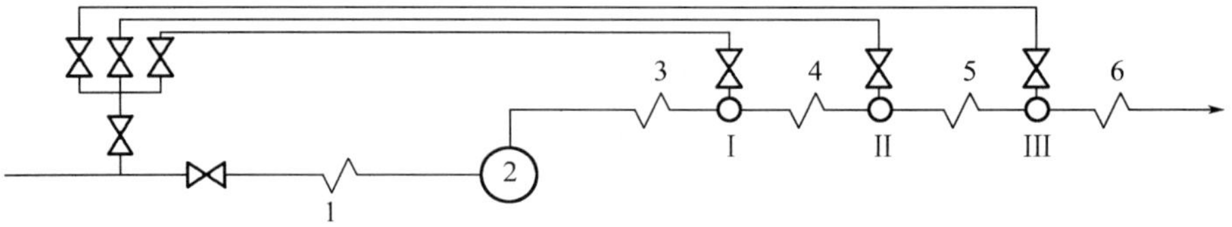

图 8.20　DG-1000/16.7-Ⅰ型锅炉过热器的减温器布置情况

1—省煤器;2—汽包;3—低温过热器;4—前屏过热器;5—后屏过热器;6—高温过热器;

Ⅰ—第一级喷水减温器;Ⅱ—第二级喷水减温器;Ⅲ—第三级喷水减温器

由于低温过热器的蒸汽温度较低,安全性好,故不设减温器;前屏过热器的进口端设第一级喷水减温器,其作用是保护前屏过热器的安全,并对过热蒸汽温度进行粗调;前、后屏过热器之间设第二级喷水减温器,其作用是保护后屏过热器,也可对过热蒸汽温度进行粗调;第三级喷水减温器装在高温过热器的进口端,其作用是对过热蒸汽温度进行细调,并保护高温过热器本身。由于第三级喷水减温器离过热器系统的出口较近,故可保证其对蒸汽温度调节的灵敏性。

(2)烟气侧蒸汽温度调节方法。

①分隔烟道挡板调温。

分隔烟道挡板调温装置是用来调节再热蒸汽温度的。分隔烟道内可以并列布置再热器和省煤器或再热器和过热器,而电厂锅炉常采用再热器和过热器并列的分隔烟道挡板调温装置,其受热面布置方式如图 8.21 所示。

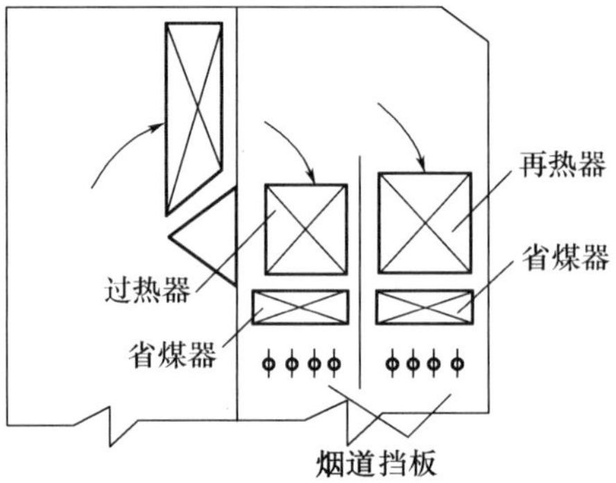

图 8.21　分隔烟道挡板调温装置的受热面布置方式

分隔烟道挡板调温装置是将烟道用隔墙分开,把再热器和过热器分别布置在相互隔开的 2 个并列烟道内,其后布置并列的省煤器管组,在省煤器后面装设可调节的烟道挡板。

用分隔烟道挡板调节蒸汽温度的原理:通过调节烟道挡板开度的变化,改变流过 2 个并列烟道的烟气量,从而改变受热面烟气侧的放热系数和传热量,达到调节蒸汽温度的目的。

当锅炉在额定负荷下工作时,烟道挡板是全开的,流经每一分隔烟道的烟气量约占总烟气量的 50%。由于再热器系统具有对流式过热器的蒸汽温度特性,即当锅炉负荷降低时，再热蒸汽温度降低，因此，当锅炉负荷降低时，应开大再热器侧的烟道挡板、关小过热器侧的烟道挡板，使再热器侧的烟气流量增大、过热器侧的烟气流量减小，从而使再热蒸汽温度升高，达到调节再热蒸汽温度的目的。反之，当锅炉负荷升高时，调节方向相反。分隔烟道挡板调温时烟气流量的变化如图 8.22 所示。由于在调节再热蒸汽温度时，也改变了过热器一侧的烟气量及过热蒸汽温度，因此还应通过调节过热器的冷却水量，来维持过热蒸汽温度的稳定。

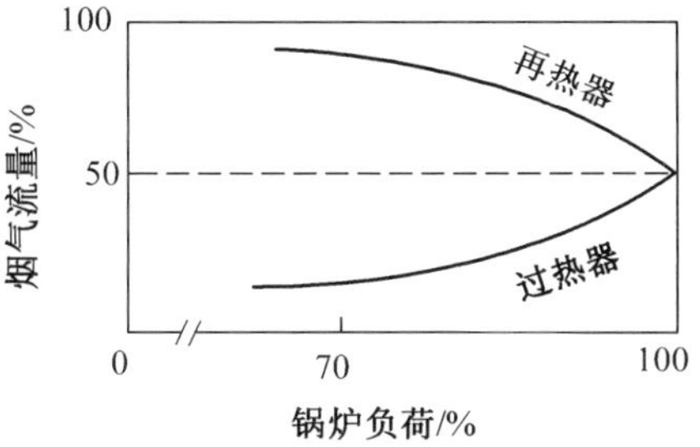

图 8.22 分隔烟道挡板调温时烟气流量的变化

分隔烟道挡板调温装置主要用于调节再热蒸汽温度，其结构简单、操作方便，但不能布置在烟温高于 400 ℃的区域，否则挡板易烧损变形，使调节失灵。

②摆动式燃烧器调温。

锅炉在运行时，摆动式燃烧器喷口的倾角可上下调节。通过调节摆动式燃烧器的倾角，改变炉膛火焰中心的高度，改变炉膛内的辐射吸热量，使炉膛出口烟温发生变化，进而达到调节蒸汽温度的目的，但主要用于调节再热蒸汽温度。在调节再热蒸汽温度时，会对过热蒸汽温度产生影响，故还要通过改变喷水减温器的冷却水量来调整过热蒸汽温度。

国产大型锅炉常采用摆动式直流燃烧器作为再热蒸汽温度的主要调温手段，摆动角度一般为±(20°~30°)。当锅炉低负荷运行时，再热蒸汽温度低，燃烧器就向上摆动一定角度，使炉膛内火焰中心位置上移，炉内辐射换热量减少，炉膛出口烟温升高，则再热器吸热量增加、再热蒸汽温度升高。当锅炉高负荷运行时，调节与上述相反。一般地，燃烧器摆动±(20°~30°)时，炉膛出口烟温变化为 110~140 ℃，调温幅度在 40~60 ℃之间。这种调温方式是通过改变炉膛出口烟温实现的，调温幅度主要决定于受热面的布置位置，受热面距离炉膛出口越近，其调温效果就越好。因此，为了达到良好的蒸汽温度调节效果，再热器的主受热面应尽可能地离炉膛出口近些。

摆动式燃烧器的倾角过大时，会影响到炉内的燃烧工况。当摆动式燃烧器向上摆动角度过大时，缩短了煤粉在炉内的停留时间，固体不完全燃烧热损失增大，还可能使炉膛出口处产生结渣；当摆动式燃烧器向下摆动角度过大时，又会造成冷灰斗处的结渣。因此，运行中应根据试验来确定摆动式燃烧器倾角的上限值和下限值。此外，燃油锅炉的火焰较短，用摆动式燃烧器调节蒸汽温度的效果不理想，故不宜采用。

这种调温方式的优点是设备简单，调节方便，灵敏度高，调温幅度大；缺点是影响锅炉运行的经济性和煤粉燃烧的稳定性，炉膛出口或冷灰斗处可能产生结渣等。

③烟气再循环系统调温。

烟气再循环系统主要用于调节再热蒸汽温度,如图 8.23 所示。它是利用再循环风机把省煤器后的部分低温烟气(250~350 ℃)抽出,再由冷灰斗附近送入炉膛,来改变锅炉辐射受热面与对流受热面吸热量的比例,从而达到调节蒸汽温度的目的。再循环烟气量的大小用烟气再循环率表示,它是指再循环烟气量占抽烟点后烟气量的百分数。再循环烟气送入炉内的地点应距离燃烧中心远一些,以免影响燃料的燃烧及燃烧的稳定性。

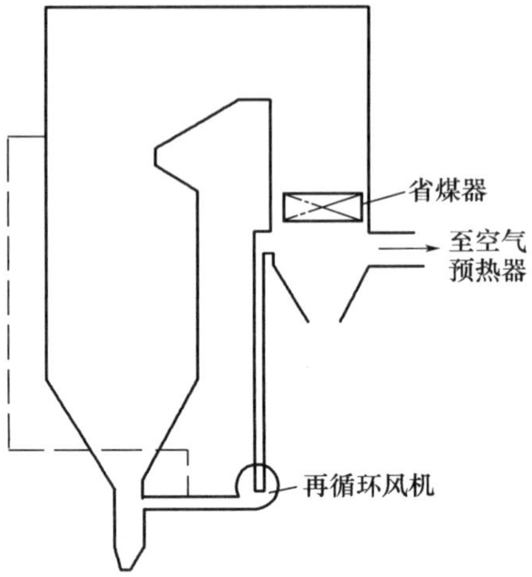

图 8.23　烟气再循环系统

通过再循环风机增加再循环烟气量时,冷烟气量的增加使炉内火焰温度降低,炉内辐射换热量减少,而炉膛出口温度接近不变。但是对于对流受热面,由于烟气流量增大,烟气侧的放热系数增大,对流传热量增大,而且沿烟气流程越往后,传热量增加幅度越大。所以,当锅炉负荷减小、再热蒸汽温度降低时,应增大烟气再循环率,使再热蒸汽温度升高;反之,就减小烟气再循环率。一般地,烟气再循环率每增加 1%,再热蒸汽温度就升高约 2 ℃,当烟气再循环率为 20%~25%时,再热蒸汽温度可升高 40~50 ℃,且再循环烟气温度越高,调温的幅度越大,效果越好。但是,再循环烟气温度提高后,会使再循环风机的可靠性降低,电耗增加。SG-400/13.7型锅炉和 SG-1000/16.7 型直流锅炉均采用这种调温方式来调节再热蒸汽温度。SG-1000/16.7 型直流锅炉在 70%负荷时的烟气再循环率为 26%,在 100%负荷时的烟气再循环率为 5%。烟气再循环率不能低于 5%,否则可能使再循环风机及其烟道产生堵灰。

当再循环烟气从炉膛上部送入时,对炉内燃烧和换热的影响很小,对蒸汽温度的影响也不大。其目的是降低和均匀炉膛出口烟温,防止屏式过热器和高温过热器产生高温腐蚀和结渣。因此,当采用烟气再循环时,一般都设有炉膛上、下部两组入口,低负荷时从炉膛下部入口送入,起调温作用,高负荷时从炉膛上部入口送入,起保护受热面的作用。

采用这种调温方式的优点是调温幅度大,灵敏度高,能降低水冷壁温度。其缺点是增加了再循环风机及相应电耗;再循环风机的工作温度高、磨损严重、工作可靠性差;不完全燃烧损失和排烟热损失有所增加,锅炉效率有所下降;对流受热面的飞灰磨损加剧等。现代锅炉中,有时还利用烟气再循环来降低炉内热负荷,防止水冷壁的传热恶化,抑制火

焰中 NO_x（主要是 NO 和 NO_2）的生成，减轻对大气的污染。

实际上，锅炉的蒸汽温度调节不只使用一种方法，而是同时采用几种方法，以求实现调温的灵敏性、可靠性和锅炉运行的经济性。

8.5　对流受热面的高温积灰和高温腐蚀

8.5.1　高温积灰

高温积灰是燃煤锅炉运行中常见的现象，主要发生在过热器、再热器等高温对流受热面。其形成机理与烟气中灰颗粒的物理化学特性密切相关，当烟气携带的灰颗粒随气流流经受热面时，在高温环境下部分低熔点灰分（如碱金属盐、硫酸盐等）会发生软化或熔融，黏附在管壁表面形成初始积灰层，随后未熔灰颗粒在粗糙表面或已积灰层上进一步沉积，形成致密且导热性差的积灰层。积灰程度受燃料灰分特性、烟气流速、管束布置形式及受热面温度等因素影响，当其中灰分中钠、钾等低熔点成分含量高或燃烧温度过高时，积灰现象尤为严重。积灰会显著降低受热面的传热效率，导致排烟温度升高、锅炉热效率下降，同时增加烟气流动阻力，严重时可能堵塞烟道甚至引发局部超温爆管事故。为减轻高温积灰，须通过优化燃烧，调整并控制炉膛出口烟气温度；合理选择受热面材料与结构；采用蒸汽吹灰或声波吹灰装置定期清理；必要时可添加高岭土等添加剂改变灰熔点特性。掌握高温积灰规律对锅炉安全与经济运行具有重要实践意义。

8.5.2　高温腐蚀

在燃煤锅炉的高温烟气区，过热器和再热器管子及其悬挂件产生的外部腐蚀称为高温腐蚀。高温腐蚀使承压部件的管壁变薄，严重时会使受热面管子在短时间内爆裂，从而导致泄露和爆破事故，甚至被迫停炉处理。

锅炉受热面烟气侧的高温腐蚀是一个复杂的物理化学过程，研究表明，燃煤锅炉的高温腐蚀通常有两种类型，即硫酸盐型高温腐蚀和硫化物型高温腐蚀。本书重点讲解硫酸盐型高温腐蚀。

1. 硫酸盐型高温腐蚀的机理

锅炉在运行时，管壁中的铁与氧反应会生成一层很薄的氧化铁（Fe_2O_3），该氧化铁对管壁具有很好的保护作用。但是，在过热器、再热器烟气侧产生硫酸盐型高温腐蚀时，就会破坏这层稳定的氧化铁保护层，管壁会因腐蚀而变薄，严重时导致爆管事故。

当燃煤中含有碱金属氧化物 Na_2O、K_2O（以下合用 M_2O 表示）时，在高温下这些碱金属氧化物会挥发成气态，气态的碱金属氧化物碰到温度较低的管壁时，就凝结在管壁表面，并与烟气中的 SO_3 反应形成碱金属硫酸盐 Na_2SO_4、K_2SO_4（以下合用 M_2SO_4表示），即

$$M_2O + SO_3 = M_2SO_4 \tag{8.4}$$

该碱金属硫酸盐的熔点很低，当它们以液态附着在管壁上时，会捕捉烟气中的飞灰颗粒而形成一层积灰。积灰中的氧化铁起着催化剂的作用，将 SO_2进一步氧化成 SO_3，使管壁附近的 SO_3 浓度达到较高的水平。在此条件下，碱金属硫酸盐 M_2SO_4与 Fe_2O_3（包括管壁上的氧化铁）和 SO_3 反应形成复合硫酸盐 $M_3Fe(SO_4)_3$，其反应方程式为

$$3M_2SO_4 + Fe_2O_3 + 3SO_3 = 2M_3Fe(SO_4)_3 \tag{8.5}$$

由于复合硫酸盐 $M_3Fe(SO_4)_3$的熔点也很低,在 550~710 ℃的范围内会呈液态而流走,这就破坏了管壁的氧化铁保护层,使管子遭到腐蚀。其中在 650~700 ℃范围内的腐蚀最强烈。由于硫酸盐型高温腐蚀发生在 550~710 ℃的温度范围内,所以该腐蚀大多发生在过热器和再热器的出口管段及其悬挂件上。

由以上分析看出,产生硫酸盐型高温腐蚀的条件是:灰分中含有易升华的碱金属氧化物(Na_2O、K_2O),烟气中含有 SO_3 气体和使复合硫酸盐熔化的温度。

2. 防止或减轻硫酸盐型高温腐蚀的措施

由以上分析可以看出,受热面产生硫酸盐型高温腐蚀应具备 2 个条件:一是灰中含有易升华的成分 Na_2O 和 K_2O,烟气中含有 SO_3气体,且可以生成复合硫酸盐 $M_3Fe(SO_4)_3$;二是有使复合硫酸盐液熔化的温度。硫酸盐型高温腐蚀的程度主要与温度有关,温度越高,腐蚀越严重,此外,还与腐蚀剂复合硫酸盐 $M_3Fe(SO_4)_3$ 的含量有关,腐蚀剂越多,腐蚀越严重。

防止或减轻硫酸盐型高温腐蚀的措施为除去灰中的易升华灰成分 Na_2O 和 K_2O 或控制受热面管壁温度。但前者比较难做到,因此控制受热面管壁温度是减轻硫酸盐型高温腐蚀的最有效办法。在实际应用中,控制受热面管壁温度的主要措施如下。

(1)控制过热蒸汽温度、再热蒸汽温度在一定范围内,我国一般规定为 540 ℃左右。

(2)将过热器、再热器及其固定件等易腐蚀部件布置在低温烟气区。

(3)合理布置过热器和再热器系统,使金属温度维持在腐蚀危险温度以下。

本章小结

提高蒸汽初温可提高电厂循环热效率,但蒸汽初温的进一步提高受到金属材料耐热性能的限制,过热器和再热器受热面金属温度是锅炉各受热面温度中的最高值,其出口蒸汽温度对机组安全、经济运行有十分重要的影响。过热器、再热器设计与运行的主要原则有下列 3 个。

(1)防止受热面金属温度超过材料的许用温度。

(2)过热器与再热器温度特性好,在较大的负荷范围内能通过调节维持额定蒸汽温度。

(3)防止受热面管束积灰和腐蚀。

思考与实践

(1)过热器的作用及主要形式是什么?

(2)什么是热偏差?产生的原因有哪些?如何减轻?

(3)过热器管损坏的现象有哪些?损坏原因是什么?

第9章　省煤器和空气预热器

由于省煤器和空气预热器布置在锅炉对流烟道的最后或最下方，进入这些受热面的温度也较低，因此省煤器和空气预热器也称为尾部受热面或低温受热面。在锅炉承压的受热面中，省煤器金属温度最低；而在锅炉的所有受热面中，空气预热器的金属温度最低。

本章主要介绍省煤器和空气预热器的工作原理、结构和布置特点，尾部受热面的布置及烟气侧工作过程。

❖ **本章学习目标**

（1）了解省煤器的作用和分类。

（2）了解空气预热器的作用和分类。

（3）了解尾部受热面积灰、磨损和低温腐蚀的原因及防范措施。

9.1　省煤器

9.1.1　省煤器的作用和分类

省煤器是利用锅炉尾部烟道中烟气的热量来加热给水的一种热交换器。省煤器在锅炉中的主要作用如下。

（1）省煤器可吸收尾部烟道中的烟气热量，降低锅炉排烟温度，提高锅炉热效率，节约燃料。这也是最初使用省煤器的目的，由此而称为省煤器。

（2）在现代大型高参数电站锅炉中，普遍采用回热循环，给水经由汽轮机抽汽加热，给水温度提高，并用空气预热器来降低排烟温度。此时，使用省煤器的目的则是以其较高的温差传热系数，来减少蒸发受热面，用廉价的小管径省煤器受热来代替较昂贵的部分水冷壁蒸发受热面，从而节省初投资。

（3）使用省煤器可提高进入汽包的水温，减少汽包壁与给水之间的温度差，从而使汽包热应力降低，提高机组的安全性。

因此，省煤器已成为现代电站锅炉中必不可少的设备。

根据省煤器出口工质的状态，可将省煤器分为非沸腾式省煤器和沸腾式省煤器2种：当出口工质为至少低于饱和温度30 ℃的水时称为非沸腾式省煤器；当出口工质为汽水混合物时称为沸腾式省煤器，汽化水量不大于给水量的20%。

现代大容量高参数锅炉中均采用非沸腾式省煤器，这是由于随着锅炉压力的升高，水的蒸发吸热比所占比例下降，水加热至饱和温度吸热比例增加。同时，保持省煤器出口水有一定的欠焓，可使水从下联箱进入水冷壁时不出现汽化，保持供水的均匀性，防止出现水循环不良的现象。而沸腾式省煤器常用于中压及以下锅炉，现代大型电站锅炉中已不采用。

根据省煤器所用材料不同，可将省煤器分为铸铁式省煤器和钢管式省煤器2种。铸铁式省煤器耐磨损、耐腐蚀，但强度不高，因此只用于低压的非沸腾式省煤器。钢管式省煤器可用于任何压力和容量的锅炉，置于不同形状的烟道中。其优点是体积小，质量轻，布置自由，价格低廉，被现代大型锅炉广泛采用；缺点是钢管容易受氧腐蚀，给水必须除氧。

直流锅炉没有汽包，省煤器出口的水送到锅炉炉膛的下部，这时省煤器出口水温应有一定的过冷度，通常水的欠焓为 150~170 kJ/kg，因为要使汽水混合物沿平行连接的管子分配均匀是很困难的，故要求出口工质不沸腾。

9.1.2 省煤器的结构及布置

大型电站锅炉所用钢管式省煤器由一系列平行排列的蛇形管组成。管子外径 25~51 mm，目前常采用外径 42~51 mm 的管子以提高运行的安全性，管子壁厚 3~6 mm，通常为错列布置，结构紧凑，其横向节距 s_1 取决于烟气流速和管子支承结构，一般横向相对节距 $s_1/d=2\sim3$；纵向节距 s_2 受管子的弯曲半径限制，一般纵向相对节距 $s_2/d=1.5\sim2$，使用小弯曲半径弯管技术时可做到 $s_2/d=1\sim1.2$。

为了便于检修，对省煤器管组高度应加以限制。当管子排列紧密时（$s_2/d\leqslant1.5$），管组高度不超过 1.0 m；当管子排列稀疏时，管组高度不超过 1.5 m。如省煤器分成几组时，管组之间应留出高度不小于 600 mm 的空间，省煤器与空气预热器之间的空间高度应大于 800 mm，以方便检修。

省煤器中的工质一般自下向上流动，以利于排除空气，避免造成局部的氧气腐蚀。烟气从上向下流动，既有利于吹灰，又与水形成逆向流动，增大传热温差。省煤器进口水的质量流速为 600~800 kg/(m^2·s)。水速过低不易排走气体，在沸腾式省煤器中会造成汽水分层；水速过高则使流动阻力增大。在非沸腾式省煤器及沸腾式省煤器的非沸腾部分水速应不小于 0.3 m/s，在沸腾式省煤器的沸腾部分水速则应不小于 1 m/s。省煤器中的水阻力，在高压和超高压锅炉中应不大于汽包压力的 5%，在中压锅炉中应不大于汽包压力的 8%。

蛇形管在烟道中的布置方向对水速影响很大。如图 9.1 所示，当蛇形管垂直于前墙布

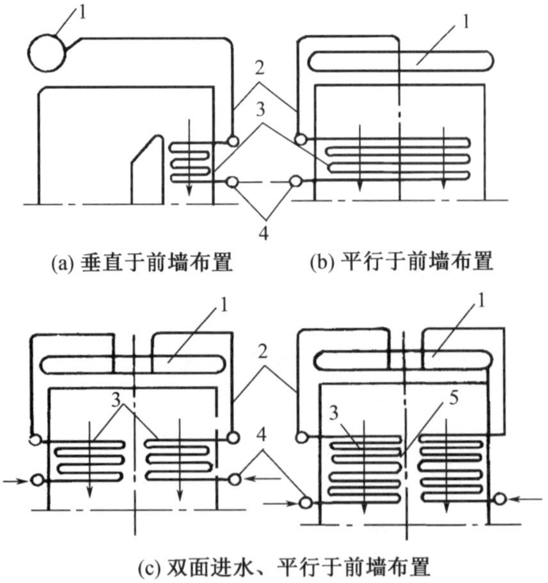

图 9.1 省煤器蛇形管的布置

1—汽包；2—水连通管；3—省煤器蛇形管；4—进口联箱；5—交混连通管

置时称为纵向布置，由于尾部烟道的宽度大于深度，所以并联管子数多，水速低，在大型锅炉中采用，较易满足水速要求；当蛇形管平行于前墙布置时称为横向布置，当单面进水时，管排少，宜在小容量锅炉中采用；大容量锅炉可用双面进水、平行于前墙的布置方式使水速达到要求值。

由于烟道深度小，当蛇形管垂直于前墙布置时，支吊较简单，但每排蛇形管均受到飞灰磨损；当蛇形管平行于前墙布置时，只有靠近烟道后墙的几根蛇形管磨损剧烈，损坏后只要换几根蛇形管即可。

省煤器可采用支承或悬吊 2 种方式来承重，如图 9.2 所示。还可以将支承梁布置在两段省煤器管组中间（支承梁外敷耐火混凝土、中间通风进行冷却），联合使用悬吊和支托的方法支承其重量。当省煤器不重时也可直接以蛇形管或联箱作为支持件，联箱置于烟道内，减少了管子穿墙，炉墙的气密性要比联箱置于炉墙外时好得多。

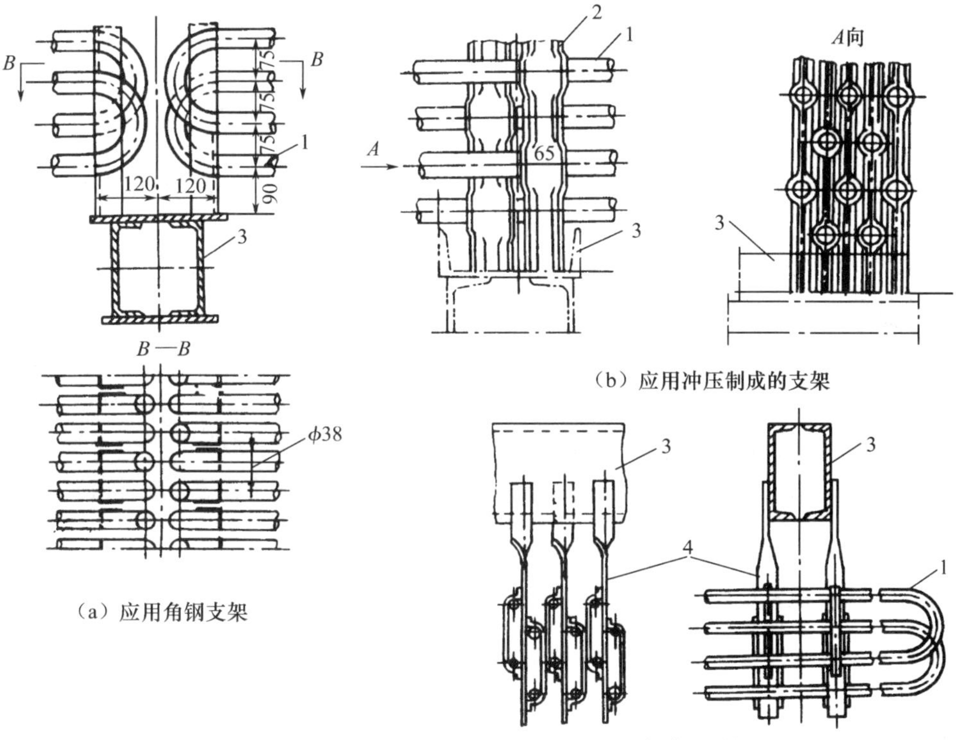

（a）应用角钢支架

（b）应用冲压制成的支架

（c）应用吊杆

图 9.2　省煤器的几种支持结构

1—蛇形管；2—支架；3—支持梁；4—吊杆

9.1.3　配 300 MW 机组的 1 025 t/h 亚临界压力自然循环锅炉的省煤器

配 300 MW 机组的 1 025 t/h 亚临界压力自然循环锅炉采用烟气挡板来调节再热蒸汽温度，其尾部烟道为并联双烟道。

尾部烟道分成前、后两个烟道，前烟道为低温再热器烟道，后烟道为低温过热器和省煤器烟道。在低温过热器下面布置了单级省煤器，省煤器由一组水平蛇形管组成，顺列布置，垂直于前墙。

该锅炉的省煤器采用悬吊结构，由每排 2 根悬吊杆悬吊在低温过热器的悬吊管上。

省煤器有进口联箱（$\phi 406\times 65$）和出口联箱（$\phi 365\times 55$）各 1 个，均用材料 SA-106B 制成。联箱放在尾部烟道内，其左端支在后部烟道的左侧墙上。联箱放在烟道内的最大好处是大大减少了由管子穿墙造成的漏风，但却给检修工作带来困难。

该配 300 MW 机组的 1 025 t/h 亚临界压力自然循环锅炉省煤器的特性见表 9.1。

表 9.1　配 300 MW 机组的 1 025 t/h 亚临界压力自然循环锅炉省煤器的特性

参数	数值	参数	数值
管径及壁厚/（mm×mm）	$\phi 51\times 6$	进口烟温/℃	437
横向节距/mm	120	出口烟温/℃	409
纵向节距/mm	114.3	进口水温/℃	274①
管子排数/排	110	出口水温/℃	297①
材料	20G	平均烟速/（$m\cdot s^{-1}$）	7.3①
受热面积/m^2	821.2	平均水速/（$m\cdot s^{-1}$）	1.14①

注：①在额定负荷下。

给水由省煤器下联箱的左侧进入，水由下而上流动，这样便于排除其中的空气和汽泡，避免引起局部氧腐蚀。烟气从上而下流动，既有自身吹灰作用，又使得烟气相对于水来说是逆向流动，增大了传热温压。在省煤器中加热了的水，由省煤器出口联箱的两端引出，经连接管道引入汽包。

省煤器的引出管与汽包连接处装有套管，这是因为省煤器出口水温低于汽包中水的温度较多，如果省煤器出口引出管直接与汽包相连接，会在汽包金属壁上造成附加的热应力。特别是在变动锅炉工况时，省煤器出口温度可能变化较大，这就容易使汽包金属因受较大的热应力而产生裂纹。装上套管后，就可以避免温差较大的两种金属的直接接触，保护汽包不受损伤。

9.1.4　省煤器的启动保护

省煤器在锅炉中启动时，常常是不连续进水的，但如果省煤器中水不流动，就可能使管壁温度超温，从而损坏管子，因此可以在省煤器与除氧器之间装一根带阀门的再循环管来保护省煤器，如图 9.3 所示。

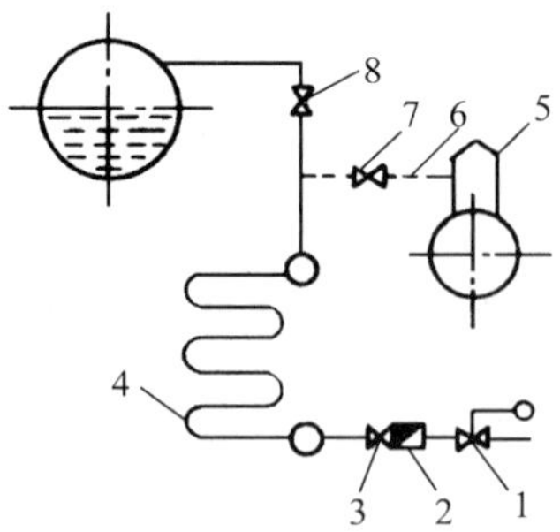

图 9.3　省煤器与除氧器之间的再循环管

1—自动调节阀；2—止回阀；3—进口阀；4—省煤器；5—除氧器；6—再循环管；7—再循环门；8—出口阀

通常在省煤器进口与汽包之间也装有再循环管,如图 9.4 所示。再循环管装在炉外,是不受热的。在锅炉启动时,省煤器便开始受热,因而就在汽包—再循环管—省煤器—汽包之间,形成自然循环。省煤器内有水流动,管子受到冷却,就不会烧坏。但要注意,在锅炉汽包上水时,再循环阀门应关闭,否则给水将由再循环管短路进入汽包,省煤器又会因失水而得不到冷却。上完水以后,就可关闭给水阀,打开再循环阀。

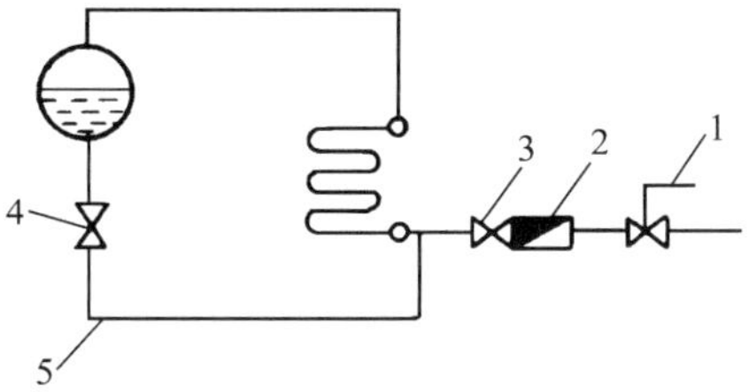

图 9.4　省煤器进口与汽包之间的再循环管

1—自动调节阀;2—止回阀;3—给水阀;4—再循环阀;5—再循环管

9.1.5　省煤器设计中应考虑的问题

省煤器蛇形管中的水流速度不仅影响到传热,而且对金属的腐蚀也会有一定的影响。当给水除氧不完善时,进入省煤器的水在受热后放出氧气,这时如果水流速度很小,氧气会附着在金属内壁上,造成局部金属腐蚀。对于沸腾式省煤器,蛇形管后段内是汽水混合物,这时如水平管中的水流速度较小,就易出现汽水分层现象,即水在管子下部流动而汽在管子上部流动。同蒸汽接触的那部分受热面传热较差,金属温度较高,甚至可能超温。而在汽水分界面附近的金属,会由水面上下波动,导致温度时高时低,引起金属疲劳破裂。因此,对沸腾式省煤器,蛇形管进口水流速度不应低于 1.0 m/s。

省煤器管外烟气流速应综合考虑传热、磨损、流动阻力和积灰等因素进行综合选取。高的烟气流速可增强传热,节省受热面,但管子磨损也较严重,同时也增加了风机耗电量;反之,过低的烟气流速,不仅传热性能较差,还会导致管子严重积灰。故烟气流速不宜过高或过低,一般在 7~13 m/s 的范围内选取。煤中灰分多和灰分磨损性强时取低值,灰分少和灰分磨损性较弱时取较高值。

烟气流速较高时,在设计和运行上要有一定的技术和管理措施。此时,省煤器的设计可以采用较大管径、较大节距、顺列布置的蛇形管束,在运行中要保证良好的吹灰、堵塞漏风、高质量的运行和维护条件。

9.2　空气预热器

9.2.1　空气预热器的作用

空气预热器是利用烟气余热加热燃烧所需要的空气的热交换设备。其主要作用是:

(1)降低排烟温度,提高锅炉效率。随着蒸汽参数提高,回热循环中用汽轮机抽汽加热的给水温度越来越高,单用省煤器难以将锅炉排烟温度降到合适的温度,使用空气预热器就可进一步降低排烟温度，提高锅炉效率。

(2)改善燃料的着火条件和燃烧过程，降低不完全燃烧损失，提高锅炉热效率。尤其是对于着火困难的无烟煤等，需将空气加热到380~400 ℃，以利着火和燃烧。

(3)热空气进入炉膛，减少了空气的吸热量，有利于提高炉膛燃烧温度，强化炉膛的辐射传热。

(4)热空气还作为煤粉炉制粉系统的干燥剂和输粉介质。

9.2.2 空气预热器的分类

1. 根据传热方式分类

现代大容量锅炉中，空气预热器已成为锅炉不可缺少的部件。

根据传热方式不同，可将空气预热器分为传热式和蓄热式(再生式)两大类。传热式空气预热器用金属壁面将烟气和空气隔开，空气与烟气各自有自己的通道，烟气通过传热壁面将热量传给空气。而蓄热式空气预热器是烟气和空气交替地流过一种中间载热体(金属板、钢球、陶瓷和液体等)来传热。当烟气流过中间载热体时将其加热；当空气流过中间载热体时将其冷却，而空气吸热升温。这样反复交替，故又称为再生式空气预热器。

2. 根据结构形式分类

根据结构形式不同，可将空气预热器分为管式空气预热器和回转式空气预热器。

(1)管式空气预热器。

管式空气预热器按布置形式可分为立式和卧式两种；按材料可分为钢管式、铸铁管式和玻璃管式等几种。立式钢管式空气预热器应用最多，其优点是结构简单、制造方便、漏风较少；缺点是体积大，钢材耗量大，在大型锅炉及加热空气温度高时，会因体积庞大而引起尾部受热面布置困难。

目前中小容量锅炉中用得较多的是立式钢管式空气预热器，其结构如图 9.5 所示。它由许多薄壁钢管焊在上、下管板上形成管箱。烟气在管内流动，空气在管子外部横向流动，两者的流动方向互相垂直交叉。中间管板用来分隔空气流程。常用有缝钢管错列布置，以便单位空间中可布置更多的受热面和提高传热系数。选用相对节距要从传热、阻力、振动等因素综合考虑，一般取 $s_1/d=1.5\sim1.9$，$s_2/d=1.0\sim1.2$。s_1、s_2 分别为管子的横向节距和纵向节距，d 为管子外径。管箱高度通常不超过 5 m，须使管箱具有足够刚度，便于制造和清灰。立式布置低温段的管箱高度应取 1.5 m 左右，以便维修和更换。

烟气流速对固体燃料为 10~14 m/s，对液体、气体燃料还可适当提高；空气流速应取为烟气流速的一半左右以提高传热效果；管子直径、节距和数目的选用应保证预热器具有合适的烟气流速和空气流速。

卧式钢管式空气预热器中空气在管内流动，烟气在管外横向冲刷，其管壁温度可比立式布置提高 10~30 ℃，有利于减轻烟气侧的低温腐蚀，但易堵灰，一般在燃用多硫重油的锅炉中采用，并需配以钢珠吹灰设备。一般烟气流速为 8~12 m/s，空气流速为 6~10 m/s。

管式空气预热器在锅炉烟道中的几种典型布置方式如图 9.6 所示。单道多流程如图 9.6(a)所示，流程数目越多，越接近于逆流传热，可以得到较大的传热平均温差，此外流程数目增多，空气流速增加，也有利于增强传热，不利的是会使流动阻力增大很多。单道单流程如图 9.6(b)所示，烟气与空气一次性交叉流动，此种布置方式简单，空气通道截面大，流动

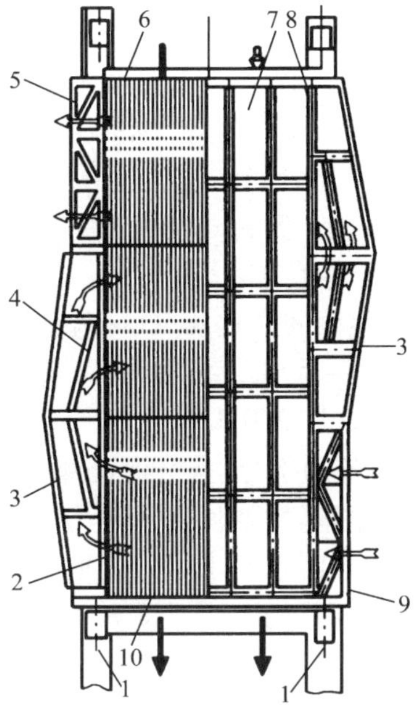

（a）纵向剖面图

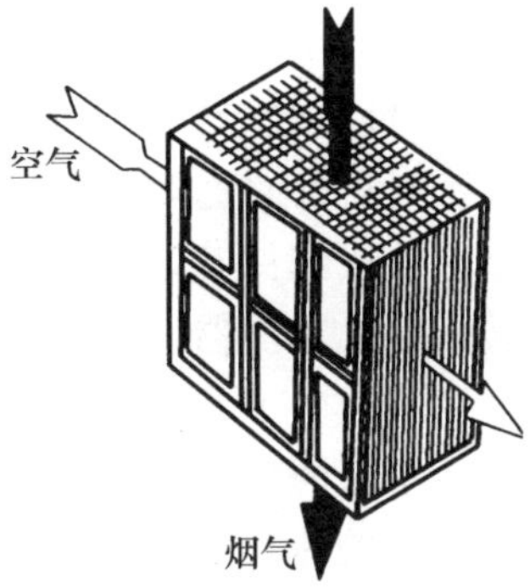

（b）管箱

图 9.5　立式钢管式空气预热器的结构

1—锅炉钢架；2—管子；3—空气连通罩；4—导流板；5、9—出口、进口连接法兰；6、10—上、下管板；7—墙板；8—膨胀节

阻力小，但其缺点是传热平均温差小。在大型锅炉中，为了得到较大的传热温差，又不使空气流速过大，可采用双道多流程，如图 9.6(c)所示，或单道多流程双股平行进风，如图 9.6(d)所示，甚至多道多流程，如图 9.6(e)所示。

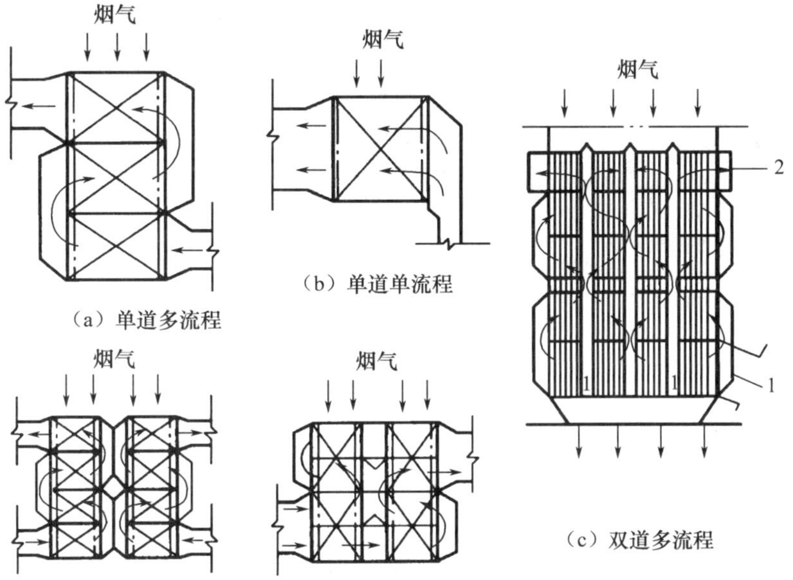

图 9.6　管式空气预热器在锅炉烟道中的几种典型布置方式

1、2—空气的进、出口流道

(2)回转式空气预热器。

回转式空气预热器结构紧凑,金属耗量少,可解决大型锅炉尾部受热面布置困难的问题,故在大型锅炉中得到广泛应用,通常 300 MW 及以上的机组就不再采用管式空气预热器。两者相比较,同等容量下,回转式空气预热器的体积是管式空气预热器的 1/10,金属消耗量为管式空气预热器的 1/3;在同样的外界条件下,回转式空气预热器因其受热面金属温度高,因而低温腐蚀的危险较管式空气预热器小些。回转式空气预热器的缺点是结构较复杂,漏风量较大,在密封良好时为 8%~10%,在密封不良时可达 20%~30%。

回转式空气预热器按部件旋转方式分为受热面回转式和风罩回转式 2 种。

①受热面回转式空气预热器。

图 9.7 所示为 1 000 t/h 亚临界压力直流锅炉上所用的直径为 9 500 mm 的受热面回转式空气预热器。其转子截面分为 3 个部分:烟气流通部分、空气流通部分及密封区。转子截面的分配要达到尽量高的传热系数和受热面利用率,并要使通风阻力小,有效地防止漏风。由于锅炉中烟气的体积比空气的体积大,从技术经济上要求烟气流通部分面积占转子流动面积的 50%左右,空气流通部分面积占转子流动面积的 30%~40%,其余截面则为扇形板所遮盖的密封区。这样,烟气和空气的流速相近,通常为 8~12 m/s。

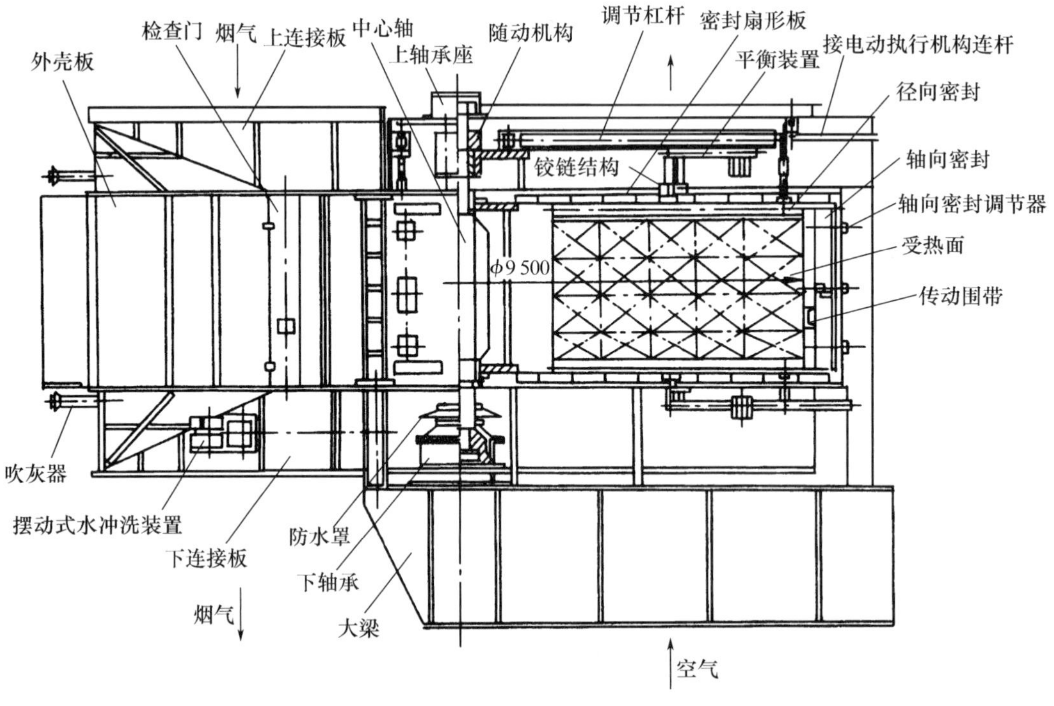

图 9.7　直径为 9 500 mm 的受热面回转式空气预热器

受热面回转式空气预热器的传热元件主要由波形板组成。高温段主要考虑强化传热;低温段着重防止腐蚀积灰。故波形板的形状和厚度都不同。高温段用 0.5~0.6 mm 厚的低碳钢板制成密形波形板;低温段用 0.5~1.2 mm 厚的低碳钢或低合金耐腐蚀钢板制成空隙大的波形板,如图 9.8 所示。低温段传热元件在需要更强的耐腐蚀性时可用陶瓷传热元件代替。波形板的形式对传热特性、气流阻力和积灰污染有很大影响,一般在 1 m^3空间要放置 300~400 m^2的传热元件。

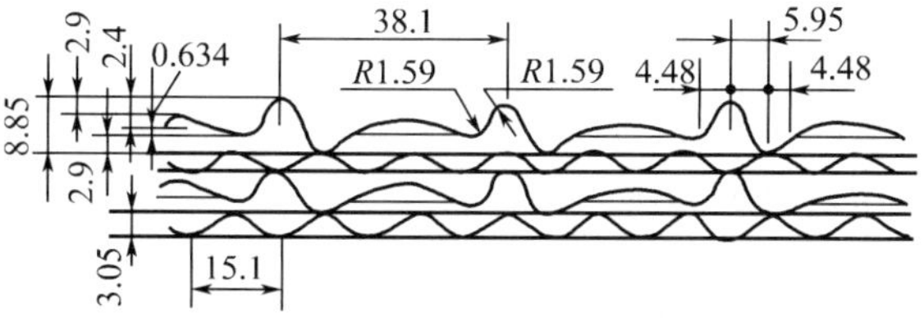

（a）用于高温段

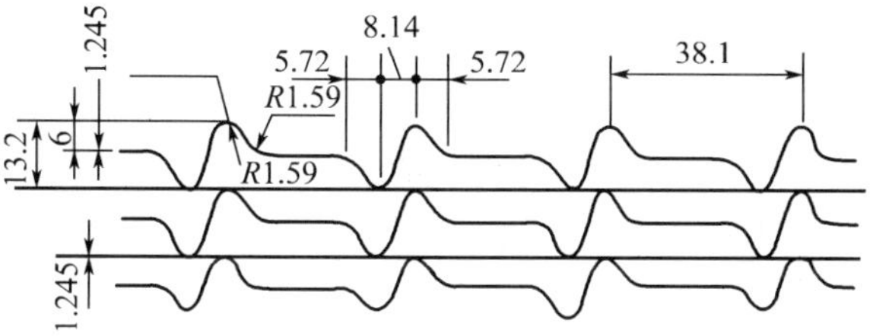

（b）用于低温段

图 9.8　传热元件示例

若锅炉的一次风和二次风温度不同,则可将转子的空气通道分成两部分,分别与一次风、二次风通风道相接,称为三分仓回转式空气预热器,如图 9.9 所示。

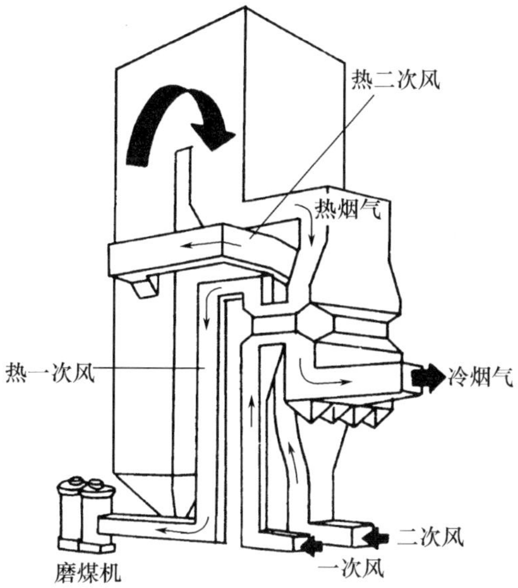

图 9.9　三分仓回转式空气预热器

从图 9.9 可见,这种空气预热器主要由轴、转子、外壳、传动装置和密封装置组成。电动机经减速器带动转子以 1.5~4 r/min 的速度转动。转子传动除了通过齿轮和销链外,也可通过无级调速液压装置来实现。

对于回转式空气预热器,空气可从下列 3 个途径漏入烟气侧:

a.由转子中的通道空间带入烟气侧,称为携带漏风,该漏风一般不会超过 1%。

b.通过转子与外壳之间的间隙,沿转子周界进入烟气侧。

c.通过径向密封件漏入烟气侧。

b、c 两项称为直接漏风,以 c 项为主。

搞好密封装置是减少回转式空气预热器漏风的重要环节之一。其密封装置通常包括轴向密封、径向密封和周向(环向)密封。

轴向密封由装在转子外周与径向隔板相对应的轴向密封片和装在外壳内侧密封区的弧形板组成。用调节装置可使弧形板相对于转子做径向移动和转动。轴向密封的密封周界仅与转子高度有关,因此密封周长较短,调节点少,调整方便。

径向密封是转子端面与上、下端板密封区之间的密封,它由径向密封板和扇形密封板组成。当转子直径大于 5 m 时,扇形密封板应设有调节装置。

周向密封有中心轴周向密封(转子轮壳平面与上、下端板之间的密封)和转子外圆周向密封(烟、风道接口与转子两端面外周之间的密封)。为了减少沿转子周向的漏风量,在大型空气预热器中的热端采用了挠性的扇形板,形成一个柔性的密封表面,它可形成一个接近于转子在热态下的轮廓曲线形状。外侧端的密封表面,在锅炉负荷改变时起追踪转子的作用。

②风罩回转式空气预热器。

图 9.10 所示为风罩回转式空气预热器,主要由定子、回转风罩和密封装置等组成。其优点是旋转部件的质量轻,特别是在大型空气预热器中可避免笨重受热面旋转时产生的受热面变形、轴弯曲等缺点。可使用质量大、强度低但能防腐蚀的陶质受热面,但其结构较复杂。烟气在风罩外流经定子并加热受热面,空气在风罩内逆向流动,吸收受热面的蓄热。电动机经减速器使风罩以 0.75~1.4 r/min 转速旋转。风罩与固定风道的接口为圆形,另一端罩在定子受热面上的 8 字形风口,上、下风罩结构相同,上、下两个 8 字形风口互相对准且同步回转,两个风罩用穿过中心筒的轴连成一体。回转风道与固定风道之间有环形密封,与定子之间也有密封装置。平面密封是回转风罩与定子上、下端面之间的密封,因此两个端面的平行度和平整度要高,要正确控制密封框架压向定子的密封力,弹簧在支承密封框架重量和烟气压差后要能把密封块压紧。颈部密封是固定风道与回转风罩接口处的密封,动密封环和铸铁密封块的表面要求光滑,其间应留有一定的间隙,以保证在热胀和不同心度时密封良好但又不会卡住。

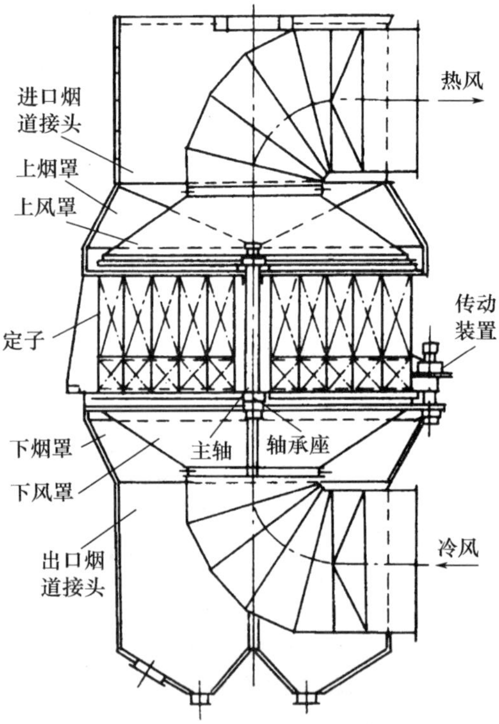

图 9.10　风罩回转式空气预热器

在定子整个截面上,烟气流通截面积占 50%~60%,空气流通截面积占 35%~45%,密封区占 5%~10%。风罩每旋转 1 次,受热面进行 1 次二次吸热和放热。

风罩式回转式空气预热器由于其结构紧凑、质量轻,易于布置在锅炉的任何部位,故可用于各种形式的锅炉。当热空气温度在

350 ℃以上时,可联合使用回转式及管式空气预热器。此时高温段采用管式,低温段采用回转式。

回转式空气预热器存在的主要问题是漏风量大。管式空气预热器的漏风量一般不超过 5%,而回转式空气预热器在设计良好时漏风量为 8%～10%,密封不好时可达 30%或更高。由于空气的压力较大,故漏风主要是指空气漏入烟气中。

对于携带漏风部分,由于回转式空气预热器的转速不高,故其漏风量不大。密封漏风是由空气侧与烟气侧之间的压差造成的,其漏风大小与两侧压差的平方根成正比。漏风量大的主要原因是转子、风罩和定子制造不良或受热变形,使漏风间隙增大。

回转式空气预热器存在的另一个问题是受热面上易积灰,这是因为蓄热板间烟气通道狭窄。积灰不仅影响传热,而且增加流动阻力,严重时甚至会将气流通道堵死,影响预热器的正常运行。因此,在预热器受热元件的上、下两端都装有吹灰装置,吹灰介质通常采用过热蒸汽或压缩空气,如积灰严重,亦可采用压力水冲洗。

9.3　尾部受热面的布置

在现代锅炉中,省煤器和空气预热器装在锅炉烟道的最后,进入这些受热面的烟温不高,故把它们统称为尾部受热面或低温受热面。

尾部受热面在尾部烟道中的布置方式有单级布置和双级布置两种。

9.3.1　单级布置

单级布置如图 9.11(a)所示,它由一级省煤器和一级空气预热器组成。一般总是把空气预热器布置在省煤器之后,即烟气先经过省煤器后再经过空气预热器,这样可以得到较低的排烟温度,提高锅炉效率,同时又能节省价格较高的省煤器受热面金属并防止省煤器被腐蚀。尾部受热面的单级布置较为简单,但热风温度只能达到 300 ℃左右,再高则不可能。这是因为烟气的体积和比热容均比空气的体积和比热容大。因此,烟气的热容量大于空气的热容量,即 $V_y c_y > V_k c_k$,这样当烟气将热量传给空气时,烟气温度的下降值就小于空气温度的上升值。一般烟气温度下降1 ℃,空气温度升高 1.25～1.5 ℃。如需把空气从 20 ℃加热到 320 ℃,则烟气温度只需下降 200～240 ℃即可。若排烟温度保持在 120 ℃,那么这时预热器进口烟气温度应为 320～350 ℃。进口烟气温度与出口空气温度如此接近,即传热温差很小,故不可能将空气温度提高到更高的温度。因

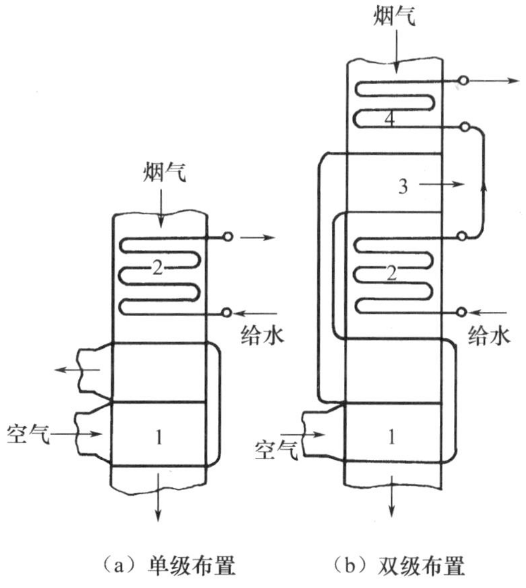

图 9.11　尾部受热面的布置

1、3——一级和二级空气预热器;2、4——一级和二级省煤器

此,在一定排烟温度限制下,采用单级布置时,热风温度就被限制在一定的范围内。如需再提高热风温度,则需提高排烟温度,这是不经济的。为了得到较高的热风温度而不增加排烟热损失,可采用双级布置。

9.3.2 双级布置

双级布置如图 9.11(b)所示,它由两级省煤器和两级空气预热器组成。第一级空气预热器(按空气流向)与第二级空气预热器之间放置第一级省煤器(按水流向),第二级省煤器位于第二级空气预热器的上方,即省煤器与空气预热器交错布置。由于把一部分空气预热受热面,即第二级空气预热器置于烟温较高的区域,因此在排烟温度受到限制的情况下,也能将空气加热到比单级布置时更高的温度。此外,这种布置使省煤器和空气预热器都具有较高的传热温压,增强了尾部受热面的传热,节省了受热面金属。

图 9.12(a)所示为单级布置的回转式空气预热器,它由一级省煤器与一级回转式空气预热器组成,如 SG-400/13.7 型锅炉即属此种布置形式。为了得到较高的热风温度,可采用如图 9.12(b)所示的双级布置,此时高温级(即二级)采用管式,低温级(即一级)采用回转式。由于回转式空气预热器直径较大,故多布置在锅炉尾部烟道的外面。

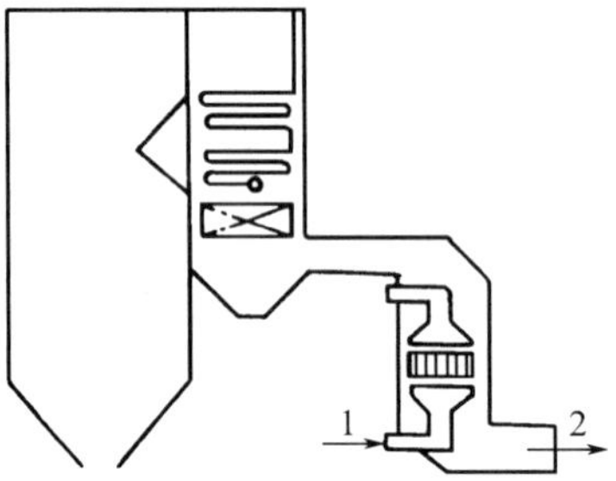

(a) 单级布置

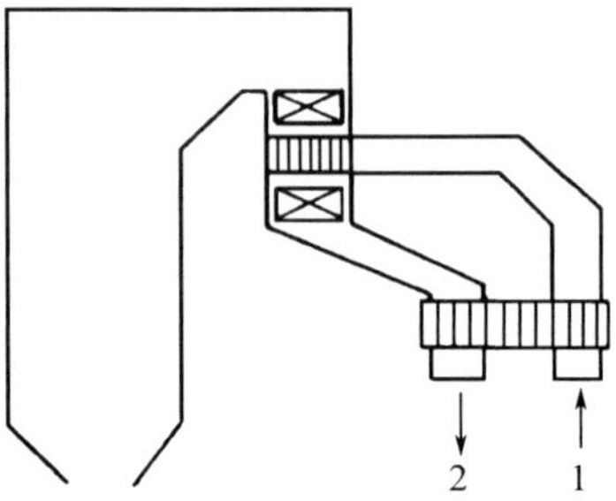

(b) 双级布置

图 9.12 空气预热器的布置

1—空气;2—烟气

在超高压及以上锅炉中,尾部烟道除布置省煤器和空气预热器外,还布置有再热器,有的还布置有低温对流式过热器。其尾部受热面的布置特点如下。

(1)由于尾部烟道中布置了再热器,有的还布置了低温对流式过热器,因而尾部受热面(即省煤器和空气预热器)大多采用单级布置。

(2)再热器与低温对流式过热器都布置在省煤器之前。

(3)再热器与低温对流式过热器在尾部烟道中按烟气流程可以串联布置(如 1 000 t/h 炉),也可以并联布置(如 400 t/h 直流锅炉)。

9.4　尾部受热面的积灰、磨损和低温腐蚀

9.4.1　尾部受热面的积灰

1. 积灰及其危害

当携带飞灰的烟气流经各个受热面时，部分灰粒会沉积到受热面上形成积灰。积灰会带来以下危害：

（1）由于灰的导热系数小，因此在锅炉对流受热面上一旦积灰，将会使受热面热阻增加，传热恶化，以致排烟温度升高，排烟热损失增加，锅炉效率降低。

（2）对于通道截面较小的对流受热面，积灰会堵塞烟气通道，甚至导致被迫停炉检修。

（3）由于积灰，烟气温度升高，还可能影响受热面的运行安全。

尾部受热面的积灰可分为松散积灰和低温黏结积灰 2 种。松散积灰是烟气携带的灰粒沉积在受热面上形成的；低温黏结积灰呈硬结状，难以清除，对锅炉工作影响较大。低温黏结积灰与低温腐蚀是相互促进的，这是因为堵灰使传热减弱，受热面金属壁温降低，而积灰又能吸附 SO_3，使腐蚀加剧，腐蚀又将使堵灰加剧，以致形成恶性循环。尤其是在空气预热器腐蚀泄漏以后，这种恶性循环将更加严重。因此，应设法防止或减轻低温腐蚀，下面就松散积灰问题进行讨论。

灰粒在管子上的沉积情况与烟气流经管子的流动工况有关。图 9.13 所示为烟气流横向冲刷省煤器管子的情况。当烟气流由正面绕过管子流向后面时，管子的背风面积灰多，迎风面积灰少。迎风面积灰少是迎风面受到气流和粗灰粒冲击的结果。而背风面积灰多是由于管子背风面产生了旋涡区，使大量粒径小于 30 μm 的灰粒旋进了旋涡区并沉积在管子的背风面上。灰粒之所以能黏附到管子表面，主要是依靠分子引力或静电引力。灰粒越小，其分子引力或静电引力越容易超过灰粒自身重量而使它吸附在管子上。

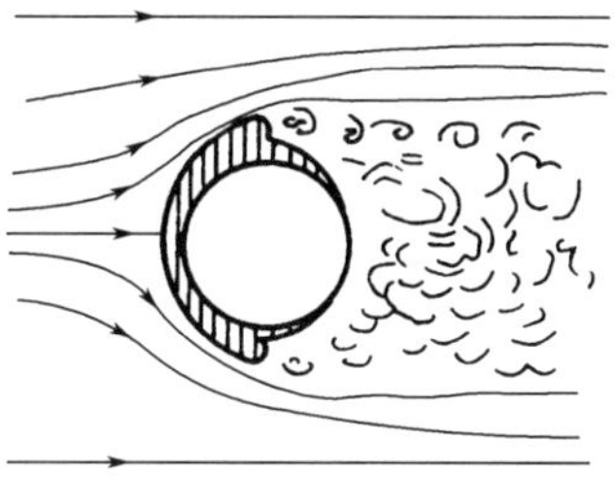

图 9.13　烟气流横向冲刷省煤器管子情况

2. 影响松散积灰的因素

由上可知，松散积灰与烟气流速、飞灰颗粒度、管束结构特性等因素有关。

（1）烟气流速。

烟气流速对松散积灰的影响如图 9.14 所示，烟速越大，灰粒的冲击作用越大，积灰程度越轻；反之则积灰较多。当烟气流速大于 8 m/s 时，背风面积灰程度减轻，迎风面则一般不积灰。当烟气流速为 2.5~3 m/s 时，不仅背风面积灰严重，迎风面也会有较多的积灰，甚至会发生堵灰。

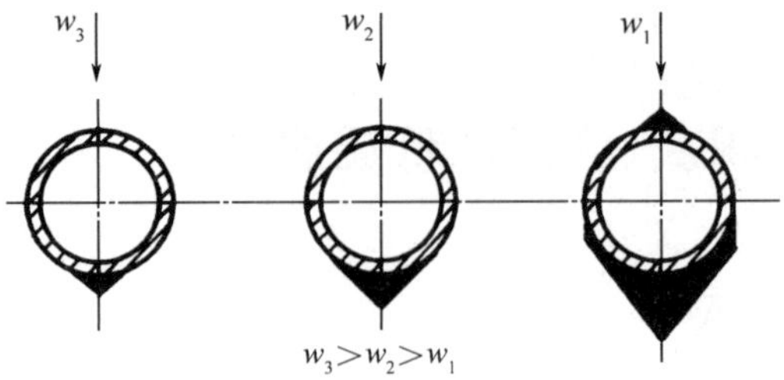

图 9.14　不同烟气流速下的松散积灰情况

(2)飞灰的颗粒度。

粗灰多时,其冲刷作用大将使积灰程度减轻;反之积灰就多。实践表明,对于液态排渣炉,由于其烟气中细灰多,因而积灰比固态排渣炉严重。

(3)管束结构特性。

错列布置的管束不仅迎风面受冲刷,背风面也较易受冲刷,故积灰程度较轻。顺列布置的管束背风面受冲刷少,从第二排起,管子的迎风面也不受冲刷,因此积灰程度较重。减小管束纵向节距 s_2 时,错列管束的背风面冲刷更强烈,可使积灰程度减轻;而顺列管束,却因相邻管子的积灰易搭积在一起,形成更严重的积灰。

积灰还与管径有关。减小管径,飞灰冲击的机会增加,积灰程度减轻。

3. 减轻积灰的方法

(1)控制烟气流速。对于燃用固体燃料的锅炉,在额定负荷时,为了减轻积灰,烟气流速不得低于 6 m/s,一般可保持在 8~10 m/s,过大会使磨损加剧。

(2)采用小管径、错列布置。对省煤器可采用 ϕ25~42 的管子,管束的相对节距为 $s_1/d=2.25$,$s_2/d=1\sim1.5$,这样积灰程度可减轻。

(3)定期吹灰。尾部受热面一般都装有吹灰装置,运行人员应定期吹灰,以减轻积灰。

(4)防止省煤器泄漏。

9.4.2　尾部受热面的磨损

1. 磨损及其危害

燃煤锅炉尾部受热面的飞灰磨损是一种常见的现象。当含有大量飞灰和未燃尽碳颗粒的烟气流经尾部受热面时,会造成受热面的飞灰磨损。飞灰磨损会使受热面管壁逐渐变薄,最终导致泄漏和爆管事故,直接威胁锅炉安全运行;停炉时更换磨损部件还要耗费大量工时和钢材,造成经济损失。

2. 磨损的机理

由于锅炉中的灰粒在 700 ℃以下时,具有足够的硬度和动能,当这些灰粒长时间冲击受热面金属时,会不断地从其上削去一些小的金属屑,使其逐渐变薄,从而造成了受热面的磨损。

烟气流对管子表面的冲击有 2 种。冲击角(烟气流方向与管子表面线方向之间的夹角)为 90°时称为垂直冲击,小于 90°时称为斜向冲击,如图 9.15 所示。垂直冲击引起的磨损称为冲击磨损。斜向冲击受热面的冲击力可分解为法线方向(即垂直方向)和切线方向的分力,法向分力引起冲击磨损,切向分力引起摩擦磨损。当烟气流斜向冲击受热面时,管子表面既受冲击磨损又受摩擦磨损,受热面的磨损主要为摩擦磨损。

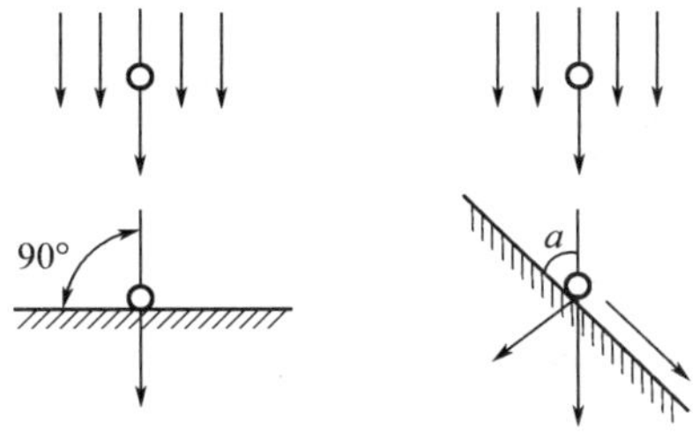

(a) 垂直冲击　　(b) 斜向冲击

图 9.15　烟气流对管子表面的冲击

受热面的磨损是不均匀的,而且沿管子周界的磨损也是不均匀的。试验表明,当烟气流横向冲刷错列布置的受热面(如省煤器)管子时,磨损情况如图 9.16(a)所示,最大磨损发生在管子迎风面两侧 30°~50°范围内。

当烟气流在管内纵向流动时(如管式空气预热器),磨损情况减轻很多。这时只在距管口(1~3)d的一段管子内,磨损较为严重,如图 9.16(b)所示。这是因为烟气流进入管口后先收缩再扩张,在烟气流扩散时灰粒由于离心力作用从气流中分离出来并撞击管壁。

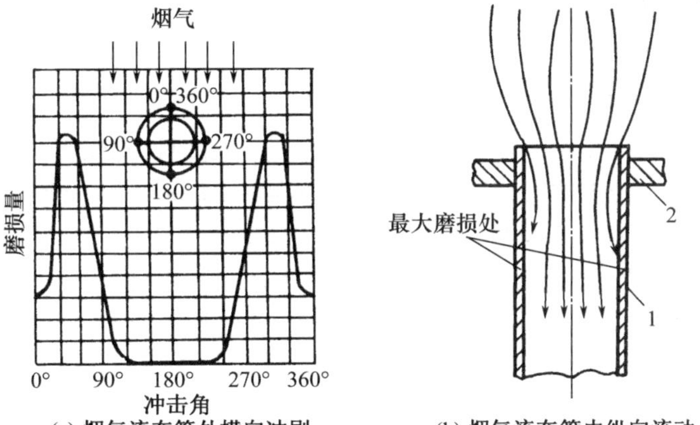

(a) 烟气流在管外横向冲刷　　(b) 烟气流在管内纵向流动

图 9.16　受热面管子的飞灰磨损

1—空气预热器管子;2—上管板

3. 影响磨损的因素

(1)飞灰速度(烟气流速)。

受热面管子金属表面的磨损正比于冲击管壁的灰粒动能和冲击次数。灰粒动能与烟气流速的平方成正比。冲击次数与烟气流速的一次方成正比。这样,管子金属的磨损就同烟气流速的三次方成正比。可见烟气流速的大小对受热面磨损的影响是很大的。

(2)飞灰浓度。

飞灰浓度(质量浓度)大,则灰粒冲击次数多,磨损加剧。例如烧多灰燃料的锅炉,烟中飞灰浓度大,因而其飞灰磨损严重。又如锅炉中转弯烟道外侧的飞灰浓度大,因而该处的管子磨损严重。

(3)飞灰撞击率。

飞灰撞击率(飞灰撞击管壁的概率)与多种因素有关。研究表明,飞灰粒径大、飞灰硬度大、烟气流速高、烟气黏度小,则飞灰撞击率大。这是因为含灰烟气绕过管子流动时,粒径大、密度大、速度高的灰粒子产生的惯性力大于烟气黏性力,使灰粒不随烟气转弯,而撞击在管壁上,从而使飞灰撞击率大。

(4)灰粒特性。

灰粒越粗、越硬,磨损越严重。此外也与灰粒形状有关,具有锐利棱角的灰粒比球形灰粒磨损严重。

省煤器的磨损常大于过热器,除与管束错列布置有关外,还与省煤器的烟温低,灰粒变硬有关。又如燃烧工况恶化时,灰中含碳量增加,由于焦炭的硬度大,磨损加重。

(5)管束的结构特性。

烟气纵向冲刷管束的磨损要比横向冲刷时轻得多,这是因为灰粒运动与管壁平行,只有靠近管壁的少量灰粒形成的摩擦磨损。

当烟气横向冲刷时,错列管束的磨损大于顺列管束。错列管束第二、三排磨损最严重,这是因为烟气进入管束后,流速增加,动能增大。经过第二、三排管子以后,由于动能被消耗,因而磨损又轻了。顺列管束第五排以后磨损严重,这是因为灰粒有加速过程,到第五排达到全速。

4. 减轻磨损的措施

(1)控制烟气流速。

降低烟气流速是减轻磨损的最有效方法,但烟气流速降低,不仅会影响传热,同时还会增加积灰和堵灰,所以烟气流速应控制适当。国内调查表明,省煤器中烟气流速不宜超过9 m/s,否则会引起较大的磨损。但采用较大管径(42~57 mm)时,可将烟气流速提高50%左右。

为了不使局部区域,如从烟道内壁到管子弯头之间的走廊区,出现烟气流速过高的现象,可采取避免受热面与烟道墙壁之间的间隙过大,并使管间距离尽量均衡等措施。

(2)加装防磨装置。

由于种种原因,烟气速度场和飞灰浓度场不可能做到均匀,因而局部烟气流速过高以及局部飞灰浓度过高的现象也就难以避免,所以应在管子易磨损的那些部位加装防磨装置。

省煤器的防磨装置如图9.17所示。图9.17(a)是在弯头处加装护瓦和护帘;图9.17(b)是加设穿过烟气走廊区的护瓦,此法会加大烟气走廊的阻力;图9.17(c)是加设在弯头处的护瓦;图9.17(d)是在管子磨损最严重处焊上钢条,此法用料少,对传热影响小。此时受磨损的不是受热面管子,而是保护部件,检修时只需更换这些保护部件即可。

管式空气预热器的防磨装置是在管子入口处加装一段短管,该保护短管磨损后,在检修时可以更换。

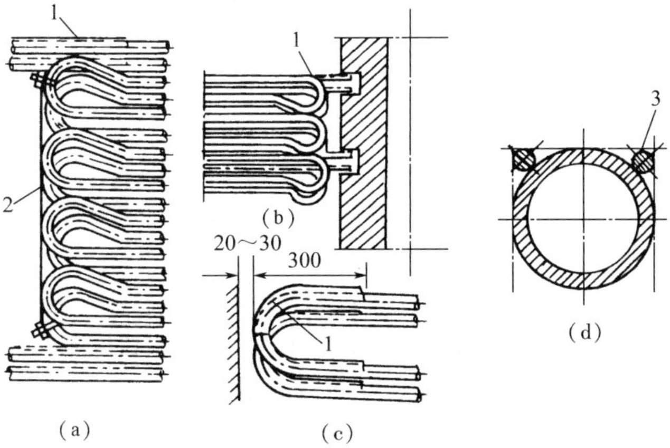

图 9.17　省煤器的防磨装置

1—护瓦;2—护帘;3—钢条

9.4.3　尾部受热面的低温腐蚀

1. 低温腐蚀及其危害

尾部受热面的低温腐蚀是指硫酸蒸汽凝结在受热面上而发生的腐蚀,这种腐蚀也称硫酸腐蚀,它一般出现在烟温较低的空气预热器的冷端。低温腐蚀带来的危害如下。

(1)导致受热面破坏泄漏,使大量空气漏入烟气中,既影响锅炉燃烧,又使引风机负荷增大,电耗增加。

(2)在腐蚀同时,还会出现低温黏结积灰,积灰使排烟温度升高,引风阻力增加,锅炉出力降低,甚至强迫停炉清灰。

(3)腐蚀严重时将导致大量受热面更换,造成经济上的巨大损失。

2. 低温腐蚀的机理

由于锅炉燃用的燃料中都含有一定的硫分,燃烧时生成二氧化硫,其中一部分会进一步氧化生成三氧化硫。三氧化硫与烟气中的水蒸气结合形成硫酸蒸汽。当受热面的壁温低于硫酸蒸汽露点(烟气中的硫酸蒸汽开始凝结的温度,简称酸露点)时,硫酸蒸汽就会凝结成为酸液而腐蚀受热面。

烟气中三氧化硫的形成主要有 2 种方式:一是燃烧反应中火焰里的部分假分子会离解成原子状态,它能与二氧化硫反应生成三氧化硫,即 $SO_2+[O]=SO_3$;二是烟气中二氧化硫流经对流受热面时遇到氧化铁(Fe_2O_3)或氧化钒(V_2O_5)等催化剂,会与烟气中的过剩氧反应生成三氧化硫。

烟气中的三氧化硫量是很少的,但极少量的三氧化硫也会使酸露点提高到很高的程度。如当烟气中硫酸蒸汽的含量(质量分数)为 0.005%时,酸露点可达 130~150 ℃。

3. 减轻低温腐蚀的措施

减轻低温腐蚀可从以下几个方面着手:减少烟气中三氧化硫的生成量;提高金属壁温或使壁温避开严重腐蚀的区域;此外还可用抗腐蚀材料制作低温受热面来防止或减轻低温腐蚀。具体措施如下。

(1)燃料脱硫。

对于煤中黄铁矿,可利用重力不同而设法分离出一部分,但有机硫很难除掉。

(2)低氧燃烧。

对于燃用高硫分煤的锅炉,将过量空气系数 α''保持在 1.01~1.02,能使烟气酸露点大大降低,从而有效地减轻低温腐蚀及低温黏结积灰。低氧燃烧必须保证燃烧完全,否则不但经济性差,而且仍会有较多剩余氧,达不到降低三氧化硫含量的目的。低氧燃烧还必须控制漏风,否则氧量仍会增大。

(3)加入添加剂。

用白云粉($MgCO_3 \cdot CaCO_3$)作为添加剂在燃烧时减轻低温腐蚀已取得一定的效果。它能与烟气中的 SO_3发生作用而生成 $CaSO_4$,从而减轻低温腐蚀。但是烟气中将增加大量粉尘,使受热面积灰增多,故应加强吹灰和清扫。

(4)热风再循环。

将空气预热器出口的一部分热空气送回送风机入口,称之为热风再循环。这种方法提高了金属壁温,但排烟温度升高,锅炉效率降低,同时还会使送风机电耗增加。

(5)安装暖风器。

此方法是在汽轮机与空气预热器之间安装暖风器(即热交换器),利用汽轮机低压抽汽来加热冷空气,蒸汽凝结水返回热力系统。采用暖风器后,虽然因排烟温度升高而降低了锅炉效率,但由于利用了低压抽汽,减少了凝汽器中蒸汽凝结热损失,因而提高了热力系统的热经济性。比较下来,全厂经济性有所提高。

(6)空气预热器冷端采用抗腐蚀材料。

用于管式空气预热器的抗腐蚀材料有铸铁管、玻璃管、09 钢管等;用于回转式空气预热器的抗腐蚀材料有耐酸的搪瓷波形板、陶瓷砖等。

采用抗腐蚀材料可减轻腐蚀,但不能防止低温黏结积灰,因而必须加强吹灰。

本章小结

省煤器和空气预热器通常布置在锅炉对流烟道的最后,流经受热面的烟气温度较低,故常把这两部分受热面称为尾部受热面或低温受热面。由于工质温度和烟气温度都比较低,其管子金属的工作条件不像过热器和再热器那样恶劣,不易烧坏;而积灰、磨损和低温腐蚀是尾部受热面运行中突出的问题。

思考与实践

(1)什么是省煤器?它有什么作用?它是如何分类的?

(2)什么是空气预热器?它有什么作用?它可分为哪几类?

(3)省煤器的主要故障有哪些?如何预防?

(4)空气预热器的主要故障有哪些?如何预防?

第 10 章　锅炉辅助设备及系统

本章重点介绍锅炉辅助系统的组成、工作原理及特点，这些系统包括除尘系统（以静电除尘器为例）、吹灰系统、除灰系统、除渣系统、脱硫系统，它们是锅炉安全运行必不可少的组成部分。

❖ **本章学习目标**

（1）了解静电除尘器的工作原理及主要形式。

（2）了解吹灰系统的组成。

（3）了解除渣、脱硫系统中的主要设备。

10.1　静电除尘器

10.1.1　静电除尘器的工作原理与特点

1. 工作原理

静电除尘器的工作原理是通过对阴极和阳极施加高压直流电，在两极间产生不均匀电场，因阴极附近的电场强度很大，气体发生电离而产生大量的正负离子，正离子趋向阴极后被中和，阴离子和电子在电场的作用下向阳极（集尘极）运动，当含尘气体流过电场时，固体尘粒与这些电子、阴离子相碰撞被荷电，荷电尘粒在电场力的作用下向集尘极运动，最后放出电荷。只有极少量粉尘沉积在阴极（电晕极）。定期振打集尘极和电晕极，灰粒会在重力和惯性力的作用下掉落到下部的灰斗中，从而完成除尘。

2. 工作特点

（1）静电除尘器处理的烟气量大，烟气通过静电除尘器时的压力损失（压损）小。单台静电除尘器处理的烟气量可从每小时几万立方米到每小时几十万立方米，甚至每小时百余万立方米，国外某些大型的静电除尘器处理的烟气量可达到每小时两百多万立方米。烟气流经静电除尘器时的压力损失小，通常只有几百帕。

（2）静电除尘器可以处理高温烟气。当静电除尘器工作在较低温度时，可处理 150 ℃以下的烟气；当静电除尘器工作在较高温度时，可处理 350 ℃以下的烟气。

（3）静电除尘器对烟尘浓度和粒径分散度的适应性较好。静电除尘器入口粉尘质量浓度通常在 10~30 g/m^3（标准状态），如果入口粉尘浓度很高，则通过对电除尘器进行特殊设计，也可达到很好的除尘效果。

（4）静电除尘器的除尘效果好且运行稳定。二电场除尘器的除尘率可达 98%，三电场除尘器的除尘率可达 99%，四电场和五电场除尘器的除尘率可达 99.9%及以上。

（5）静电除尘器的控制程度高。现代大型的静电除尘器，其供电电压采用自动控制，可实现远距离操作，维护工作量少，运行费用低。

(6)静电除尘器体积庞大。静电除尘器体积庞大,占地面积大,金属耗量多,一次性投资大,对设备制造、安装及维护的技术要求高。

(7)静电除尘器对粉尘的比电阻很敏感。粉尘的比电阻通常要求在 $10^4 \sim 10^{12}\ \Omega \cdot cm$ 之间。当超出此范围时,静电除尘器的吸尘效果差。

10.1.2 静电除尘器的分类

1. 单区和双区静电除尘器

根据尘粒在静电除尘器内的荷电方式及分离区域布置的不同,可将静电除尘器分为单区静电除尘器和双区静电除尘器。

(1)单区静电除尘器。尘粒的荷电和捕集分离在同一电场内进行,即电晕极和集尘极布置在同一电场内。

(2)双区静电除尘器。尘粉的荷电和捕集分离分别在两个不同的电场内进行,即电晕极和集尘极布置在两个不同的电场内。双区静电除尘器可有效防止反电晕现象。

2. 立式和卧式静电除尘器

根据烟气在静电除尘器中的流动方向不同,可将静电除尘器分为立式静电除尘器和卧式静电除尘器。

(1)立式静电除尘器。立式静电除尘器的本体常做成管状且垂直布置,含尘气流自上而下流过静电除尘器,其既可正压运行也可负压运行。此类静电除尘器多用于除尘量小且粉尘较易捕集的场合。

(2)卧式静电除尘器。卧式静电除尘器的本体为水平布置,含尘气流在静电除尘器内水平流动,单独电场(通常分为2~5个电场),可延长尘粒在电场内的流动时间,从而提升除尘效果。此类静电除尘器安装灵活,维修方便,常为负压运行,适用于烟气流量大的场合。

3. 湿式和干式静电除尘器

根据集尘极上粉尘清除方式的不同,可将静电除尘器分为湿式静电除尘器和干式静电除尘器。

(1)湿式静电除尘器。湿式静电除尘器通过喷雾或淋水等方法将沉积在极板上的粉尘清理下来。此类除尘器运行较稳定,能避免二次扬尘,除尘效果较好,但净化后的烟气含湿量高,对管道和设备会造成腐蚀,不适宜高温场合。

(2)干式静电除尘器。干式静电除尘器通过振打方式敲击极板框架,使沉积在极板表面的灰尘抖落到下部的灰斗中。此类静电除尘器的清灰方式简单,回收的干灰可综合利用,但振打清灰时易引起二次扬尘,使除尘效果有所下降。振打清灰是静电除尘器最常用的清灰方式。

4. 管式和板式静电除尘器

根据除尘器除尘电极形式的不同,可将静电除尘器分为管式静电除尘器和板式静电除尘器。

(1)管式静电除尘器。管式静电除尘器多为立式布置,管轴心为放电电极,管壁为集尘极。

(2)板式静电除尘器。板式静电除尘器集尘极为板状。

10.1.3　静电除尘器检修后的试运行

1. 试运行前的检查

检查静电除尘器壳体内和保温箱内是否确无杂物，各人孔门是否均已关闭；检查静电除尘器各部件平台、扶梯、栏杆是否牢固齐全，通道是否畅通，照明是否充足；检查各传动机构是否完好，各润滑点是否均有足够的润滑油；检查各部件的接地装置是否均完好无损；检查各加热器装置是否完好可靠；通知电气运行人员测量有关设备的绝缘情况；检查高压电缆头、高压硅整流变是否均无漏油现象；检查电源装置的各处接线是否完好可靠，各元器件是否无脱落，高压隔离开关操动机构是否灵活，位置是否正确；确认工作人员是否已全部从静电除尘器本体撤离；确认是否所有仪表、电源开关、调节器、监控、报警信号及保护装置的功能完好。

2. 试运行步骤

(1)振打装置的试运行。启动振打装置，使之连续运行 1 h，检查装置运行情况，按振打周期做 1 个周期的振打试验，检查振打程序的工作情况。

(2)保温箱加热系统的试运行。接通保温箱内的电加热器，短接加热器温度信号引入端子，模拟加热温度继电器定值，加热器跳开，说明自动恒温控制工作正常。

(3)灰斗加热系统的试运行。启动灰斗的电加热装置，检查灰斗就地温控柜指示是否正常。

3. 电除尘器的投入

(1)锅炉点火前 24 h 投入各设备电源。

(2)打开监控系统，试运行正常。

(3)点火前 12 h 投入大梁、瓷轴、灰斗加热。

(4)点火前 2 h 投阴阳极与槽板振打并置连续状态。

(5)当锅炉启动油枪全部退出运行时，按值长命令投入高压柜运行，按顺序逐步投入各电场。

(6)将阳极振打及槽板振打切至“连续”运行方式，系统稳定后再将阴阳极及槽板振打切至“周期”运行方式。

(7)检查各设备运行是否正常。

(8)高压柜投入运行。

4. 静电除尘器的停止

(1)投入第一台启动油枪或锅炉灭火后，静电除尘器入口烟温低于 110 ℃。

(2)停运电场时逐级降低二次电压，停止高压柜运行，关闭高压柜电源。

(3)阴阳极振打切至“连续”运行方式，时间不少于 4 h。

(4)灰斗内积灰全部除净后，可停止灰斗加热。

(5)锅炉停运后，烟气排净，引风机停止，锅炉处于长期备用或电除尘检修状态，可停止瓷轴和绝缘子加热。

(6)静电除尘停运后备用，必须加强对瓷轴和绝缘子温度的监视，使其处于良好的备用状态。

5. 静电除尘器的故障处理

(1)高压柜紧急停运。

发生下列情况时,紧急停止高压柜运行:威胁人身安全时;威胁设备安全时;设备着火时;烟气中飞灰可燃物增多时;电场短路,故障不能立即消除时;变压器油温高报警而高压柜未能跳闸时。

(2)灰斗棚灰。

①灰斗棚灰的原因:a.灰斗内部有异物落下,将出灰器堵死;b.灰斗内有漏风点致使灰温降低而结块;c.干灰系统故障或长期不运行致使灰斗积灰。

②灰斗棚灰时的处理:a.用大锤振打灰斗或干除灰系统部分,保证灰斗正常下灰;b.投入灰斗加热,提高灰温;c.利用干灰输送风反吹。以上情况消除,高压柜投入正常运行;若异物不能取出,以及漏风不能消除,可将该灰斗所对应电场高压柜停运,联系有关人员处理。

(3)除尘效率低。

①除尘效率低的原因:a.烟气参数不符合要求;b.气流分布不均匀;c.漏风严重;d.振打周期不合理、振打力度不符合要求或振打装置故障;e.极距偏差过大;f.排灰控制系统故障。

②除尘效率低时的处理:a.如漏风严重,立即消除漏风现象;b.排除振打故障,调整振打周期;c.调整干灰设备,保证灰斗正常下灰。

(4)不完全短路。

①不完全短路现象:a.电压、电流表摆动剧烈,时而跳闸;b.二次电流不正常增大,二次电压降低较多;c.二次电流较小且频繁闪烁。

②不完全短路的原因:a.阴极线损坏,未完全脱落,在气流中晃动;b.阴阳极局部黏附粉尘过多,使两极之间距离缩短,引起频繁闪烁;c.电场内铁片、铁锈脱落后与电极接触;d.绝缘部件(绝缘子)结露,造成漏电和绝缘不良;e.电缆绝缘不良,有漏电现象;f.振打装置未开或失灵;g.流过静电除尘器的烟气比电阻过低;h.下灰不正常,灰斗短期满载与阴阳极下部接触。

③不完全短路时的处理:a.停止电场运行,拉开电源刀闸;b.检查各电加热装置是否故障,有故障时须及时处理;c.检查排灰系统是否正常,有故障时须及时处理。以上故障排除后,可做升压试验,同时做好记录,若无效果,可将二次电压降至30 kV,若仍不能运行,则停止该电场运行,联系有关人员处理。

10.2 吹灰系统及其运行

10.2.1 吹灰系统

1. 吹灰系统的组成

锅炉的吹灰系统由吹灰器、减温减压站、吹灰管道及其固定和导向装置等组成。吹灰系统采用高温高压、喷水减温减压气动非基地式调节减温减压站,减温减压站由电动截止阀、气动调节阀及弹簧安全阀等组成。

DG-3000/26.15-Ⅲ型超超临界直流锅炉本体吹灰器安装在锅炉炉膛、水平烟道和后竖井包墙上及空气预热器系统中。通过定时吹扫锅炉各受热面防止锅炉积灰。锅炉本体吹灰器用的汽源来自高温过热器进口连接管。锅炉启动时，空气预热器用的吹灰汽源为辅助蒸汽。

吹灰系统共设有138只吹灰器，包括82只布置在炉膛四面墙折焰角以下的炉膛吹灰器；40只布置在屏式过热器、高温过热器、高温再热器、低温再热器及低温过热器区域可伸入锅炉宽度一半距离的长伸缩式吹灰器；12只安装在省煤器和低温再热器区域的半长伸缩式吹灰器；4只安装在空气预热器区域的短伸缩式吹灰器。炉膛水冷壁上预留有长伸缩式吹灰器墙箱。

为了确保在锅炉启动期间，各受热面不发生超温现象，在炉膛出口窗标高63 050 mm处的左右侧各布置1只TS-O型伸缩式烟温探针，行程约11 500 mm，由上海克莱德贝尔格曼机械有限公司提供。烟温探针为铠装双支热电偶，温度信号2副，一副用于退回动作和报警，另一副与温度显示仪表连接，探针枪采用非冷式。烟温探针可不定期连续或间隙前进，也可停留在任意位置，超温时自动退回，报警烟温为540 ℃，退回温度为580 ℃。

2. 吹灰管路系统

DG-3000/26.15-Ⅲ型超超临界直流锅炉本体吹灰器用的汽源来自高温过热器进口连接管，在最大连续蒸发量（B-MCR）工况下此处的蒸汽压力为26.5 MPa(g)，温度约为538 ℃。冷却水取自再热器冷却水总管，压力约14.2 MPa(g)，温度约192 ℃。锅炉启动时，空气预热器用的吹灰汽源为辅助蒸汽，其蒸汽压力为1.0～1.2 MPa，温度约为350 ℃。管路系统的吹扫蒸汽压力和流量裕度为10%，以满足炉膛吹灰器、长伸缩式吹灰器、半长伸缩式吹灰器和短伸缩式吹灰器的吹灰要求。

吹灰管路系统具有下列特点。

（1）吹灰介质采取从锅炉末级过热器进口连接管抽取的高参数蒸汽，使吹扫蒸汽具有较高的过热度。通常设置吹灰管路减压减温站，能够满足锅炉本体吹灰器在大于70% B-MCR以及变工况下进行吹扫。辅助汽源站是为锅炉启动时供空气预热器吹灰而设置的。

（2）管路采用对称布置，单线强制疏水形式。这种布置基本上消除了冷凝水滞留的“死端”，保证了吹扫蒸汽具有足够的过热度，减少了对锅炉管束的磨损。

（3）吹灰管路减压减温站采用气动调节阀作为主减压阀，具有既能关闭汽源，又能调节管路吹灰蒸汽的压力和流量的功能。喷水减温装置通过一个单独设置的气动调节阀调节喷水量，以保证吹扫蒸汽温度。通过程控系统对气动调节阀附带智能定位器的控制，使调节阀具有运行和关闭的功能，并且气动调节阀所带的定位器可响应分布式控制系统（DCS）信号，使调节阀分别在一定范围内调节压力设定值和喷水量。

（4）管路疏水装置采用了由温度控制的热力疏水阀，使得吹扫蒸汽保持一定的过热度，从而改变了只利用重力原理来疏水而不能疏汽的状态。

（5）管路上安装的流量报警装置是为了保证高温烟区吹灰器的安全使用，所设定的最小值能够保护吹灰管不被高温损坏。

（6）管路系统的结构布置中采用各种形式的膨胀节和固定、导向及悬吊装置，以保证管路具有热补偿能力和充分的挠性。

3. 吹扫频率和吹扫压力

根据锅炉实际积灰程度定出最佳吹扫频率。锅炉首次启动后，必须定时目测吹扫范围内受热面的情况，如清洁效果不佳，就应提高吹扫频率和吹扫压力。若受热面管子表面显得光滑或出现光点,则吹扫频率和吹扫压力必须降低。

10.2.2 吹灰系统的运行

1. 吹灰系统投运前的检查

(1)检查确认系统的检修工作全部结束,工作票终结。

(2)检查确认吹灰系统各阀门、管道连接完整,电动阀门接线完整,安全阀外观无损坏且在释放状态,系统内各热工测点安装完毕且完整无损坏。

(3)全面检查确认所有吹灰器在完全退出位,吹灰器罩壳内外无杂物,设备清洁,吹灰器周围照明充足。

(4)检查确认吹灰器本体无变形和损坏,支架牢固,吹灰器本体罩壳完整并安装牢固。

(5)检查确认吹灰器接线盒安装牢固,驱动电动机接线牢固,行走线轨不跑偏。

(6)检查确认吹灰器行走箱不偏斜,行走箱限位开关无损坏。

(7)检查确认吹灰器链轮、传动链条、行走轮、齿条、驱动齿轮等驱动装置无跑偏和断齿。

(8)检查确认吹灰管无弯曲变形,吹灰管和炉墙吹灰孔对中。

(9)检查确认吹灰器拨叉机构无变形损坏,弹簧阀弹簧和阀杆无偏斜,弹簧阀在完全跳开关闭状态。

(10)检查确认完毕,吹灰系统送电。

2. 空气预热器蒸汽吹灰

(1)空气预热器蒸汽吹灰器在锅炉点火后立即需要投入,正常运行期间每班进行一次吹灰,当锅炉启动燃油期间或空气预热器进出口的烟、风差压比对应负荷下的差压高,怀疑空气预热器积灰严重时要增加吹灰频率。

(2)在锅炉点火初期如辅助蒸汽充足,采用辅助蒸汽进行吹灰,关闭高温过热器至空气预热器蒸汽吹灰供汽手动门,开启空气预热器蒸汽吹灰管道末端疏水器前后隔绝门。

(3)检查辅助蒸汽至空气预热器吹灰供汽电动门和手动门关闭,开启辅助蒸汽至空气预热器吹灰供汽电动门后疏水器前后隔绝门和疏水器旁路门,关闭辅助蒸汽至空气预热器吹灰器供汽电动门后放水门,开启辅助蒸汽至空气预热器吹灰供汽手动门后放水门。

(4)稍开辅助蒸汽至空气预热器吹灰供汽电动门进行暖管,当供气电动门后蒸汽温度高于对应压力下的饱和温度后关闭疏水器旁路门,缓慢开启辅助蒸汽至空气预执器吹灰电动门。

(5)空气预热器吹灰系统送电完毕,检查空气预热器吹灰控制系统是否正常,空气预热器吹灰供汽气动门是否在关闭状态,管道末端疏水电动门是否在开启状态。

(6)稍开辅助蒸汽至空气预热器吹灰供汽手动门,当门后管道放水门疏水排尽冒汽后关闭管道放水门,缓慢开启辅助蒸汽至空气预热器吹灰供汽手动门至全开。

(7)在空气预热器吹灰控制盘上启动空气预热器蒸汽吹灰。

(8)当空气预热器蒸汽吹灰管道压力为 0.6 MPa,末端蒸汽温度为 280 ℃时,空气预热器蒸汽吹灰程控启动,末端疏水电动门关闭,吹灰器供蒸汽气动门开启。

(9)空气预热器程控吹灰结束,检查空气预热器吹灰供汽气动门是否关闭,管道末端疏水电动门是否开启。

(10)当机组正常运行后,高温过热器入口至蒸汽吹灰蒸汽投入,关闭辅助蒸汽至空气预热器蒸汽吹灰供汽电动门,开启高温过热器入口吹灰蒸汽至空气预热器吹灰蒸汽供汽手动门。

3. 炉膛及水冷壁蒸汽吹灰

(1)炉膛及水冷壁蒸汽吹灰在机组启动完毕,正常投粉运行期间进行。正常情况下每班白班进行一次吹灰,当燃烧易结焦煤种或高灰分煤种,以及炉膛积灰、结焦较严重,影响机组带负荷或造成汽温偏差、金属温度超温或偏差过大,对机组正常运行造成影响时,要适当增加吹灰频率。

(2)关闭蒸汽吹灰减温水电动门后放水一、二次门,开启吹灰系统所有管道末端疏水器前后隔绝手动阀。

(3)开启受热面左侧墙、右侧墙长吹灰器,开启炉膛左侧和后墙、右侧和前墙吹灰器供汽手动门。

(4)吹灰控制系统送电完毕后检查吹灰控制系统是否正常,热段过热器入口至蒸汽吹灰电动门、调节门是否关闭,吹灰蒸汽减温水电动门、调节门是否关闭,炉膛和受热面蒸汽吹灰末端疏水电动门是否开启。

(5)缓慢开启热段过热器入口至蒸汽吹灰手动总门和吹灰蒸汽减温水手动门。

(6)开启蒸汽吹灰电动门,微开蒸汽吹灰压力调节门进行暖管。

(7)当吹灰蒸汽管道末端温度高于吹灰蒸汽压力对应的饱和温度,且减温器后的温度达到 320 ℃时,开启吹灰蒸汽减温水电动门,随着吹灰蒸汽温度的升高,开启减温水调节门将减温器后的温度控制在 320 ℃,投入吹灰蒸汽温度自动。

(8)缓慢开启吹灰蒸汽压力调节门,将吹灰蒸汽压力提升到 1.2 MPa,投入吹灰蒸汽压力自动。

(9)在吹灰控制盘上启动炉膛及受热面蒸汽吹灰。

(10)检查吹灰蒸汽压力是否达到 1.0 MPa,末端蒸汽温度是否为 300 ℃,启动炉膛及受热面蒸汽吹灰程控,关闭末端疏水电动门。

(11)如需要对炉膛及受热面进行局部蒸汽吹灰,可在控制站进行吹灰选择。

4. 吹灰器运行中的检查

(1)吹灰器运行中,炉膛四管泄漏装置必须投入,如发现四管泄漏装置报警,要立即组织人员对吹灰系统进行全面检查,确认是否有吹灰器弹簧阀关闭不严密,防止吹灰器吹损受热面。

(2)当吹灰装置产生报警时,要立即就地检查并消除。

(3)当吹灰装置卡在炉膛中不能电动退出时,要立即组织人员就地将吹灰器手动摇出,防止吹灰器吹损受热面和吹灰管烧坏。

(4)正常运行中,禁止解除自动和改变吹灰器投、停温度及压力定值强投吹灰器,防止吹灰器损坏和蒸汽中带水吹损受热面。

(5)检查炉膛和受热面吹灰蒸汽压力是否在 1.2 MPa,吹灰蒸汽温度是否在 320 ℃,吹灰蒸汽压力和温度是否自动跟踪良好,吹灰蒸汽压力是否平稳,吹灰蒸汽管道安全阀是否不频繁起座。

(6)检查吹灰系统是否按程控设定顺序自动投停,吹灰系统管道、阀门、吹灰器内管填料密封和弹簧阀轴封处是否不漏汽。

(7)检查吹灰器运行过程中是否平稳无刮卡,拨叉机构动作是否灵活无卡涩。

5. 吹灰器的停止

(1)当吹灰器运行过程中吹灰蒸汽压力低于 1.0 MPa 时,程序自动中断吹灰器运行,待吹灰蒸汽压力恢复正常后,自动恢复运行。

(2)当吹灰器运行中进和退超时时会报警并自动中断吹灰器运行。当吹灰器进超时时自动发退出信号,当吹灰器退超时时自动停止吹灰器继续回退。故障消除并复位后吹灰器继续运行。

(3)当吹灰器电机过负荷发出时报警并自动停止吹灰器运行,当故障消除复位后吹灰器继续运行。

(4)当吹灰蒸汽管道末端温度低于 300 ℃时报警并自动停止吹灰器运行,吹灰蒸汽管道末端疏水电动门开启,当温度升高后末端疏水电动门关闭,吹灰器继续运行。

(5)当发生主燃料跳闸(MFT)时,吹灰器停止运行,过热蒸汽入口供吹灰电动门和吹灰蒸汽减温水电动门自动关闭。

(6)当吹灰程序运行结束时,控制系统报警提示吹灰结束。

(7)机组正常运行过程中,吹灰系统无缺陷或特殊要求时应保持热备用状态,吹灰系统保持 1.2 MPa 蒸汽压力和 320 ℃温度备用。

(8)需要进行检修或保持冷备用状态时,要将吹灰系统停止,检查热段过热器入口供吹灰蒸汽电动门和减温水电动门关闭后,解除吹灰蒸汽压力和温度自动,关闭吹灰蒸汽供汽手动门和减温水供水手动门。

6. 吹灰器的保护

(1)当炉膛及烟道吹灰减压站的减压阀后压力为 1.48 MPa 或 3.43 MPa 时,将闭锁炉膛和烟道吹灰器的投运。当吹灰器已在运行时,将中断吹灰顺序,运行中的吹灰器都将自动退出。

(2)当预热器吹灰减压站的减压阀后压力为 0.6 MPa 或 3.43 MPa 时,将闭锁预热器吹灰器的投运。当吹灰器已在运行时,将中断吹灰顺序并自动退出。

(3)烟道吹灰器在前进过程中,超过设定的时间,将中断吹灰顺序并自动退出。

(4)烟道吹灰器在前进过程中,电动机过流也将中断吹灰顺序并自动退出。

(5)在进行吹灰过程中,当产生 MFT 时,将退出所有正在吹灰的吹灰器,当所有吹灰器退出后,自动关闭吹灰总门,结束吹灰。

7. 吹灰器的故障处理

(1)吹灰器电动机过负荷。

吹灰器齿条润滑不良、吹灰管弯曲、轨道变形、减速箱故障及内管填料太紧都会造成过负荷保护动作,吹灰器液晶显示屏(LCD)画面将报警。炉膛吹灰器过负荷时,自动吹灰顺序仍继续进行;烟道吹灰器过负荷时,将中断吹灰顺序,在过负荷信号消除后,方能继续吹灰顺序。

故障处理:吹灰器的电动机过负荷时,应停止吹灰并设法将其退出。当吹灰器不能电动退出时,应将就地控制开关置“OFF”位置后, 通知检修人员用专用手柄将吹灰器手动退出。

(2)吹灰蒸汽压力异常。

当进行吹灰时,若汽源的减压阀故障,将使减压阀后压力不正常,造成压力过高、安全门起座或压力过低,使吹灰顺序中断并退出吹灰器,吹灰器 LCD 画面将报警。

故障处理:复置报警信号,检查所有吹灰器都已退出并能自动关闭吹灰总门;通知检修处理,在缺陷消除后,方可恢复吹灰。

10.3　除灰系统及其运行

用来除灰与除渣并将其送往发电厂厂区以外的系统称为除灰渣系统,包括除灰系统和除渣系统。除灰渣系统为独立控制系统,采用可编程控制器(PLC),在集中控制室辅控网操作员站上实现对其集中监控,就地不设置控制室和值班人员。

目前,飞灰气力输送技术发展较快,气力除灰系统在我国火力发电厂的应用非常广泛,除我国自行开发的各种形式的仓式气力输送系统外,还有从国外引进的负压气力输灰系统、低正压气力输灰系统、正压浓相气力输灰系统、双套管正压气力输灰系统等。

压相气力输灰系统是目前国际上先进的气力输送系统之一。它采用固气两相流的气力输送原理,利用压缩空气的动压输送物料。与常规的稀相仓泵输送技术相比较,它的主要特点是:输送空气压力低、输送速度低、输送距离长、灰气比高、输送管道的直径小且不需要采用耐磨材料、维护工作量小等。正压浓相气力输灰系统是一种安全、可靠、高效、节能的气力输送系统。

某厂除灰系统按 2×1 000 MW 超超临界机组设计,每台锅炉各设一套正压浓相气力输灰系统。

除灰系统采用厂内气力收集集中、厂外汽车运输方案,其工艺流程如图 10.1 所示。

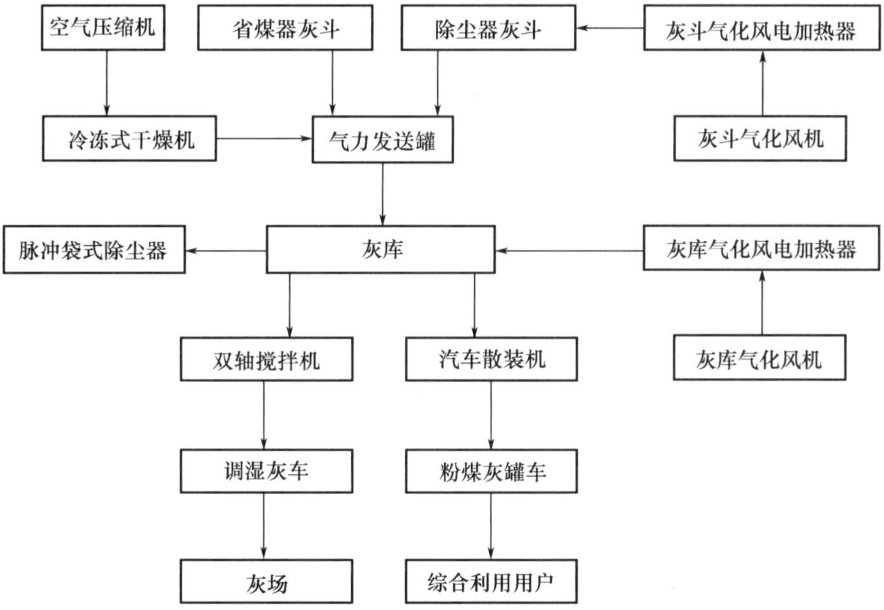

图 10.1　除灰系统工艺流程

除灰系统主要分气力输送和灰库存储两部分，通过输送管道连接成一个整体，并配套气化部分和气源部分。

在静电除尘器每个灰斗下和省煤器2个灰斗下各安装1台气力发送罐，每个气力发送罐的入口均装有1个手动隔离阀门和1个气动阀门。为使灰斗卸灰流畅，在每个灰斗的出口设有2块气化板。灰斗气化风机将空气送入电加热器加热，加热后的空气吹进气化板，使灰斗的灰处于悬浮流态化状态，便于流动。

飞灰输送到灰库存储，浮灰经布置在灰库顶的袋式收尘器分离，落入灰库存储，清洁的气体排空。为了便于输送泵的检修维护，在每个灰斗出口设一个手动闸板门。

锅炉省煤器和电除尘器一、二电场的粗灰通过粗灰管道可以分别进入2座粗灰库中的任意1座。正常运行时，1号炉粗灰进入1号粗灰库，2号炉粗灰进入2号粗灰库。当其中1个灰库故障时，可将故障灰库对应的粗灰管道切换到运行灰库。2台炉三、四、五电场的细灰通过各自的细灰管道进入细灰库，在细灰库故障情况下，1号炉的细灰管可以切到1号粗灰库，2号炉的细灰管可以切到2号粗灰库。

气力除灰系统的出力按锅炉B-MCR工况下燃用校核煤种时锅炉排灰量的120%进行设计。

气力除灰系统设有7台空气压缩机（6台运行、1台备用）作为气力输送动力气源，控制用气取自全厂仪用空气系统。为保证空气品质及系统安全运行，在空气压缩机出口配置有冷冻式干燥机、储气罐等装置。

某2×1 000 MW超超临界机组的除灰系统主要技术数据见表10.1。

表10.1　某2×1 000 MW超超临界机组的除灰系统主要技术数据

序号	项目	单位	1号炉	2号炉	备注
1	锅炉排灰量	t/h	175.58	175.58	校核煤种
2	系统出力	t/h	211	211	
3	输送气灰比	kg/kg	20	18	
4	输送几何距离	m	700	800	
5	提升高度	m	37	37	
6	计算输送风量	m^3/min	164	182	
7	计算输送风压	MPa	0.3	0.3	
8	仪用风量	m^3/min	2	2	
9	仪用风压	MPa	0.4~0.6	0.4~0.6	

10.4　除渣系统及其运行

10.4.1　除渣系统概述

1. 湿式刮板捞渣机方案

超超临界机组除渣系统通常采用刮板捞渣机加渣仓的连续输送方式，湿式刮板捞渣机除渣工艺流程如图 10.2 所示。

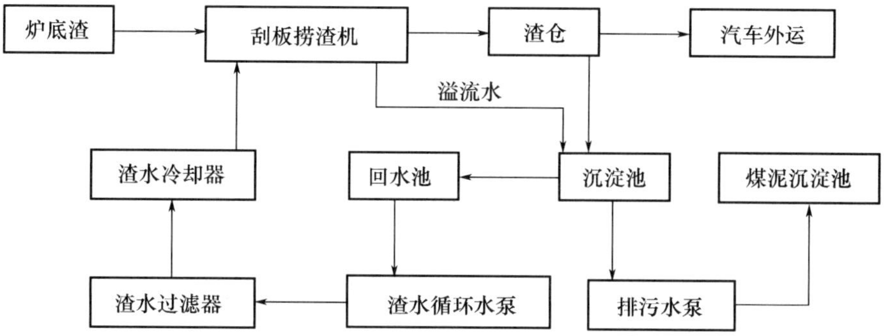

图 10.2　湿式刮板捞渣机除渣工艺流程

炉底渣经渣井落入刮板捞渣机水槽中,冷却粒化后,由刮板捞渣机连续从炉底输送至炉架外侧的渣仓存储,运渣汽车直接在渣仓下装车,然后外运供综合利用或送至灰场堆放。

在每台锅炉下部设置 1 台大倾角刮板捞渣机,刮板捞渣机的头部直接抬升到渣仓顶部,使从刮板捞渣机水槽中捞出的渣在进入渣仓前有足够的时间脱水。

刮板捞渣机出力可在一定范围内无级调节,从而适应锅炉排渣量变化的需要和延长刮板捞渣机的使用寿命。

每台锅炉设 2 台有一定储渣容积的渣仓,2 台渣仓总容积可存储 1 台锅炉在 B-MCR 工况下燃烧校核煤种时约 21 h 的排渣量。

捞渣机溢流水采用闭式循环处理系统。炉渣冷却水由捞渣机溢流口排至沉淀池。沉淀池设为两格,正常情况下两格都运行,运行一段时间后,可将其中一格停运,人工将沉积在池的积渣清除。经过沉淀池处理的水溢流到回水池后由渣水循环水泵升压,经过渣水过滤器过滤和渣水换热器冷却后,又回到刮板捞渣机中冷却炉渣,从而保证了除渣系统用水的重复利用。沉淀池底部的泥浆通过排污水泵定期打入煤泥沉淀池。

2. 干式钢带冷渣机方案

某火电厂超临界机组的除渣系统采用干式钢带冷渣机方案,该系统按 2×1 000 MW 机组设计,每台炉为一输送单元。干式钢带冷渣机除渣工艺流程如图 10.3 所示。

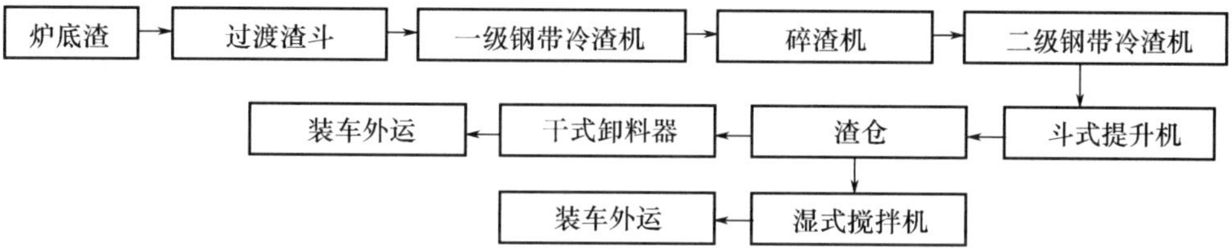

图 10.3　干式钢带冷渣机除渣工艺流程

炉底渣经过过渡渣斗落入一级钢带冷渣机。在冷渣机内被空气冷却,被加热的空气带着炉底渣的热量进入锅炉炉膛。冷却后的炉底渣经碎渣机破碎后,由二级钢带冷渣机输送至斗式提升机,通过斗式提升机提升至渣仓存储。渣仓底部设有 2 个出口,其中一个接湿式搅拌机,将干渣调湿后装车供综合利用或送至灰场堆放;另一个接干式卸料器,将干渣装车外运供综合利用。

10.4.2 除渣系统的主要设备

1. 刮板捞渣机

每台锅炉采用1台可变速的水浸式刮板捞渣机。刮板捞渣机是连续排渣的高效除渣机械,它与关断门组合成一个独立的密封系统。由于其密封条件的改善,相应提高了锅炉的热效率,同时采取了机械除渣,也改善了运行工人的劳动条件,并具有节约用水、运行工况稳定等优点。

冷渣斗上部设有溢流水槽,锅炉底部的水封板直接插入水槽中,以确保炉膛和大气隔绝,防止空气漏入,提高了锅炉的热效率,并满足锅炉各方位的自由膨胀条件。

关断门连接在冷渣斗下部,正常工作时呈开启状态,门片插入刮板捞渣机上槽体的冷却水中,有效地防止了空气的漏入。当刮板捞渣机需要检修时,通过液压系统使关断门关闭,将炉渣暂时积存在渣井内,以便检修。

液压系统内配有液压双向锁,实现了油缸的紧锁,可以保证油缸在任何位置可靠停留,液压管路采用快速接头,维修方便。

刮板捞渣机外壳由碳钢板加强筋焊接而成。刮板和链条沿充满水的上槽体向前移动,并经干的下槽体返回。上、下槽体分别衬有耐磨钢板和辉绿岩铸石板,上槽体内配有隔栅,以防水爆。

捞渣机溢流槽内装有多级斜板净化器,以防止灰渣随溢流水排出。机体一侧设有紧急出渣口,当捞渣机发生故障时,可将灰渣和水迅速排出,以利于检修。捞渣机采用液压马达驱动无级调速,以平稳运行。

2. 碎渣机

燃料燃烧后形成的灰渣大小不一,如果直接排入渣沟或用渣泵输送极易造成渣沟堵塞或渣泵故障,因此要使用碎渣机对大块焦渣先进行破碎,再进行输送。

碎渣机由于工作环境恶劣,故应配有必要的保护装置,如遇到焦块卡住,电动机自动反转数周后再改为正转,使焦块顺利排出。此外,电动机应装设遮棚,以免被灰水淋浇。

碎渣机正常运行时应定期检查转动部分的声音、振动、轴承温度及工作情况是否正常。由于碎渣机齿轮箱的油质易被乳化,故除了检查齿轮箱油位外,更应注意其油质,以便发现异常情况并进行及时处理。

当水压低于要求的轴封水压时,碎渣机不得启动;当水力喷射泵没有投入运行时,碎渣机不得启动。碎渣机没有启动时,注水式渣斗排渣门不能开启。

碎渣机一旦因故停运,应尽快修复,若短时间内无法修复,则应采取必要的临时措施,如组织力量人工除灰等,使除渣系统的运行不中断。碎渣机应有远方启、停操作和就地启、停操作,并有就地监视手段。为便于检查,碎渣机进口处应装设检查孔。

3. 渣井

捞渣机上部的渣井部分具有不小于机组在MCR工况下4 h排渣的存储容积,渣井支承方式可采用独立支承,并为捞渣机能横向拉出检修留有足够的空间。渣井水封槽能有效地吸收锅炉水冷壁垂直和水平方向的膨胀量,且水封槽中设有冲洗排污措施。渣井的水封槽沿渣井四周布置,由连续溢流的密封水维持槽内的水位和渣斗密封,同时在渣井内配置冷却水喷淋装置,并相应配置喷淋冷却的观察窗和通渣孔。渣井应能耐不小于800 ℃的高温。

渣井配有人孔门、窥视孔、打焦孔、检查孔。

4. 渣仓

渣仓为全钢结构，渣仓内壁须考虑防腐措施，仓底应采取有效措施，以便于排渣通畅。在锥体部位安装仓壁振动器，振动器须具有良好的破拱能力。渣仓在仓体底部设置有析水元件，可使进入渣仓的湿渣进一步脱水。每炉设 2 个渣仓，运行时 1 个装渣，1 个脱水卸渣。渣仓底部配有气动排渣门，脱水时排渣门关闭，卸渣时排渣门打开。每个渣仓设连续料位计（超声波测量方式），当渣堆至高位时发出报警信号，报警信号送至渣仓操作室。

5. 钢带冷渣机

炉底渣经渣斗落入钢带冷渣机，在钢冷渣机内被空气冷却，被加热的空气带着底渣的热量进入锅炉炉膛，可提高锅炉的热效率。由于炉渣完全在干式状态下冷却、处理和输送，保持了炉渣的活性，因此提高了炉渣的综合利用价值，同时因干渣干排，不用水冷却，故系统无废水排放，环保效益显著。

钢带冷渣机对进渣颗粒度要求不严，排渣顺畅，对煤种适应性强，设备抗热冲击能力强，磨损非常小，运行可靠性高。

钢带在运行过程中速度很低，加之炉渣与钢带的钢盘间无相对运动使钢带的使用寿命很长。

10.5 脱硫设备及系统

10.5.1 石灰石料存储及石灰石浆液制备系统

石灰石料（粒径不大于 20 mm）通过汽车运输至电厂的石灰石磨制车间，经地磅计量后倒入地下料斗，由钢制格栅（箅孔 50 mm×50 mm）送入卸料斗后经振动给料机、斗式提升机送至石灰石料仓内，再由皮带称重给料机送到湿式球磨机内磨制成浆液，石灰石浆液用泵输送到水力旋流器经分离后，大尺寸物料再循环，溢流物料存储于磨制区石灰石浆液箱中，然后经石灰石浆液泵送至吸收塔。

10.5.2 烟气系统

烟气系统包括 4 台（动调）增压风机、2 个旁路烟气挡板、4 个增压风机入口原烟气挡板、4 个增压风机出口原烟气挡板、2 个出口净烟气挡板及相应的烟道和膨胀节等。

烟气系统按 1 台炉配备 1 个脱硫塔设计。

从电厂锅炉来的原烟气，分别由烟道引至各自的烟气脱硫（FGD）系统。烟气经过原烟气挡板、增压风机（每台炉设置 2 台）后，进入吸收塔进行脱硫反应，脱硫后的净烟气经除雾器除去雾滴后再经过净烟气烟道、净烟气挡板和烟囱，排放到大气中。

10.5.3 二氧化硫吸收系统

二氧化硫吸收系统主要用于脱除烟气中 SO_2、SO_3、HCl、HF 等污染物及烟气中的飞灰等物质。

FGD 的二氧化硫吸收系统包括 1 台吸收塔。含 2 级除雾器、4 层喷淋层及喷嘴、氧化空气管、2 台脉冲悬浮泵、4 台浆液循环泵、3 台氧化风机（2 台运行、1 台备用）及相应的管道阀门等。

10.5.4 石膏脱水系统

石膏脱水系统分为2个子系统，即一级脱水系统和二级脱水系统。一级脱水系统包括4台石膏排出泵(2台运行、2台备用)、2台石膏旋流器；二级脱水系统包括2台真空皮带过滤机及相应的泵、箱体、管道、阀门等。

吸收塔底部的石膏浆液通过石膏排出泵泵入石膏旋流器。石膏旋流器具有双重作用：即石膏浆液预脱水和石膏晶体分级。进入石膏旋流器的石膏悬浮并切向流动产生离心运动，细小的微粒从石膏旋流器的中心向上流动形成溢流。石膏旋流器溢流进入回流水箱。

石膏旋流器的底流经石膏浆液分配器进入二级脱水系统。

二级脱水系统包括真空皮带机过滤系统，真空系统及冲洗系统。每台真空皮带过滤机出力为2台锅炉B-MCR工况的75%。石膏被脱水后含水量(质量分数)降到10%以下，对石膏滤饼进行冲洗以去除氯化物，从而保证石膏的品质。冲洗水排至回流水箱。

从真空皮带过滤机滤出的滤液流至回流水箱，并由回流水泵送至吸收塔及石灰石浆液制备系统循环使用。为了使系统内氯离子不累积过高，部分回流水箱中的水将作为废水排至废水出力装置进行处理。

2台炉共设1座废水旋流给料箱(利用回流水箱)、2台废水旋流给料泵、1台废水旋流器。

2台炉共设1座滤液回收水箱(回流水箱)、3台滤液回收泵(回流水泵)。

10.5.5 石膏储运系统

2台炉共设1座石膏库，石膏库的有效容积按2台炉燃用设计煤种时，在B-MCR工况下存放不小于4天的石膏产量。

含水量小于10%的石膏从真空皮带过滤机头部落料至石膏溜槽，经石膏皮带输送机送入石膏库。

石膏库配备布料皮带输送机2台，每条皮带输送机的输送容量应为2台炉燃用设计煤种B-MCR工况下石膏产量的100%，皮带输送机长度须满足从石膏卸料斗进入石膏库的要求。

皮带机上设双侧电动犁式卸料器用于石膏均布。

石膏用铲车或其他运输车辆装车外运。

10.5.6 公用系统

1. 工艺水系统

工艺水箱可用容积按2台炉脱硫装置正常运行2 h的最大工艺耗水量设计。工艺水系统为母管制，2台炉共用；工艺水泵按2×100%容量(其中1台为备用)设计。除雾器冲洗水系统采用单元制，每座塔各配2台除雾器冲洗水泵，共4台(2台运行、2台备用)。

工艺水主要用于：收塔蒸发水、吸收剂制备用水、石膏结晶水、石膏表面水、烟气换热器的冲洗水；水环式真空泵、除雾器、真空皮带脱水机，以及所有浆液输送设备、输送管路、贮存箱的冲洗水。

2. 设备冷却水

设备冷却水直接从电厂接入，冷却设备后，返回电厂闭式冷却水系统，循环使用。设备冷却水水量为 30 t/h。使用设备冷却水的设备包括增压风机电机、氧化风机、湿式球磨机、浆液循环泵等。

3. 压缩空气系统

在压缩空气系统中，脱硫岛仪用空气及杂用空气来自电厂管网，岛内设仪用储气罐($6\ m^3$)2 个及杂用储气罐($6\ m^3$)1 个。

4. 排放系统

排放系统包括以下组件：1 个事故浆液箱，包括 1 台顶进式搅拌器；1 台事故浆液泵；排放坑（包括 2 个吸收塔区排放坑、1 个石膏脱水废水区排放坑、1 个浆液制备脱水区排放坑、3 个卸料区排放坑）；搅拌器，每个排放坑设置 1 台搅拌器；排放坑泵，每个吸收塔排放坑设置 2 台排放坑泵，其余坑设 1 台排放坑泵。

排放坑用来收集 FGD 系统正常运行、清洗和检修中产生的排出物。排放坑一满，排放坑泵自动将其中的液体输送至吸收塔或事故浆液箱。

事故浆液箱用于储存吸收塔检修、小修、停运或事故情况下排放的浆液，通过石膏排出泵将吸收塔中的浆液输送到事故浆液箱中。通过事故浆液泵，浆液可从事故浆液箱输送回到吸收塔。事故浆液箱储存能力按 B-MCR 工况单台吸收塔系统检修时全部排放的浆液量考虑。

10.5.7　脱硫废水处理系统

由于脱硫装置浆液内的水在不断循环的过程中会富集重金属元素和 Cl 等，一方面加速脱硫设备的腐蚀，另一方面影响石膏的品质。因此脱硫装置要排出一定量的废水，进入脱硫废水处理系统，经中和、反应、絮凝和沉淀及脱水处理过程，达标后排放或回用于除灰系统。

本章小结

在锅炉辅助设系统中，除尘、吹灰、除渣、脱硫系统对保障锅炉高效、环保运行十分关键。除尘系统通过电除尘器或布袋除尘器去除烟气中的飞灰颗粒，减少粉尘排放；吹灰系统利用蒸汽、声波或燃气脉冲定期清除受热面灰垢，维持传热效率；除渣系统通过水冷排渣、机械输送等方式处理炉膛底部灰渣，确保燃烧连续性和设备安全；脱硫系统采用湿法（如石灰石-石膏法）或干法（如喷雾干燥法）吸收烟气中的二氧化硫，减少大气污染。掌握这些系统中设备的操作与维护要点，同时做到理论结合实践，能够分析积灰、结渣和污染物排放对锅炉效率及安全的影响，培养解决实际问题的能力，为从事电厂运行、设备管理及环保监测等工作奠定基础，适应行业对清洁生产与绿色发展的需求。

思考与实践

(1)简述静电除尘器的工作原理及主要形式。

(2)简述吹灰系统的组成。

(3)简述除渣系统的主要设备。

(4)简述脱硫系统的主要设备。

第 11 章　锅炉的启动和停运

锅炉启动是指锅炉由停运状态转变为运行状态的过程，包括启动前的准备、锅炉上水、投炉底加热、锅炉点火及升温升压过程；而锅炉停运（停炉）是启动的逆过程，即锅炉由运行状态转变为停运状态的过程，主要包括停运前的准备、锅炉减负荷和锅炉熄火及降压冷却过程。

锅炉的启动和停运过程是一个不稳定的加热和冷却过程，在此过程中，锅炉各部件的压力、温度和金属的热应力都会发生很大的变化，特别是一些厚壁部件如锅炉汽包、联箱和阀门，由于在锅炉启动和停运过程中加热和冷却不可能完全均匀，因而会产生较大的热应力和热变形。

在锅炉的启动和停运过程中，随锅炉负荷的变化，锅炉燃烧工况变化较大，特别是在启动初期和停运后期的低负荷阶段，由于投入燃料少，炉膛温度低，很容易造成燃烧不稳甚至灭火。

此外，在锅炉的启动和停运过程中，还存在着启停时间长短、工质和热量的回收问题。

运行经验证明，一些对设备最不利、最危险的工况往往发生在锅炉的启动和停运过程中，因此，在锅炉的启动和停运过程中，应严格控制各受热部件的金属温度，正确调节燃烧，在保证锅炉运行安全的前提下，尽量缩短启停时间，提高设备利用率，加强工质和热量的回收。

锅炉运行的好坏在很大程度上决定着整个发电厂运行的安全性和经济性。锅炉的运行必须与外界负荷相适应，由于外界负荷随时都在变动，因此必须对锅炉进行一系列的调节。

❖ **本章学习目标**

(1) 了解锅炉启动和停运的方式。

(2) 了解滑参数启动方式的特点。

(3) 了解锅炉停运后的保养方法。

(4) 掌握煤粉炉的运行调节。

11.1　汽包锅炉的启动

11.1.1　汽包锅炉的启动方式

根据锅炉启动前的热状态，锅炉启动分为冷态启动和热态启动。冷态启动是指锅炉经中、长期备用，炉内工质的温度、压力和金属温度相对较低的启动；热态启动是指锅炉经短期备用，炉内工质的温度、压力和金属温度相对较高的启动，即热备用状态下的启动。就锅炉本身而言，冷态启动和热态启动的基本步骤和要求基本相同，因此，按锅炉本身的冷、热态来划分启动方式意义不大。对单元制机组的锅炉而言，锅炉的冷、热态主要是根据汽轮机的冷、热态来划分启动方式。若制造厂没有特殊规定，一般以汽轮机调节级高压内缸的金属温度划分：200 ℃以下为冷态启动；200～370 ℃为温态启动；370～450 ℃为热态启动；450 ℃以上为极热态启动。有些机组按停机时间的长短划分：停机 1 周后再启动为冷态启动；停机 8 h 后再启动为温态启动；停机 2 h 后再启动为极热态启动。

根据锅炉的启动参数，锅炉启动分为额定参数启动和滑参数启动（即机、炉联合启动）。对母管制锅炉，采用额定参数启动；单元制机组的锅炉一般采用滑参数启动。

1. 额定参数启动

额定参数启动是指启动时，先将锅炉的蒸汽参数提升至额定值，然后再进行汽轮机的冲转、升速、并列带负荷、升负荷。由于额定参数启动时采用高参数蒸汽加热管道和汽轮机，因此金属零部件产生很大的热应力和热变形，且冲转时蒸汽存在很大的节流损失，故现代大容量单元制机组不采用该方式，而采用滑参数启动方式。

2. 滑参数启动

滑参数启动是指在锅炉点火、升温升压过程中，利用低参数蒸汽进行暖管、冲转，并随蒸汽参数的提高逐步提高机组的转速，至额定转速时发电机并列带负荷，然后随蒸汽参数的提高进一步提升机组的负荷，当锅炉出口蒸汽参数达到额定状态时，发电机达到额定出力。由于汽轮机的暖管、升速、并列带负荷、升负荷是在蒸汽参数不断变化的情况下进行的，故称为滑参数启动。采用滑参数启动，改善了汽轮机的启动条件，缩短了启动时间，增加了电网调度的灵活性，因而是目前单元制机组启动采用的主要方法。

滑参数启动有滑参数真空法启动和滑参数压力法启动 2 种方式。

（1）滑参数真空法启动。

滑参数真空法启动是指在锅炉点火前，从锅炉汽包到汽轮机之间的所有阀门全部开启，机组抽真空时，汽轮机及其一、二次汽管道直至锅炉汽包均处于真空状态，即在锅炉点火前就已在系统上建立了机、炉间的滑压关系，这样，锅炉点火后，通常在机前压力不到一个表压时，汽轮机即自行冲转，所以称为滑参数真空法启动。

采用滑参数真空法启动的优点是操作简单、启动热损失小。但是，在该启动方式下，汽轮机冲转后的升速过程需通过调节锅炉燃烧来控制，而启动初期的燃烧控制比较困难，故该启动方式不利于机组的升速控制。此外，由于启动初期汽轮机的高压缸排汽温度较低，故启动时也不利于提高再热汽温。所以，目前单元制机组一般不采用该方式启动。

（2）滑参数压力法启动。

滑参数压力法启动是指在锅炉出口蒸汽参数达到一定压力和温度时，再开启冲转汽门冲转汽轮机的启动方式。

采用滑参数压力法启动时，因冲转时压力、温度较高，且具有一定的过热度，因而有利于机组的升速控制，也有利于再热蒸汽温度的提高。特别是对高、中压合缸结构的汽轮机，再热蒸汽温度和过热蒸汽温度接近，可大大减小汽缸的热应力，但采用滑参数压力法启动时，由于启动前锅炉出口的不合格蒸汽需通过旁路系统排入凝汽器，以调节冲转参数，因而增大了机组的启动热损失。

11.1.2　汽包锅炉的冷态滑参数启动

汽包锅炉的冷态启动一般采用滑参数压力法启动。其启动过程主要包括启动前的准备和检查、锅炉上水、投炉底加热、锅炉点火，以及升温、升压。

1. 启动前的准备和检查

锅炉启动前，为保证启动过程的顺利进行和设备安全，必须对锅炉设备和汽水系统进行全面检查，并进行必要的试验。

(1)锅炉启动前准备与检查工作的主要内容。

①锅炉本体设备检查。

锅炉本体的设备检查包括炉内检查和炉外检查。炉内检查可结合检修后的验收工作进行，主要是检查炉膛和烟道中有无杂物、炉墙是否完好、燃烧器和受热面是否结渣或积灰、油枪和吹灰器位置是否正确、电动执行机构进退是否灵活等。炉外检查主要是检查炉膛的各孔、门、挡板是否完好以及位置是否正确，各挡板的传动装置是否灵活等，并将各挡板调至启动位置。

②汽水系统的检查。

锅炉启动前汽水系统的检查主要是检查汽水系统的阀门是否完好，手轮开关的方向标识是否正确，汽水取样和加药设备是否完备，汽包、联箱等处的膨胀指示器是否完好，并记录其初始膨胀。检查完毕后，将汽水系统的各阀门按要求调整至启动位置。

③转动机械的检查、校验与试运。

转动机械的检查主要是检查转动机械如空气预热器、风机、磨煤机、给煤机等及其附属设备是否完好，内部是否有杂物和积粉，转动机械及其电动机的基础是否牢固，转动部分的防护罩是否完好等。此外，还应检查轴承和油箱的油位、油质及各检测仪表是否正常等。检查后对转动机械的调节装置、各风门挡板进行校验。

转动机械试运时，应特别注意其电动机的电流和试运设备的转动方向、振动、轴承温度、串轴等情况，发现问题及时消除。对空气预热器，启动前应先进行盘车，以检查有无卡涩。

④控制盘面检查。

锅炉启动前，应检查集控室和锅炉辅助设备操作盘、控制站上的有关仪表、键盘、按钮、通信设备、操作把手等是否完好，事故照明和声光报警信号是否正常，阀门指示位置是否正确等。

(2)锅炉启动前的主要试验项目。

①锅炉各电动门、调节门、气控装置，风机的静叶、动叶和风烟系统的各风门挡板的试验。

②锅炉各电气连锁保护和热工保护的试验。锅炉检修后应对电气连锁保护和热工保护动作的准确性进行鉴定性试验，以保证各电气连锁和保护装置动作的准确性。锅炉的电气连锁试验主要是跳闸连锁试验。如在锅炉运行过程中，当 2 台空气预热器中的 1 台停运或跳闸时，该空气预热器侧的送风机、一次风机将自动停止运行，该空气预热器的进、出口烟气挡板及出口一、二次风门联动关闭，盘车装置联动投运。又如当所有一次风机停用或跳闸时，将自动停运所有磨煤机和给煤机，锅炉将自动停炉。

③锅炉的热工保护试验主要是当锅炉运行中出现故障时，为防止设备损坏而进行的保护动作试验。如当发生锅炉全部燃料中断、锅炉总风量小于最小设定量、锅炉的全炉膛火焰丧失等情况时，锅炉将紧急停炉。

锅炉检查和试验结束，确认已具备启动条件时，可向锅炉上水。

2. 锅炉上水

锅炉检查完毕，确认具备启动条件时，可启动给水泵或凝结水泵或补水泵向锅炉上水。大容量单元机制组一般采用除氧器水箱内的除氧水通过给水管的旁路给水管上水，以便对流量进行控制。

锅炉上水的具体方法是：先启动电动给水泵，开启主给水电动门，逐渐调节给水调节门的开度，以控制进水速度。当省煤器满水后，关闭省煤器空气门继续进水，待汽包就地水位计见水后，停止进水并关闭给水电动门及调整门，锅炉上水完毕。

对强制循环汽包锅炉，在锅炉上水前，应先进行炉水循环泵的注水排气，并连续投一次冷却水的冲洗水，以防水质较差的炉水渗入电动机腔室。

锅炉上水时，应注意上水温度和上水速度。因为锅炉汽包为厚壁承压部件，进水时温水与汽包壁接触而加热汽包，由于汽包壁受热不均而形成汽包内、外壁温差和上、下壁温差，内、外壁温差使汽包内壁受压缩应力，外壁受拉伸应力；上、下壁温差使汽包上部受拉伸应力，下部受压缩应力。过大的热应力会影响汽包寿命，因此，锅炉上水时，应严格控制进水温度和进水速度，一般冷态启动时进水温度为 40～60 ℃，且当给水温度高于汽包壁温 50 ℃以上时，应注意控制给水流量。锅炉上水时间一般夏季不少于 2 h，冬季不少于 4 h。此外，在汽包上还装有若干热电偶，以显示汽包壁各处的温度，上水时应注意监视。

锅炉上水时的水质也是一个重要监视指标。

3. 投炉底加热

大容量单元机制组在启动初期为迅速建立稳定的水循环、缩短启动时间和节约点火用油，通常在汽包锅炉的水冷壁下联箱装有炉底加热蒸汽引入管，用邻炉再热冷段来汽或辅助汽源加热炉水，使其升至一定温度、压力时再点火。

投炉底加热的基本方法是：当锅炉上水至点火水位时，关闭其上水门，开启省煤器再循环门，投炉底加热。具体步骤如下。

(1)加热系统的疏水暖管。投炉底加热时，首先开启加热汽源的加热总门，开启管道和联箱疏水门进行疏水暖管。

(2)暖管结束后，缓慢开启各水冷壁下联箱的加热门，进行加热。当汽压升至一定值时，关闭空气门，开启过热器、再热器疏水门，待汽压升至规定值，冲洗水位计，准备点火。

投炉底加热时应维持锅炉汽包水位低于正常水位，这是因为在加热过程中炉内水空间含汽量不断增加，会造成汽包水位不断上升。此外，还应控制炉水温升率从而使加热过程缓慢进行，以防升压过程中锅炉汽包壁各点温差过大，保证锅炉各受热部件的均匀膨胀。为此，加热过程中应严格监视锅炉汽包壁的温差（汽包上、下壁温差不超过 50 ℃）和水冷壁下联箱的膨胀情况，当发现温差有超限趋势时，应及时采取措施。

4. 锅炉点火

锅炉点火是锅炉启动过程中的一个重要步骤。为确保锅炉点火成功，在点火前应先将锅炉应投入的各种保护、炉前油系统及火焰检测系统投入运行。为防止点火时炉内残存的可燃性物质发生爆燃，在点火前还应对炉膛和烟道进行吹扫。

(1)锅炉点火前的吹扫。

锅炉点火前，为清除炉膛和烟道中可能残存的可燃性物质，防止点火时发生爆燃和烟道二次燃烧，必须按顺序启动空气预热器、引风机、送风机各 1 台（大容量锅炉需同时启动两侧的空气预热器，引、送风机系统)，维持炉膛负压和一定风量对炉膛和烟道进行吹扫。吹扫时间一般为 5~10 min，吹扫风量一般为额定风量的 30%。对燃煤锅炉，吹扫时还应对一次风管进行吹扫；对油燃烧器，点火前应用压缩空气或蒸汽对其油管路和油喷嘴进行吹扫。

大容量锅炉采用双侧引、送风吹扫的具体操作：

①先启动回转式空气预热器，同时投暖风器。

②启动甲侧引风机，乙侧送风机；启动乙侧引风机，甲侧送风机。

③全开一、二次风总门及各燃烧器的二次风挡板；调节引、送风机的入口调节挡板，维持炉膛负压和风量对炉膛和烟道进行吹扫。吹扫完毕，关小各燃烧器的二次风挡板，调节引、送风量，维持适当的一、二次风压和炉膛负压，准备点火。

现代大型电站锅炉的吹扫均采用程序控制。当投程控吹扫时，若满足吹扫条件，则程控装置自动维持 30%的额定风量，进行 5~10 min 的吹扫，吹扫完毕，发出吹扫成功信号；若吹扫中断或吹扫失败，则发出吹扫中断信号，并提示吹扫失败的原因。此时，须重新进行吹扫后方可点火。

(2)锅炉点火。

目前，电站锅炉多采用轻油或重油作为点火燃料。轻油易燃且对锅炉受热面污染小，如 HG-670/140 型锅炉即以轻油作为点火燃料。对大型电站锅炉，则常以重油作为点火燃料。点火前，炉前油系统吹扫完毕后可建立油循环，维持燃油温度、母管及油枪入口处油压在规定范围。该系统主要包括供给点火和暖炉用油的燃油管路系统、燃油雾化用的蒸汽管路系统以及供给油枪、高能点火器伸缩机构气缸用压缩空气的管路系统。锅炉点火前还应对炉前油系统进行泄漏试验，以防点火前油泄漏至炉膛或外泄。泄漏试验的具体操作是：先开速断阀使油管路充油，延时后关闭，检查系统油压，若在规定值，则说明无泄漏。锅炉点火的基本过程是：高能点火器—轻油或重油—煤粉。现代大型电站锅炉的点火已实现程序控制，锅炉点火时，通过点火程序，即可实现点火油枪的自动推入、开启三用阀、吹扫、高能点火器点火并发出着火信号，若点火失败，则自动停油、吹扫、油枪退出并发出点火失败信号。

锅炉点火时，一般应同时投入 2 只油燃烧器运行，以利于炉内热负荷均匀。若燃烧器为四角布置时，应先投对角 2 只，并应定期切换对角 2 只油燃烧器；多层布置时，应先投下层油燃烧器。

锅炉点火后，应立即调节配风，维持适当的风、油配比，未投运的油燃烧器也应保持一定的风量，以冷却燃烧器。调节一、二次风，检查炉内燃烧情况，并注意油燃烧器油压和雾化蒸汽压力。

锅炉点火后，若发生锅炉灭火，则在重新对炉膛和烟道进行吹扫后，方可重新点火。

5. 升温、升压

锅炉点火后，随燃烧的加强，其蒸发受热面和炉水温度、锅炉出口的蒸汽温度和蒸汽压力逐渐升高，蒸汽升至工作压力和工作温度的过程，称为锅炉的升温、升压过程。

锅炉的升温、升压过程是同时进行的。水和蒸汽在饱和状态下，温度和压力存在一一对应关系。受锅炉汽包和受热面热应力和汽轮机金属零部件热应力的限制，锅炉的升温、升压过程不是随意进行的，而是根据锅炉受热面的受热情况和汽轮机启动的各阶段对蒸汽参数的要求，通过启动试验，确定启动中各阶段的升温、升压速度，并制订出升温、升压曲线，锅炉的升温、升压应严格按升温、升压曲线进行。

大型电站锅炉的升温、升压过程一般分为 3 个阶段。

第一阶段为汽轮机冲转前的升温、升压，这一阶段的主要任务是在规定的升温、升压速度下，调整锅炉燃烧和锅炉出口的蒸汽参数，使汽温、汽压尽快达到汽轮机所要求的冲转参数。对中间再热机组，还可通过旁路系统配合调节，如当汽压偏低、汽温偏高时，可适当关小高压旁路；反之，可适当开大高压旁路。在锅炉升温、升压初期，应特别注意升压速度不能太快，因为锅炉升压初期投入燃料较少，燃烧较弱且受热面和炉墙温度较低，水冷壁受热面内产汽量少，蒸发受热面受热不均程度较大，受热面（尤其是锅炉汽包）容易产生过大的热应力；另一方面，压力越低，升高单位压力时相应饱和温度的上升速度越大，受热面金属的升温速度也越快，不同压力时饱和温度的变化速度见表 11.1。因此，升温、升压初期应严格控制升压速度。

表 11.1　不同压力时饱和温度的变化速度

绝对压力/MPa	0.1~0.2	0.2~0.5	0.5~1.0	1.0~4.0	4.0~10.0	10.0~14.0
饱和温度的平均变化速度/(℃·MPa^{-1})	205	105	55	23	10	6

第二阶段为汽轮机全速至锅炉开始洗硅前的升温、升压，这一阶段的主要任务是通过调整旁路及锅炉燃料量满足汽轮机升速、并列、暖机的需要。汽轮机的冲转、升速过程中，主要依靠调整旁路来控制冲转时的主蒸汽压力。汽轮机全速、发电机并列带初负荷暖机时，锅炉应保持主蒸汽压力尽量不变，逐渐升高汽温，以满足汽轮机低负荷暖机的需要，然后根据电负荷的需要，逐渐增加燃料，继续升温、升压，并根据要求进行定期排污或开连排洗硅。表 11.2 为 300 MW 机组自然循环汽包锅炉的洗硅标准。当空气预热器出口风温达 150 ℃时，可启动一套制粉系统，一般是先启动下层燃烧器对应的制粉系统和下层燃烧器，锅炉投粉时，应注意缓慢进行，并严格控制升温、升压速度。

表 11.2　300 MW 机组自然循环汽包锅炉的洗硅标准

压力/MPa	9.8	11.8	14.7	16.7	17.7
炉水中硅的质量浓度/(mg·L^{-1})	3.3	1.28	0.5	0.3	0.2

第三阶段为锅炉开始洗硅至锅炉满负荷，这一阶段的主要任务是根据机组负荷的需要，继续调整锅炉燃烧，提高汽温、汽压和锅炉洗硅。通过定期排污和连续排污，将含盐浓度较高的炉水排掉，称为锅炉洗硅。在锅炉的启动过程中，特别是对于高参数锅炉，必须严格控制炉水中的含硅量，并根据含硅量来控制锅炉的升温、升压过程。因为高参数蒸汽对盐类有较强的溶解能力，在蒸汽溶解的各种盐类中，硅酸盐是溶解能力较强的一种，而蒸汽溶盐又会影响蒸汽品质。

11.1.3 汽包锅炉的温态、热态滑参数启动

锅炉的温态和热态滑参数启动主要取决于汽轮机金属的温度水平。锅炉在温态和热态滑参数启动时，由于锅炉、汽轮机的金属温度较高，因而可以选择较高的冲转参数，这样，锅炉在启动点火后，可以以较快的速度升温、升压至冲转参数，汽轮机冲转后的步骤和冷态滑参数启动时的步骤基本相同。

温态、热态滑参数启动时冲转参数的选择，应和汽轮机高压缸及中压缸的金属温度相匹配。通常要求冲转时的主蒸汽温度高于汽轮机高压调节级内缸内壁金属温度 50~100 ℃且具有 50 ℃以上的过热度，以防蒸汽做功后进入湿蒸汽区，引起汽轮机水冲击；冲转时的再热蒸汽温度高于汽轮机中压缸第一级内缸金属温度 30~50 ℃。主、再热蒸汽的温度偏差一般不应超过 30 ℃，以防汽轮机高、中压缸结合部产生过大的热应力。

对无温态和热态滑参数启动曲线的机组，可根据冷态滑参数启动曲线进行启动操作。即首先根据高压内缸内壁金属温度，在冷态滑参数启动曲线上找出对应的初始工况点和初始负荷，并以此时对应的蒸汽温度和蒸汽压力作为冲转参数，锅炉点火后可以较快的速度将蒸汽提升至冲转参数。汽轮机冲转后，可以较快的速度进行升速、并列并尽快带初负荷，此后的升负荷操作按冷态滑参数启动曲线进行。现代 300 MW 以上的机组一般均有专门的温态和热态滑参数启动曲线，启动时应按专用启动曲线进行。

锅炉在温态和热态滑参数时，由于汽轮机升速和接带负荷的速度较快，且不允许在初始负荷之前做长时间的停留，所以锅炉在汽轮机冲转前就应做好加强燃烧的准备，并根据启动情况及时调整燃烧，保持蒸汽参数的平稳变化，以防造成汽轮机的冷却。

11.2 汽包锅炉启动过程的安全性

实践证明，锅炉单元制机组的启动和停运工作是机组运行过程的一个重要阶段，同时也是对机组设备最危险、最不利的过程。很多机组的设备损坏事故就是发生在启动和停运过程中。有些启动和停运过程中发生的异常现象，虽未立即造成设备的损坏事故，却给机组的安全运行带来隐患，缩短了设备的使用寿命，因此通过研究单元制机组启停过程中的加热方式和热力特性，寻求合理的单元制机组启动和停运方式、方法就非常必要。

所谓合理的启动和停运方式、方法，就是在机组的启停过程中，使机组的各部件得到均匀加热(或冷却)，将温差、胀差、热应力和热变形等控制在允许的范围内，并尽可能缩短机组总的启停时间，保证机组的安全可靠并提高机组的经济性。

锅炉升温、升压过程中应注意锅炉汽包、水冷壁、过热器、再热器、省煤器等受热面的受热和膨胀情况。

11.2.1 升温、升压过程中锅炉汽包的应力及控制

锅炉升温、升压过程中，锅炉汽包所受的应力主要包括：汽包上、下壁温差引起的热应力；汽包内、外壁温差引起的热应力；汽包内工质压力引起的机械应力。

(1)汽包上、下壁温差引起的热应力。

锅炉点火后，随燃烧的加强，水温逐渐上升并开始汽化，但点火初期炉内热负荷很小，水冷壁内产汽量少，汽包内水流速度较慢，因而汽包下部的传热速度较慢，而汽包上部与蒸

汽接触，由于凝结放热，放热系数高，故汽包上部温度上升较快，形成汽包上、下壁温差而产生热应力。汽包上部受压缩应力、下部受拉伸应力并产生变形。汽包上、下壁温差越大，其热应力也越大。因此，升温、升压过程中应严格监视汽包各测点壁温并控制汽包上、下壁温差不大于 50 ℃，当发现有超限趋势时，应及时采取措施。

(2)汽包内、外壁温差引起的热应力。

随锅炉燃烧的加强，汽包上、下壁温差逐渐减小，内、外壁温差增大，这时汽包内壁受压缩应力、外壁受拉伸应力。汽包内、外壁温差越大，其热应力也越大。因此，升温、升压过程中应严格按启动要求控制汽包金属的温升率。

(3)汽包内工质压力引起的机械应力。

汽包内工质压力越高，其所受机械应力越大。汽包所受机械应力包括轴向应力、径向应力和切向应力。汽包所受总应力为上述 3 种应力的合力。

在任何工况下，汽包的应力必须满足以下要求。

(1)汽包应力必须小于汽包材料的许用应力。

(2)应力的变化幅度越小越好，以减少每次启停的寿命损耗。

在锅炉的升温、升压过程中，防止汽包应力过大的技术措施主要如下。

(1)严格控制升压速度。这是防止升温、升压过程中汽包各部温差过大的根本措施。升温、升压应严格按升温、升压曲线进行，当发现汽包各部温差过大时，应减慢升压速度或暂停升压。控制升温、升压速度的主要手段是控制燃料量，对中间再热机组，可适当增加旁路系统的排汽量。

(2)维持稳定、均匀的燃烧。锅炉点火后，采用对称投油枪、定期切换、多投油枪少油量的方法，保持炉内有均匀的热负荷，促进良好水循环。

(3)采用水冷壁下联箱定期放水或连续放水的方法，促进水循环。

(4)对有炉底蒸汽加热的锅炉，可根据情况适当延长加热时间，以建立良好的水循环。

11.2.2　升温、升压过程中水冷壁的保护

对自然循环锅炉，在升温、升压初期，由于投入的燃料和燃烧器较少，炉内温度较低，炉内热负荷不均匀，水冷壁受热的不均匀性较大，可能使部分水冷壁水循环不良，造成同联箱上的水冷壁管存在温差，而产生热应力，严重时会使水冷壁下联箱变形或损坏水冷壁管。

水冷壁的受热膨胀情况，可通过装在下联箱上的膨胀指示器来监视。锅炉升温、升压过程中应正确选择并定期轮换点火油枪和燃烧器，使炉内具有均匀的热负荷，同时，还可通过加强水冷壁下联箱放水、适当延长炉底蒸汽的加热时间、促进水循环等方法，以保证水冷壁受热均匀。

11.2.3　升温、升压过程中过热器、再热器的保护

锅炉启动初期，立式过热器管内一般都存在停炉时的蒸汽凝结水或水压试验后留下的积水，在积水全部蒸发排除之前，部分过热器管内可能会形成水塞而引起管壁超温；另外，锅炉启动初期，蒸汽流量较小，过热器管得不到很好的冷却。因此，一般规定：在锅炉蒸发量小于 10%额定蒸发量时，应限制过热器入口烟温不超过过热器金属的允许温度。考虑启动时烟气热偏差较大，故过热器入口的烟温限值应低于过热器金属的允许温度（大型电站锅炉一般规定低于 540 ℃）。现代大型电站锅炉的烟道均装有探测式烟温计，以监视过热

器入口的烟气温度。

随锅炉热负荷增加，蒸汽流量增大，这时可逐步提高烟温，通过限制过热器出口蒸汽温度的办法来保护过热器。其主要控制手段是控制燃料量、维持适当的火焰中心位置和冷却水量。

再热器的保护方法与过热器基本相同。

11.2.4 升温、升压过程中省煤器的保护

在锅炉启动初期，锅炉只需间断进水，这样，省煤器中的水可能会汽化从而导致其管壁超温。因此，为保护省煤器，电站锅炉一般都装有省煤器再循环管，当锅炉停止进水时，应开启再循环门，使炉水在汽包和省煤器之间形成自然循环，以冷却省煤器。但应注意锅炉间断进水时，若汽包内的炉水温度高于进水温度较多，则会引起省煤器管壁金属温度发生较大变化。有的锅炉在省煤器出口至除氧器或疏水箱之间装设带阀门的循环水管，在间断进水时冷却省煤器。

11.2.5 升温、升压过程中金属膨胀量的监督

在锅炉的升温、升压过程中，锅炉各金属部件会因受热发生热膨胀。因此，启动过程中应严格监视各金属受热部件的膨胀量和膨胀方向。锅炉启动前，应记录各膨胀指示器的初始指示位置；锅炉启动后，应注意各金属部件的膨胀指示，若发现膨胀不正常，应限制锅炉的升温、升压速度，并查明原因。

11.3 汽包锅炉的停运

11.3.1 汽包锅炉的停运方式及特点

锅炉的停运一般分为正常停炉和事故停炉。

正常停炉是指按检修计划或调度安排，将锅炉从运行状态转为备用状态，即将锅炉从运行状态开始，逐渐停止燃烧、降温、降压和冷却。按备用时间的长短，可将正常停炉分为冷备用停炉和热备用停炉。

事故停炉是指由于锅炉或单元制机组的其他部分发生故障，需停止锅炉运行的非计划停炉。根据故障的严重程度和紧急程度，可将事故停炉分为故障停炉和紧急停炉。

本节主要讲述汽包锅炉的正常停炉。

对单元制机组，汽包锅炉的停运方式与整个单元制机组的停运方式有关。单元制机组的正常停炉方式有额定参数停运和滑参数停运两种。

1. 额定参数停运

额定参数停运是指在停运过程中，维持机前蒸汽参数不变，逐步关小汽轮机调节汽门，减小进汽量，逐渐减负荷停机。锅炉也相应减负荷，逐渐降压冷却。

采用额定参数停运时，进入汽轮机的蒸汽温度较高（只存在节流温降），因而在停运后能维持较高的金属温度；通过调节汽门控制负荷，能实现快速减负荷。对只需要短时停运，且希望机组停运后能维持较高金属温度的情况，即锅炉停运后转为短期热备用时，可采用该方式。

2. 滑参数停运

滑参数停运是指在汽轮机主汽门、调节汽门保持全开的情况下，通过调节锅炉燃烧，改变主蒸汽和再热蒸汽参数来逐渐降低机组的负荷，直至汽轮机停运、发电机解列、锅炉降压及冷却。

采用滑参数停运时，由于在机组的减负荷和降压、冷却过程中，蒸汽流量大，因此汽轮机各金属部件均匀冷却，停机时间短且能充分利用机组的余热发电，停机热损失少。对以检修为目的、需较长时间备用且希望金属快速冷却的机组，可采用该方式。

11.3.2　额定参数停运的基本过程

锅炉的额定参数停运的基本过程一般可分为停运前的准备、锅炉减负荷和锅炉熄火，以及降压、冷却等阶段。

1. 停运前的准备

锅炉停运前，应对锅炉进行一次全面检查，并记录缺陷设备，以便在检修时消除。对停炉检修或作为冷备用的锅炉，应将原煤斗和粉仓中的煤尽量用完。同时按规定进行必要的试验，如投点火油枪的投停试验，以便在停炉减负荷过程中稳燃。此外，停炉前还应对锅炉受热面进行全面吹灰，以保持各受热面在停炉后处于清洁状态。

2. 锅炉减负荷和锅炉熄火

锅炉的负荷随汽轮机负荷的降低而降低。随着汽轮机负荷的下降，锅炉相应调整燃烧，并注意维持锅炉出口的蒸汽温度、蒸汽压力和汽包水位。同时根据减负荷的情况，逐渐减少运行燃烧器的数目。

对于中间储仓式制粉系统，当给粉机转速减小到一定程度时，应停止其运行。随着锅炉负荷的降低，逐渐减少运行给粉机的数目，并保持较高的给粉机转速，以维持较高的煤粉浓度。

对于直吹式制粉系统，随着锅炉负荷的下降，逐渐减少各运行制粉系统的给煤量，当各组制粉系统的给煤量减少到一定程度时，则停止一套制粉系统的运行。同时应调整各制粉系统的风量，以保持一定的煤粉浓度。

在锅炉减负荷、停用制粉系统和燃烧器的过程中，应注意磨煤机、给粉机和一次风管的清扫。对停用的燃烧器，应保持少量通风，以冷却燃烧器。当锅炉的负荷降到一定程度时（锅炉不投油枪燃烧的负荷与锅炉容量有关，一般为额定负荷的 40%～50%），应及时投油枪稳燃。

根据汽轮机的负荷情况，锅炉可选择一定时机，停止向炉内供应燃料，锅炉熄火。锅炉熄火后应对炉膛和烟道吹扫 5～10 min。

随着锅炉负荷的降低，应相应减少给水，维持锅炉汽包水位。对回转式空气预热器，为防止转子因冷却不均而变形，在锅炉熄火，送、引风机停运后，还应运转一段时间，待尾部烟温低于规定值后，再停止其运行。

3. 降压、冷却

锅炉熄火后，即进入降压、冷却阶段。在该阶段，应注意控制降压和冷却速度，以防锅炉受热面因冷却过快而产生过大的热应力。

在锅炉熄火后的最初 4～8 h，一般应关闭锅炉各孔、门挡板，以免锅炉急剧冷却。此后可逐渐打开烟道挡板和炉膛各孔、门,进行自然通风冷却。同时,可通过锅炉的进、放水,保持锅炉各部件均匀冷却。当需要快速冷却时,可加快进、放水,必要时可通风冷却。

锅炉停运后作短期备用时,可维持在较高的压力、温度。

11.3.3 滑参数停运的基本过程

锅炉的滑参数停运的基本过程一般分为停运前的准备、锅炉负荷、蒸汽参数的滑降、锅炉熄火和降压、冷却等阶段。与额定参数停运相比,其主要区别在锅炉负荷、蒸汽参数的滑降阶段。

锅炉滑参数停运时,锅炉负荷和蒸汽参数的滑降是根据汽轮发电机组的要求分阶段进行的。

机组在额定工况下运行时,一般先将机组的负荷降至85%~90%额定负荷,逐渐开大汽轮机的调节汽门至全开,将蒸汽温度、压力降至允许值的下限,在此条件下稳定一段时间。待金属各部件的温差减小后,开始负荷、参数的滑降。

在稳定负荷的情况下,调节锅炉燃烧,采用喷水减温,先降低主蒸汽温度,使其低于汽轮机第一级金属温度30~50 ℃,为防止金属热应力过大,一般主蒸汽的温降速度不宜超过1.5 ℃/min,金属的温降速度不宜超过1 ℃/min。待金属温降速度减慢、主蒸汽的过热度接近50 ℃时,再降低主蒸汽压力。机组的负荷随蒸汽压力的降低成比例降低。稳定一段时间后,再以同样的方法进行负荷等参数的滑降。

滑参数停运时,滑停到最低负荷时通常有2种停运方法。

(1)若机组需短时停运,可手动脱扣汽轮机,同时机锅炉熄火,发电机解列。该停运方式可使汽轮机金属温度维持在250 ℃以上。

(2)若需机组充分冷却,锅炉可维持最低负荷燃烧后熄火,此时汽轮机调节汽门全开,利用余热发电,待负荷降至接近0时,发电机解列,汽轮机利用余热继续空转,以使其通流部分充分冷却。

11.3.4 紧急停炉

紧急停炉是指在机组发生重大事故、危及设备和人身安全时,立即停止锅炉机组的运行。如锅炉运行中发生严重满水或严重缺水、受热面严重损坏、锅炉灭火等情况,均应紧急停炉。紧急停炉主要操作包括:

(1)立即切断向炉内供应一切燃料,锅炉熄火。

(2)将自动操作切换为手动操作。

(3)尽量维持锅炉汽包水位,关闭各级减温水。

(4)维持30%额定风量,保持适当的炉膛负压,进行通风吹扫,通风时间一般不少于5 min(但当锅炉发生尾部烟道二次燃烧时应先灭火后再通风吹扫)。

11.4 锅炉停运后的保养

锅炉停运后的保养方法一般有湿式保养法、充氮置换法、烘干防腐保养法等。

11.4.1　湿式保养法

湿式保养法是将具有保护性的水溶液充满锅炉，杜绝空气中的氧气进入锅内，从而避免或减缓锅炉因停炉而发生的腐蚀。湿式保养法主要分为以下几种。

1. 联氨法

联氨法是将除氧剂的联氨配成具有保护性的水溶液(联氨溶液)充满锅炉内。采用联氨溶液保护锅炉时，在锅炉启动前应将保护药液排放到地沟中去。因为联氨有毒，在排放时应就地稀释以确保安全，排放后须对锅炉进行清洗。

2. 胺液法

胺液法的原理是在氨量很大(500~800 mg/L)的水中钢铁不易被氧腐蚀。锅炉在充氨前，应将存水放净，过热器内的存水应用胺液将积水顶出。对铜制件应事先拆除，或者隔离可能与胺液接触的铜制件。胺液容易蒸发，故水温不宜过高，但冬季要有防冻措施。

3. 保持水压法

保持水压法是用给水泵将锅炉给水(除过氧的水)充满锅炉的水汽系统，维持锅内水压在 0.15 MPa 以上，关闭放水阀门，防止空气渗入炉内。要注意保持压力，当压力下降时，可用给水泵顶压。本方法适用于短期停用锅炉或锅炉冷备用，停用时间不超过一周。

4. 保持蒸汽压力法

保持蒸汽压力法是指用间断升火的办法保持锅炉蒸汽压力在 0.1 MPa 以上，防止空气渗入锅炉的水汽系统内。这种方法适用于锅炉的热备用状态，而且停用时间不超过一周。

5. 碱液法

碱液法是采用加碱液的方法，使锅炉中充满 pH 在 10 以上的水。常用碱为氢氧化钠或磷酸三钠。这种方法适用于较长时间停用的锅炉。

6. 磷酸盐和亚硝酸盐混合液保养法

磷酸盐和亚硝酸盐混合液保养法的工作原理是亚硝酸钠与磷酸三钠溶液在金属表面形成保护膜，从而防止金属的腐蚀。

11.4.2　充氮置换法

1. 充氮置换法的原理和要求

充氮置换法是利用化学性质较稳定的氮气充满锅炉，并维持一定压力，防止外界空气进入炉内，从而达到防腐的目的。对于气温会降到 0 ℃以下的地区较为适用。采用这种方法时，锅炉各部分的水必须完全放空，且保证空气湿度最低。

2. 充氮置换法的操作要领和注意事项

(1)停炉前对再热器进行 1 h 的烘干。

(2)停炉后，当锅炉压力降至 0.1 MPa 时，开启锅炉充氮门，并维持氮气压力在 0.3 MPa 左右。

(3)开启锅炉排污门或放水门进行锅炉放水，放水门的开度应加以控制，并注意保持锅炉中氮气压力不降到 0。

(4)当炉水放尽后,即关闭排污门或放水门,防止氮气逸出。

(5)调节充氮门,维持炉内氮气压力在30~60 kPa。

(6)当再热汽温度降至100 ℃时,可向再热器充入氮气,并维持炉内氮气压力为30~60 kPa;在充入氮气时,应定期对氮压及氮气浓度进行检查,一旦发现不符合要求,应进行充氮。

11.4.3 烘干防腐保养法

烘干防腐保养法是在锅炉停运后,当其压力降至一定值时,采用带压放水。利用锅炉余热,烘干锅炉,保持锅炉汽水系统金属表面的干燥,以避免腐蚀。此法适用于大修或中修停炉后的保养,常见的有以下2种方法。

1. 热炉放水保养法

(1)停炉前对再热器进行烘干处理。

(2)停炉后,当锅炉压力降低到0.2 MPa时,开启锅炉排污门和放水门进行锅炉放水,同时开启各空气门、疏水门,利用锅炉余热,干燥各受热面。对强制循环锅炉,应开启强制循环泵的出口门。

(3)炉水放尽后,关闭锅炉排污门、放水门、疏水门,待各空气门无蒸汽冒出后,关闭空气门,并注意防止其他系统来的疏水进入锅炉。

(4)锅炉放水时,应关闭风烟系统各风门挡板。

2. 热炉充氮放水排汽干燥保养法

(1)汽轮机打闸后,保持锅炉运行1 h,进行再热器烘干处理。

(2)停炉后,当锅炉压力降低到0.2 MPa时,开启锅炉排污门和放水门进行锅炉放水,同时开启充氮门进行充氮。

(3)炉水放尽后,关闭锅炉排污门、放水门,同时停止充氮。

(4)开启各空气门、疏水门进行排汽,待空气门中无蒸汽冒出时,关闭空气门及疏水门。

(5)各空气门全部排汽结束并关闭后,锅炉重新恢复充氮。

锅炉保养期间,应保持各风门、挡板和门孔严密关闭;炉膛底部水封保持正常,尽可能保持炉内干燥。

11.4.4 锅炉炉膛、风烟道及锅炉辅机的保养方法

1. 锅炉炉膛保养

锅炉炉膛不论是长期或短期保养,其内部都要保持干燥状态,特别是在长期保养的场合下,应除去烟道、受热面等的积灰,必要时还应设置盘状加热器,进行干燥保养。

2. 风烟道保养

一个月以上的长期风烟道保养,应对风烟道内表面积灰进行清扫,且关闭所有风门挡板;一个月以内的风烟道保养,不必处理积灰等。

3. 锅炉辅机保养

锅炉辅机的保养原则是保持冷却水畅通,各辅机在随时投运的状态下保存。此外,应按防止轴承部件锈蚀所规定的周期,对辅机进行定期运转或用手盘动,以防轴承部件锈蚀,

并在其他部分涂上防锈油。

11.4.5　锅炉的防冻

在冬季机组停运后，应按下列要求认真做好防冻。

(1)机、炉房暖汽投入，各伴热系统投入，并经常检查是否正常工作，若发现缺陷须及时处理。伴热管道冬季尽量不要检修。

(2)各辅助设备油系统无检修工作时均应保持运行，设备的冷却水应保持畅通。若冷却水停用，应打开管道放水门，把水放净。无放水阀时应联系检修人员解法兰放水。

(3)锅炉放水时，应采用带压放水，全开炉本体管道联箱的所有放水、疏水、放空气门。若不放水，应投入炉底加热，维持汽包压力为 0.2～0.5 MPa。

(4)所有停运的汽、水系统均应放尽存水。

(5)磨煤机惰性置换系统总、分门均关闭，以防内漏使磨煤机内积水。关闭轴承冷却水。

(6)机、炉房、辅机室的门窗应关闭严密。

11.5　直流锅炉的启动和停运

11.5.1　直流锅炉的启动特点

与汽包锅炉相比，直流锅炉的启动有如下特点。

(1)汽包锅炉在启动时，为防止锅炉汽包等厚壁部件产生过大的热应力，必须限制其启动速度，而直流锅炉没有汽包，因而直流锅炉的启动速度可大大提高。

(2)直流锅炉启动时，要求一开始就必须连续不断地向锅炉进水，并建立起足够的启动压力和启动流量，以保证受热面的冷却。

合理选择启动压力和启动流量，将直接关系到直流锅炉启动的安全性和经济性。

启动压力是指直流锅炉启动时锅炉受热面内工质的压力。启动压力越高，汽水密度越小，越有利于改善和防止水动力不稳，能减轻或消除水冷壁垂直管屏内的脉动和停滞等水动力不稳的问题。此外，直流锅炉启动过程中工质的膨胀量随启动压力的提高而减少，因而提高启动压力，还有利于对锅炉膨胀过程的控制。但启动压力过高，会增大给水泵的电耗，还会加速给水阀门的磨损，并引起噪音和振动。考虑到启动时锅炉受热面的安全，一般直流锅炉的启动压力尽量选高一些。超高压和亚临界直流锅炉的启动压力一般为 7～8 MPa。

启动流量是指锅炉启动时的给水流量。启动流量越大，则受热面内工质的流速越大，这有利于受热面的冷却和水动力的稳定，并可防止汽水分层。但启动流量越大，启动时间越长，启动中工质和热量的损失越大，同时，锅炉启动旁路系统的设计容量也要增大。因此，直流锅炉启动时，在保证受热面可靠冷却和工质稳定流动的前提下，启动流量可尽量选小一些。直流锅炉的启动流量一般为额定流量的 20%～30%。

(3)直流锅炉启动时应进行循环清洗。

直流锅炉启动时，为提高给水品质，防止凝结水系统的杂质进入锅炉，锅炉进水前，应进行给水泵之前低压系统的循环清洗；为去除停炉期间锅炉内产生的腐蚀产物和沉积在受热面上的盐垢，在锅炉进水后，还应对锅炉汽水系统进行高压系统的循环清洗；此外，在点火后，为控制炉水中 Fe 的含量，还要进行热态清洗。

(4) 直流锅炉启动过程中存在工质膨胀现象。

直流锅炉启动时，随锅炉热负荷的增加，水冷壁内工质的温度逐渐升高，达到饱和状态时开始汽化，由于工质汽化时质量体积突然增大，造成汽化点后的工质向锅炉出口排挤，使流出锅炉的工质流量大于进入锅炉的工质流量，这种现象称为工质膨胀现象。

造成工质膨胀现象的基本原因是蒸汽和水的质量体积不同，即在加热过程中，高热负荷区的工质首先汽化，体积突然增大，引起局部压力突然升高，将汽化点后的工质推向锅炉出口。

直流锅炉启动中的工质膨胀现象将影响启动的安全。控制不当会引起锅炉超压和启动分离器满水。影响工质膨胀量的主要因素如下。

①锅炉受热面储水量。锅炉受热面储水量越少，则工质的膨胀量越小。反之，工质的膨胀量越大。

②启动压力和启动流量。启动压力越高，汽水质量体积相差越小，工质膨胀量越小；启动压力越低，工质膨胀量越大。这是因为启动压力越低，工质的饱和温度越低，因而膨胀开始越早，即工质的沸腾点出现于受热面的较前部位，其后面受热面中储水量较大，因而工质膨胀量大。同理，启动流量越大，受热面中的储水量越大，工质膨胀量越大。

③燃料量增加速度和给水温度。启动时燃料增加速度越快，则炉内热负荷越高，工质升温越快，蒸发点提前，膨胀量增大。给水温度升高，在相同热负荷下，也会使蒸发点前移，膨胀量增大。

(5) 直流锅炉启动时需设启动旁路系统。

由于直流锅炉没有汽包，工质在受热面内一次性完成加热、蒸发、过热。为分离启动初期从水冷壁和过热器出来的热水和汽水混合物，回收工质和热量，建立启动流量和启动压力，直流锅炉均设有启动旁路系统。

11.5.2 直流锅炉的停运特点

直流锅炉的停运一般采用滑参数停运，可分为投启动分离器停运和不投启动分离器停运两种方式。

在滑参数停运时，当锅炉的主蒸汽压力滑降至一定值时，为防止不合格蒸汽进入汽轮机，应投启动分离器运行，以回收工质和热量。

只有在分离器不具备投运条件时，才允许不投分离器停运。

11.6 煤粉炉的运行调节

11.6.1 煤粉炉运行调节的任务

锅炉运行调节的主要任务及目的是满足负荷要求，保证机组安全稳定运行，保持运行参数正常，汽水品质合格，提高效率及经济性，减少污染物排放。

具体而言，煤粉炉运行调节的任务主要有：(1) 按照机组正常运行控制参数规定范围进行机组运行工况监测和调整，使主要参数符合规定。(2) 按照电网调度要求及时调整机组负荷。在调节负荷时应保持良好的燃烧工况;保持汽压、汽温、水位及锅炉煤水比正常。(3)调整回热及除氧给水系统运行,维持机组运行工况正常。(4)按照规定定期进行设备的检查与维护,以及有关设备的切换与试验。(5)按照规定记录有关运行参数并进行分析,使机组安全、稳定、经济运行。

11.6.2　汽压调节

锅炉正常运行应采用定压运行,保持主蒸汽压力在(13.4±0.3) MPa,当汽轮机调速系统发生不正常的晃动,电动同步器失灵或负荷在 100 MW 以下时,可暂时采用滑压运行。汽温、汽压的控制应根据汽轮机要求。运行中的汽压通过增减给粉量来调节,考虑到燃烧稳定性和延迟性,严禁骤增/骤减粉量,调整时应监视屏式过热器后烟温,以防燃烧恶化造成管壁超温或燃烧不稳造成灭火。当运行中的汽压发生不正常变化时,应及时分析有关表计参数,查明原因并及时处理。汽压投入自动,如发生大幅度波动,应立即将自动解除改为手动,查明原因并及时消除。若为自动控制系统故障,应及时处理。当汽轮机高压加热器发生故障需紧急停用时,严密监视过热器汽温变化情况,防止锅炉超温,必要时可以适当降低机组负荷。

11.6.3　汽温调节

(1)主蒸汽温度、再热蒸汽温度的调节。锅炉正常运行时,应严格控制主蒸汽温度和再热汽温度在 530~545 ℃范围内,主蒸汽、再热蒸汽的两侧温差不超过 17 ℃,主蒸汽温度与再热蒸汽温度差不超过 40 ℃,并严密监视各级过热器和再热器管壁温度不超过表 11.3 所示报警值。

表 11.3　各受热面管壁温度报警值

部件	管片编号	测点所在管号	总片数	总点数	报警值/℃
前屏过热器出口	2、3、4、5	3	6	4	450
后屏过热器出口	2、4、7、8、11、13	4	14	6	490
高温过热器出口	7、17、27、37、47、57、67、77、87、97	1	104	10	580
高温再热器出口	7、17、27、37、47、57、67、77、87、97	1	104	10	580
低温再热器出口	7、17、27、37、47、57、67、77、87、97	1	104	10	510

注:①出口段最外侧为 1#管。
②管子编号以从炉前往后为基准。

(2)锅炉主蒸汽温度主要采用喷水调节,喷水减温分两级布置,调节方式为混合式。一级减温为粗调,布置在前屏过热器进口前的连接管上,主要用于保护过热器不致超温。二级减温为细调,布置在后屏过热器的出口,主要用于调节过热器出口的蒸汽温度,使其维持在额定参数。运行中尽量控制主蒸汽温度的调整幅度,避免猛开、猛关,还可以利用改变炉膛火焰中心高度的措施来辅助调节。

(3)改变喷燃器倾角,调整燃烧方式(喷燃器倾角已调好,应尽量避免采用该方式调整),调整二次风开度(各层二次风量配比),降低火焰中心;适当减少上层给粉机转速(给粉量)及炉内过剩空气量;增加对水冷壁或过热器受热面的吹灰次数。若采取各方面调整后汽温仍超限,则应适当降低锅炉负荷。

(4)再热器汽温的调节,应以烟气挡板为主,通过改变烟气挡板的开度来改变流经再热器的烟气量。微量喷水尽量少用,在正常工况下不允许投用事故喷水减温器,只有当再热器进口汽温超过额定值时作为临时性的紧急事故处理才可使用,但再热器无流量时,严禁使用事故喷水减温器。

(5)运行中要求保持锅炉汽压、汽温和燃烧工况的稳定,炉膛火焰中心不偏,氧量的控制在规定范围(4%~6%)内,降低过剩空气系数,控制炉膛负压在规定范围内,避免发生温度超限事故。

(6)遇有下列情况时,应加强对汽温的监视和调整:锅炉燃烧不稳或运行工况变化时;锅炉除灰、吹灰或炉内结焦严重时;汽轮机投、停高加,导致给水温度大幅度变化时;负荷、水位大幅度变化时;启停制粉系统时;制粉系统运行不稳定,粗、细粉分离器严重堵塞时;投停给粉机,粉仓粉位太低或给粉机下粉不均(自流)时;煤粉细度及煤质发生突变时。

11.6.4 汽包水位调节

(1)锅炉正常运行时,应使给水量满足机组负荷所需的蒸发量要求,汽包水位保持稳定,在±50 mm 范围内波动(汽包水位以就地水位计为准)。正常运行时,至少有两种类型水位计指示准确,以便能监视和调节汽包水位。事故情况下,以汽包双色水位计或电接点水位计为准,其他水位计只作参考。给水自动投入时,应严格注意监视其他表计指示情况。当水位超过±50 mm 并继续变化时,应及时改为手动调整,防止因调整不及时,造成锅炉缺/满水事故。当在运行中无法判断汽包实际水位时,应紧急停炉。

(2)经常监视并分析主蒸汽流量、给水流量、给水压力、汽包压力等参数有无异常,如发现异常,应及时查明原因并及时处理。调整给水流量时应均匀,避免猛增/猛减,注意监视给水泵转数和电流。在机组负荷或汽包压力发生较大变动时,应注意虚假水位现象,防止汽包缺/满水。汽包就地两侧双色水位计指示应一致,若不一致,应及时冲洗并查明原因。运行中汽包水位计内的水位,应有轻微的波动。双色水位计是汽呈红、水呈绿,并清晰。如果水位呆滞不动或模糊不清,应立即冲洗水位计。如因云母片看不清,应及时更换水位计。远传水位计应每一小时与就地水位计校对一次,如有异常及时处理。

(3)当各汽包水位计偏差大于 30 mm 时,应立即汇报,并查明原因予以消除,当不能保证两种类型水位计正常运行时,必须停炉处理。汽包水位高低报警应可靠,并定期做高、低水位报警试验,保持水位计照明充足。汽包水位计冲洗操作步骤如下:开启水位计放水门,使汽管、水位计云母片、水管得到冲洗;关闭汽门,冲洗水管;关闭水门,开汽门冲洗汽管及水位计云母片;关放水门,开水门,恢复水位运行,水位计内水位应有轻微波动。如有特殊情况,按以上操作顺序,进行多次水位计冲洗。操作人员冲洗水位计时应缓慢小心,严禁站在水位计的正对面,冲洗时间不宜过长。

水位计泄漏时,严禁冲洗水位计。发现水位计泄漏应及时退出该水位计进行处理。

冲洗完水位计后,在投入时应均匀缓慢,注意检查水位计内水位是否正常波动,避免水位计内防爆钢珠动作,堵死汽管或水管,造成水位计水位指示不准。

锅炉启停、排污及汽压大幅度波动时,应加强对汽包水位的监视和调整。

(4)汽包中磁式水位计的运行及维护:磁式水位计应随锅炉一起投入或停运。冷态投入时，只需把水侧和气侧的一、二次阀门全部打开，待空气由底部放水阀门排净，出水后将底部的放水阀门关闭即可。热态投入时，操作应缓慢，以避免磁浮球遭受较大的热冲击和压差。具体按以下顺序进行：先开启下部放水阀门，将以前的积水放净后，关闭放水阀门；全开水侧一次阀门，然后缓慢开启二次阀门，直到看见有水位在 1/3～1/2 处，关闭水侧二次阀门；开启气侧一次阀门，然后缓慢开启二次阀门，直到全开为止；再将水侧二次阀门全部开启，此时水位计就会正常投入使用。磁式水位计在正常运行中，若没有异常情况则不需要定期进行冲洗排污，只有在停炉检修时放掉测量筒内存水，清洗一下进、出口磁过滤器上的杂物即可。因磁式水位计所处环境较脏，发现水位计模糊时可就地擦拭其玻璃片上的积灰。擦拭时注意安全，避免烫伤，注意不能用湿抹布。

11.6.5　燃烧调节

1. 燃烧调节的目的

燃烧调节的目的在于使锅炉蒸汽参数达到额定值，满足机组负荷要求；保持稳定和正常的汽温、汽压；均衡给燃料、给水，维持正常的水煤比；保持合格的炉水和蒸汽品质；保持良好的燃烧，减少热损失，提高锅炉效率；及时调整锅炉运行工况，使机组在安全、经济的最佳工况下运行。

2. 判断燃烧优劣的依据

炉膛内正常且稳定的燃烧应具有光亮的金黄色火焰，火焰稳定、均匀且充满燃烧室，但不触及四周水冷壁。当负荷高时火色偏白一些，负荷低时火色偏黄一些。若火焰炽白刺眼，则表示风量偏大；若火焰暗红，则表示风量不足，此时要防止锅炉灭火。着火点应距离恰当，一般距煤燃烧器 20～30 cm。火焰中不应有煤粉离析，也不应有明显的星点，同一标高燃烧的火焰中心应处于同一高度。在火检显示上观察运行喷燃器火检强度满量程，火检显示无闪烁。在炉膛火焰监视显示器上观察火焰充满程度是否良好。当炉膛压力正负波动波幅较大，同时氧量值高低来回变化时，说明燃烧极不稳定，应采取稳燃措施。

3. 燃烧调节的要求及方法

锅炉运行时，应及时了解入炉煤种、燃油品种，根据燃料特性及时调整运行工况，当来煤品质偏离设计煤种或阴雨天来煤较湿时，应充分做好事故预想。锅炉运行中，应尽量减少各部位漏风，炉膛各门孔、炉底干式排渣系统应处于严密关闭状态，发现漏风应及时联系检修人员处理。正常运行时，炉膛负压在−80～−50 Pa，炉膛上部不向外冒烟；省煤器出口氧量值在风量控制系统中根据负荷自动进行设置，当氧量控制采用手动方式时，要根据机组负荷控制氧量值。手动增加负荷时，原则上应先加风量，随之增加煤量，最后增加给水量；减负荷时应先减煤量，再减风量，最后减少给水量；保持合适的过剩空气系数。

在对锅炉进行正常监视和调节的同时要加强对运行参数和受热面金属温度的分析，如果受热面蒸汽温度或一、二级冷却水两侧偏差大，各处受热面金属温度偏差大，要及时组织人员分析、查找原因并进行处理。检查制粉系统的运行方式是否合理，磨煤机的运行组合应尽量满足相邻/相对的喷燃器运行，制粉系统的出力尽量保持相同并保持前、后墙对称运行。制粉系统启停时应注意不要大幅操作磨煤机冷热风门，避免一次风压大幅波动，影响其他制粉系统运行。磨煤机运行过程中应注意保持合适的磨煤机出口温度，一次风速、风量，及时排放石子煤。检查燃烧器的二次风调节挡板调节机构是否有损坏，调节挡板的位置是否正确,各运行磨煤机的配煤是否一致,检查和分析水冷壁、屏式过热器、喷燃器是否存在结焦和损坏,校对氧量测点是否准确,氧量值、风量值是否和对应负荷相适应。

锅炉运行中,应注意监测喷燃器喷口的温度,检查燃烧器是否结焦,着火距离是否过短或内部是否积粉、自燃,对停用的燃烧器应保持适量的风量。锅炉正常运行过程中,应注意监测炉膛负压自动控制,一、二次风自动控制及磨煤机负荷自动控制是否正常,检查煤、油燃烧器的火检及火焰电视的运行情况,发现异常时应查明原因并及时采取措施处理,保证机组稳定运行。

11.6.6 煤粉炉的运行方式

煤粉炉有5种运行方式:基本模式(BM)、炉跟机方式(BF)、机跟炉方式(TF)、机炉协调方式(CCS)、自动发电控制(AGC)。

1. 基本模式(BM)

基本模式是一种比较低级的控制模式,控制策略:汽轮机主控和锅炉主控都在手动运行方式。在该方式下,单元制机组的运行由操作员手动操作,机组的目标负荷指令跟踪机组的实发功率,为投入更高级的控制模式做准备。机组功率变化通过手动调整汽轮机调阀控制。主蒸汽压力设定值接受机组滑压曲线设定,实际主蒸汽压力和设定值的偏差作为被调量,由燃料、给水及旁路系统共同调节。

适用范围:机组启动及低负荷阶段,机组给水控制手动或异常状态。

满足下列条件,机组处于基本模式:汽轮机主控手动;锅炉主控手动。

2. 炉跟机方式(BF)

炉跟机方式的控制策略:锅炉主控自动,调节主蒸汽压力。主蒸汽压力设定值接受滑压曲线设定,锅炉主控根据实际主蒸汽压力和主蒸汽压力设定值的偏差进行调节。汽轮机主控手动调节机组功率或由数字电液控制系统(DEH)自动调功。

适用范围:锅炉运行正常,汽轮机部分设备工作异常或机组负荷受到限制。

满足下列条件,机组处于炉跟机方式:高旁压力调节阀关闭;汽轮机主控手动;锅炉主控自动;发变组出口断路器闭合;机组无 RB 指令;机组负荷控制方式为 DEH 手动控制。

发生下列情况,机组自动退出炉跟机方式:汽轮机主蒸汽压力信号故障;调节级压力信号故障;煤主控手动;给水泵手动;RUNBACK。

3. 机跟炉方式(TF)

机跟炉方式的控制策略:汽机主控自动,调节主汽压力。汽机主控根据主汽压力设定值与主汽压力偏差,改变汽机高压调速汽门开度,维持汽机主汽压力等于设定值。锅炉主控调节机组功率,机组功率取决于锅炉所能提供的输出负荷,不接受任何负荷要求指令。

适用范围:汽轮机运行正常,锅炉不具备投入自动的条件。

满足下列条件,机组处于机跟炉方式:汽轮机主控自动;锅炉主控手动或燃料主控手动或给水主控手动;高压旁路调节阀关闭。

发生下列情况,机组自动退出机跟炉方式:汽轮机主控强制手动;汽轮机主蒸汽压力信号故障;发电机功率故障。

4. 机炉协调方式(CCS)

机炉协调方式的控制策略:汽轮机主控和锅炉主控都为自动,以炉跟机为基础的机炉协调方式。目标负荷由操作员手动给定，汽轮机调门以控制负荷为主，用锅炉燃烧率控制主蒸汽压力，当主蒸汽压力偏差过大时，汽轮机侧协助锅炉调压。

适用范围：汽轮机、锅炉都运行正常。优点是能够快速响应负荷变化要求，缺点是锅炉调节波动较大，对锅炉的动态特性要求较高。

满足下列条件，机组处于机炉协调方式：发变组出口断路器闭合；高旁关闭；汽机主控自动；锅炉主控自动；机组无 RB 指令；压力控制器处于初始压力控制。

发生下列情况，机组自动退出机炉协调方式：汽轮机主控切手动；锅炉主控切手动。

5. 自动发电控制(AGC)

满足下列条件，机组可以投入 AGC 运行：机组工作在机炉协调控制方式；中调负荷指令(来自 AGC)与目标负荷设定值偏差小于 60 MW(可调整)；机组实际负荷大于 175 MW。

本章小结

锅炉启动的实质是投入燃料，对锅炉工质及其金属部件进行逐渐加热的过程；停炉则相反，是减少燃料至熄火，其实质是对锅炉工质及金属部件逐渐冷却的过程。

锅炉的启动和停运均是不稳定的变化过程，为了保证锅炉受热面及厚壁部件的安全，要求限制加热和冷却的速度，以防产生过大的热应力；但另一方面，为了减少启停过程的损失、尽快并网发电，则要求加快启停速度。所以，应在确保安全的前提下尽量缩短启停时间。

为了完成锅炉调节任务，锅炉运行人员应充分认识到自己工作的重要性，对工作有高度的责任感，在技术上精益求精，弄清锅炉设备的构造和工作原理，掌握设备的特性和系统，了解各种因素对锅炉运行的影响，具有熟练的操作技能。

思考与实践

(1)简述锅炉的启动方式及特点。
(2)简述冷态滑参数启动的主要步骤。
(3)简述锅炉的停运方式及特点。
(4)锅炉停运后的保养方法有哪些?
(5)锅炉如何进行汽压调节?
(6)锅炉如何进行汽温调节?
(7)汽包水位如何进行调节?
(8)锅炉如何进行燃烧调节?

参 考 文 献

[1]易大贤,陶玲.发电厂动力设备[M].北京:中国电力出版社,2008.
[2]李增枝.锅炉运行[M].北京:中国电力出版社,2007.
[3]冯德群,张蕾.电厂锅炉设备运行维护[M].北京:机械工业出版社,2012.
[4]朱全利.锅炉设备系统及运行[M].北京:中国电力出版社,2010.
[5]杨飞.单元机组运行[M].北京:中国电力出版社,2006.
[6]姜锡伦,曲卫东.锅炉设备及运行[M].北京:中国电力出版社,2010.